简明自然科学向导丛书

海洋探秘

主　编　管华诗

山东科学技术出版社

前言

　　大海，人们似乎熟悉她，但却不见得了解她。大海，潮起潮落，浪花飞舞，多姿多彩，给人美的享受。不仅如此，陆地上的各种资源，像石油、天然气、各种矿物，以及许多美味佳肴，在海洋中样样都有，而且蕴藏量比陆地上还要多；地球上 96.5% 的水集中于海洋，海水只要经过淡化处理即可成为取之不竭的淡水；沿海地区土地紧缺，有的国家已经在海上建飞机场、建大型钢铁厂，并计划在海上建上百万人的"海上城市"；迄今，世界贸易的货物大部分都是通过海上运输的……但我们千万不能忘记大海经常"发脾气"，如 2004 年 12 月 26 日发生在印尼苏门答腊岛的海啸，吞噬了 20 余万人的生命，给世人留下了悲惨的记忆。

　　显然，要开发利用海洋造福人类不是一件容易的事情。虽然经过一代又一代人的努力，我们对海洋的认识有了长足的进步，但由于海洋的复杂性和多变性，还有大量的奥秘等待我们去探索。中国是个海洋大国，面对太平洋，濒临渤、黄、东、南海，大陆岸线长达 18 000 多千米，面积在 500 平方米以上的海岛有 7 000 多个，拥有 300 万平方千米可管辖的海域。美丽、富饶的蓝色国土，是未来中华民族生存和可持续发展的空间。保护海洋资源，开发海洋，对于全面建设小康社会、富民强国是非常重要的！

　　开发利用海洋，防治海洋灾害，必须依靠科技进步，依赖于海洋科学知识体系的创新和海洋高技术的发展。从现代海洋科技和海洋事业的发展趋势来看,海洋科学、海洋技术和海洋社会科学越来越融合为一个综合性的大学科。为了发展我国的海洋经济,早日建成海洋强国,构建和谐的世界海洋,造福人类,不仅需要我们这一代海洋工作者的努力,更寄希望于青少年对海洋的关注、热爱和投身于海洋事业。基于这个良好的愿望,中国海洋大学部分教授、博士,力求按现代海洋科学知识体系编写了本书,期望能起到认识海洋、探索海洋的入门作用。

全书共分六章,参加编写的人员有(以姓氏笔画为序):于志、于定勇、马英杰、郭琳琳、刘春颖、汝少国、李永祺、张晓雪、陈大刚、侍茂崇、郑家声、柳枝、曹立华、谭丽菊。文艳协助插图和编排工作。

编　者

目录
简明自然科学向导丛书
CONTENTS
海洋探秘

一、海洋中的故事

地球是怎样诞生、海洋是如何形成的/1

什么是洋、海、海湾、海峡/2

"太平洋"真的太平吗/4

"海平面"——海是平的吗/5

"大西洋"名字是怎么来的/5

何为"南大洋"/7

"北冰洋"是冰的海洋/8

印度洋是最年轻的大洋/9

海底也可以"扩张"/9

地壳是由不同板块拼接而成的/11

中国海的沧海桑田/12

南极的发现/13

咆哮的西风带在哪里/14

海水——令人惊奇的性质/14

海水化学组成大家族包括哪些成员/16

海水中种类繁多的微量元素/17

海水中的有机物质/18

海水中有气体存在吗/20

海水中维持生物生长的重要物质——营养盐/21

海水中盐从哪里来/23

什么是海水盐度/24

海水中盐度的分布特点/24

海洋中温度的分布特点/25

海水的压力有多大/27

什么是"透明度"/27

"涛之起也,随月盛衰"正确吗/27

潮汐的术语有哪些/28

潮有大小吗/29

什么是日潮和半日潮/30

海面升降与人类密切相关/31

简易潮汐计算方法/32

凶猛的风暴潮/33

假潮不假/33

潮流——潮汐的孪生兄弟/34

珠穆朗玛峰高度起算点在哪里/35

无风不起浪——大风吹起翠瑶山/35

内波——在海水内部产生危害很大的波浪/37

海啸——水下地震、火山爆发或海底塌陷所激起的巨浪/38

"疯狗浪"是怎样"疯"法/39

什么是裂流/40

"海流"是海洋中的河流吗/41

深海有流吗/42

遥感海洋学——海洋上的"火眼金睛"/43

何谓立体化调查/43

海洋科学——海洋的科学/45

二、海洋资源与海洋开发利用

海洋资源/46

漫谈海洋生物多样性/46

海洋生物资源有限吗/47

鱼、渔业与人类/49

海洋中最大的鱼类——鲸鲨/50

水中"熊猫"——中华鲟/51

世界最高产的鱼——鳀鱼/53

我国最昂贵的鱼——刀鲚/55

柳叶鱼与鳗鲡/56

大马哈鱼的"死亡洄游"/58

"大头腥"和鳕渔业/60

奇闻,雄鱼产仔——海马/61

天然变性鱼——石斑鱼与黑鲷/62

你知道鲅鱼是怎么捕的吗/64

带型的鱼类,高产的鱼种——带鱼/65

金枪鱼与延绳钓/67

"比目而行"话鲆、鲽/68

河鲀与河鲀毒素/70

海里有兽吗/71

海洋生物多是"药"/73

海洋生物的"废"与"宝"——甲壳素与"深海鱼油"的启示/74

游乐渔业与人工渔礁/75

海洋矿产资源/77

海洋石油"滚滚来"/77

海底也采煤/79

海洋磷的重要资源——磷钙石/80

天然聚宝盆——谈海水化学资源/81

化学工业之母——氯化钠/82

镁元素及其海水提取/83

最有价值的核能元素——铀的海水提取/83

放射性核素在海水中也大有用武之地/85

海水的综合利用/85

三、海洋灾害

海洋灾害的形成/87

海洋为什么有灾害/87

无形的水灾——海平面上升/87

海雾漫漫船难行——海雾/88

渤海也曾"车辚辚,马萧萧"——海冰/89

海滩怎么越来越窄了——海岸侵蚀/90

化学类灾害/91

富营养化是赤潮的元凶吗/91

天气怎么越来越暖了——温室效应/92

天堂的眼泪——酸雨/94

有机物污染/95

给人类带来无限麻烦的海洋重金属污染/96

环境类灾害/98

"航海家的地狱"——好望角/98

水俣病/99

黑色灾难/100

海水入侵警报已拉响/101

渤海会变成中国的"死海"吗/102

生物类灾害/103

我国的赤潮灾害/103

毛蚶大闹上海滩/103

绿潮/104

"白潮"——水母旺发/105

海星灾害/107

"海底蝗虫"——海胆/108

地质类灾害/109

什么是海底地滑/109

谁在"吞食"三角洲/110

"地球之肾"的功能正在减弱/110

灾害防治/111

能否用化学的手段修复污染的环境/111

重归碧海——海洋生态修复/112

海洋修复技术/113

运筹帷幄，决胜千里——海风、海浪、海雾的预报/114

全球海洋观测系统(GOOS)/115

全球海洋观测网(ARGO)/116

海上遇险救助组织/117

SOS与全球海上遇险安全系统/118

四、海洋开发新技术

海洋生物技术/119

海水珍珠养殖/119

生物传感器/120

海藻植物生长剂/121

人工皮肤/122

蟹、虾壳也能做衣服/124

三倍体牡蛎/124

"超级鱼"/126

能治病的毒素——河豚毒素/127

对虾病毒病的检测技术/128

褐藻多糖药物/128

海上石油污染的生物降解技术——"超级嗜油工程菌"/129

海洋微生物溶菌酶及其应用/130

"绿色杀虫剂"——沙蚕毒素/131

全雌鱼/132

全雄鱼/133

海洋化学技术/134

防止金属被海水啃掉的方法——海洋防腐/134

用、防结合的核电站防护技术/135

一箭三雕——海水淡化、核电站和海水综合利用相结合/137

国家工业的基础——盐化工技术/138

海洋地质调查技术/138

如何为古老的地球定年龄/138

如何确定你在地球上的具体位置——定位技术/139

在水下是如何定位的——水声定位/141

地震勘探及其在石油探测中的应用/142

如何解除水雷的威胁——磁力/142

海底深度是怎么测量的——测深技术/143

如何"透视"海底之下——浅剖/144

"水下千里眼"是怎样"看"到海底的——侧扫声纳/145

怎样给古老的地球量体温——古气温/146

陆地上的资源耗尽之后人类将何去何从——深海资源/146

怎样取得海底样品——取样器/147

能在海底随心所欲取到我们想要的东西吗——电视抓斗/148

海洋钻探——在海洋中钻井有什么用/149

什么是载人深潜器/149

什么是水下机器人/150

导弹靠什么提高命中精度/151

给地球装上"千里眼"/152

海上原位测试技术/153

海洋能的利用技术/154

潮汐发电/154

海流发电/156

波浪发电/157

温差发电/159

浓度差发电/160

风电产业/161

未来的新能源——"可燃冰"/163

五、海洋生态系统

井然有序的海洋王国——海洋生态系统/165

大自然的"跷跷板"——生态平衡/166

海洋也会自我调节吗——反馈机制和稳态/167

海洋中的食物从哪里来——生产力/169

肉眼看不见的链环——食物链和食物网/170

冰雪中脆弱的食物链——南极食物链/171

什么叫微食物网/173

自然界中的金字塔——营养级和生态金字塔/174

海洋中的竞争——生态位原理/175

生物群落的沧桑变迁——生态演替/176

生物指挥棒——限制因子/177

生生不息的循环——生物地化循环/178

海洋中的重要循环——碳循环/180

温室效应与海洋有何联系——海洋生物泵/181

海洋"预言家"——海洋生物/183

波涛底下的"同居密友"——共生的海洋生物/184

随波逐流的浮游生物/186

海洋中的"清道夫"——海洋底栖生物/187

海岸卫士——红树林/188

精彩纷呈的珊瑚礁/190

海底大森林——海藻森林/192

"禁区"中的生物——深海生物群落/193

天然的大型渔场——近岸上升流生物群落/194

海洋中的大草原——海草场生态系统/195

海底火山周围有生物吗——热液生态系统/196

海洋中的"诺亚方舟"——海岛生态系统/198

没有电也能发光吗——生物发光/199

水与血交融的回归——洄游/201

"海涵"也是有限度的——海洋环境容量/204

人类新杀手——环境激素/205

污染物在食物链中的放大作用/206

谁侵占了他们的家园——物种入侵/207

生物中的情报员——指示生物/209

海洋生物的乐园——海洋自然保护区/210

什么是大海洋生态系统/211

六、海洋权益与海洋管理

海洋区域/213

领海基线看得见吗/213

内水和内海有区别吗/214

毗连区有什么作用/216

什么时候有了专属经济区/217

什么叫群岛国/218

公海的活动自由是绝对的吗/219

国际海底区域可以随便开发吗/221

国家管辖海域的管理/222

海洋功能区划/222

海洋特别保护区有什么特别/223

重点海域怎么划定/224

海岸带管理包括什么事项/225

海洋权益管理是指什么/226

海域使用管理有什么主要制度/227

美丽的钓鱼岛/229

海洋生态文明/230

一、海洋中的故事

地球是怎样诞生、海洋是如何形成的

自古以来,海洋就与美妙的传说联系在一起,成为产生传说的温床。

从我国第一部记述山川海洋知识和传说的《山海经》,到国外古代亚述、巴比伦的神话,对海洋都有着美妙离奇的描述。然而,社会的进步使科学家们否定了神话,重新回到现实中来。现在科学家比较认同的是:60 多亿年前,形成地球的物质由太阳星云中突然分化出来,漂浮于太空,成为混沌、无涯的一团。这种混沌的物体后来又分成一个个团块状,彼此之间做无规则的冲撞。在冲撞过程中,由小变大,在万有引力作用下逐步形成一个原始的地球。在原始的地球上既没有我们现在所看到的蔚蓝的海洋,也没有包裹着地球的厚厚的大气,而是一个没有生命的松软的灰色集合体。后来,由于球体的体积增长和绝热压缩作用,使其内部变暖,初始温度大概在 1 000℃。随后地球内部的一些放射性元素接着起作用,在蜕变中释放出大量的热,致使地球内部温度慢慢升高,地内物质开始溶解。在重力的作用下,轻者上浮,重者下沉。水汽等气体从地壳内逃逸出来,由地面上升到空间;而那些铁、镍等重金属则沉入地底,形成地球的核心部分。硅酸盐等比较轻的物质则紧紧地包围在地核外面,形成 2 900 多千米厚的一层地幔。这种分化过程大概是在 46 亿年前才完成。

地壳很薄,平均厚度大约为 40 千米。如果与地球平均半径 6 371 千米相比,就像一只鸡蛋的蛋壳一样,只不过是很薄的一层表皮。但是,这层表皮却不像蛋壳那样光滑。由于地球内部运动的结果,在这层地壳上,既有高山、平原,也有洼地,有点像晒干了的橘子皮。

后来,由于地球表面逐渐变冷,水汽便开始凝结,形云致雨。那时地球上到处电闪雷鸣,狂风暴雨,呼啸的浊流通过千川万壑,汇集到原始洼地中去,形成最早的江、河、湖、海,这就是原始水圈。原始水圈中的水又不断蒸发,重新变成水汽,然后又降落到地面上,把陆地上岩石中的大量盐分带到原始海洋中去,日积月累,年复一年,海洋中的淡水就变成了咸水。

也有人认为,当地球由其原先的液态凝固成火山岩及其他的岩石时,其内部陷进了大量的原始水。后来,由于受风、水和有关的一些地面过程影响,岩石崩塌破裂,被陷在岩层中的水流出来,共同形成了原始海水。近年来的地球卫星观测资料表明,太空中每天都有无数个雪球状的物质进入地球大气层,这种雪球状的物质中含有大量的水。因此,一部分科学家认为,地球上海洋中的水不是由地球物质中分离出来的,而是来自遥远的太空。孰是孰非,只有靠进一步的科学研究去证明。

什么是洋、海、海湾、海峡

洋:面积广,约占海水总面积的 89%;深度深,一般在 2 000 米以下;温度、盐度都不受大陆的影响,季节变化小;水色高,透明度大,盐度平均为 35‰;有各自的潮波系统和强大的洋流系统;水下沉积物为深海特有的钙质软泥、硅质软泥和红黏土。

根据岸线的轮廓、底部形状和水体运动特征,世界大洋一般可分为太平洋、大西洋、印度洋、北冰洋,合称"四大洋"(图 1-1)。联合国教科文组织(UNESCO)下属的政府间海洋学委员会(IOC)将环绕南极洲的水域称为"南大洋",这样就分为"五大洋"了。面积最大、深度最深是太平洋(图 1-2)。

海:面积比洋小得多,只占海水总面积的 11%;深度浅;海水的物理化学性质受大陆影响而有显著的季节变化;水色低,透明度小;没有自己独立的海流系统和潮波系统;沉积物多为陆源的,如砂、泥沙、生物屑等。

按照海的位置,海还可分为内陆海和边缘海。内陆海在陆地内部,仅通过一个或几个水道与大洋相通。边缘海位于大陆边缘,一边以大陆为界,另一边以半岛、岛屿或以群岛与大洋分开。水的交换比较自由,潮流较大。靠近大陆一面受大陆影响大。

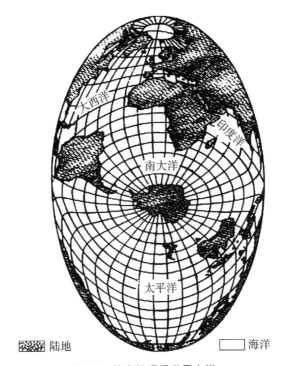

陆地 ▨▨▨　　海洋 ☐

图 1-1　从南极顶看世界大洋

1. 阿留申海沟
2. 马里亚纳海沟
3. 中亚美利加(危地马拉、
   阿卡普尔科)
4. 智利海沟
5. 秘鲁海沟
6. 堪察加—千岛日本海沟

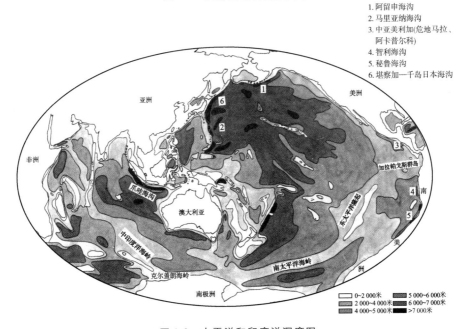

☐ 0～2 000米	▨ 5 000～6 000米
▨ 2 000～4 000米	▨ 6 000～7 000米
▨ 4 000～5 000米	■ >7 000米

图 1-2　太平洋和印度洋深度图

3

海湾：是洋或海的一部分延伸入大陆，其深度和宽度逐渐减小的水域，如渤海湾、杭州湾等。尤其是一些喇叭形海湾对潮流有很强的聚集作用，故在海湾中常出现很大的潮差，如北美东岸的芬迪湾，潮差可达 18～21 米。杭州湾则是世界著名的钱塘观潮胜地，最大潮差可达 8.93 米。

海峡：海洋中相邻水域之间，宽度较窄的水道称为海峡。海峡的特点是水流急，沉积物多为岩石或沙砾。我国邻近的海区中有四大海峡，它们是渤海海峡、台湾海峡、琼州海峡和吕宋海峡。

需要说明的是，有些自古以来的习惯名称与上述分类的名称不符，但仍然在使用。例如，有的海被叫做湾，如波斯湾、墨西哥湾等；有的则把湾叫做海，如阿拉伯海等。

"太平洋"真的太平吗

太平洋并不太平。

我们这里不去叙述 100 多年来帝国主义从海上侵略中国的罪恶史，也不去叙述第二次世界大战中日、美的太平洋海上争夺战。我们仅从科学的角度说说太平洋并不太平。

全球每年平均发生热带气旋 79.5 个，其中有 30.5 个发生在西太平洋。太平洋赤道以北有一条无风带，是来往帆船最担心的地方。这里的空气常常是湿热、静止的，使人难以忍受。大量的水蒸气像一团团棉絮浮在海面上空，一旦受到扰动便形成涡旋气流，就可能孕育一场震撼天空与海面的台风。西太平洋和中国近海产生的台风疯狂地掠过海面，最大风速可达 270 千米/小时。在西太平洋上的众多岛屿，很难幸免于台风的扫荡。

对于太平洋的许多岛屿与沿海居民来说，不仅要遭受台风的危害，而且还要遭受海啸和地震造成的可怕灾难。1724 年一次大海啸毁掉了秘鲁的卡亚俄，当时海浪高达 27 米。1968 年智利阿里卡发生的地震海啸掀起的海浪曾淹没 1.1 万千米远的新西兰利特尔顿低地。这种冲击力都来自海底。太平洋的海底很不平衡，就像一个睡眠不好、总做噩梦的巨人，它稍一翻身便会给沿岸各地居民造成巨大灾难。在夏威夷以东洋区，潜水者可以看到水底的圆锥形奇怪山峰，峰顶仿佛被切掉一样。这是一些古老的海底火山的遗迹。在夏威夷群岛、美拉尼西亚群岛及新几内亚，现在仍有一些火山在活动。

海底的山脉亦称海岭。美洲西海岸海岭,自海岸向西发生了断裂,学者们认为,在不久的将来,圣弗朗西斯科(旧金山)地区可能发生像1906年那样的大地震。然而,这样的前景并未吓倒加利福尼亚人,他们认为,以各种方式生活在火山之上是不值得大惊小怪的。

2004年12月26日,时值隆冬,正是东南亚旅游旺季。由印尼苏门答腊海域一场海底大地震,引发了印尼及周边泰国、马来西亚、印度、斯里兰卡、缅甸、孟加拉等国海岸滔天巨浪,损伤极为惨重。死亡及失踪人数超过22万人。这次地震使地球都发生了摇摆,速度变快3毫秒;一些岛屿移动了20米;有的岛屿一边上升,另一边降低没入水里。亚洲版图被无情地改变。

"海平面"——海是平的吗

说海平面是平的,绝大多数人都不怀疑,因为在人们视线之内看到湖面是平的,河面是平的。所谓"水面如镜"大体都是因此而发的。然而从卫星观测的结果看,海面不是平的。它和陆地一样,有着不同的起伏。只是这种起伏是数千千米范围的变化,人的眼睛不易察觉罢了。

据目前调查结果,世界大洋有几个较大隆起区,他们分别是:北太平洋日本—台湾以东海域,最高点高出平均海面达160米;南太平洋澳大利亚东北海域,其最高点比平均海面高100多米;北大西洋佛罗里达半岛以东海域,高出平均海面68米;非洲东南马达加斯加岛附近海面,高出平均海面140多米。世界大洋还有三大凹陷区,其中凹陷最深的是南大洋罗斯海和威德尔海附近,其最低点低于平均海面180米;其次是北大西洋靠近格陵兰岛海域,它的最低点凹下去100多米;第三是位于太平洋的靠近堪察加半岛的海域,其凹陷深度为40米。

"大西洋"名字是怎么来的

古希腊史诗《奥德赛》中有许多神话和传说,其中讲到了大力神阿特拉斯的故事。阿特拉斯居住在世界的极西处——大西洋。他详知海洋的深度,并用石柱将天地分离。出于对大力神的崇拜,队将大西洋命名为阿特兰蒂克(Atlantic)。大西洋的汉译名源于明代欧洲传教士编制的世界地图上的拉丁文字。"大西洋"不是因为它在我们的西边而得名的。

大西洋从南大洋北缘向北伸展，一直伸达格陵兰、挪威附近。它与太平

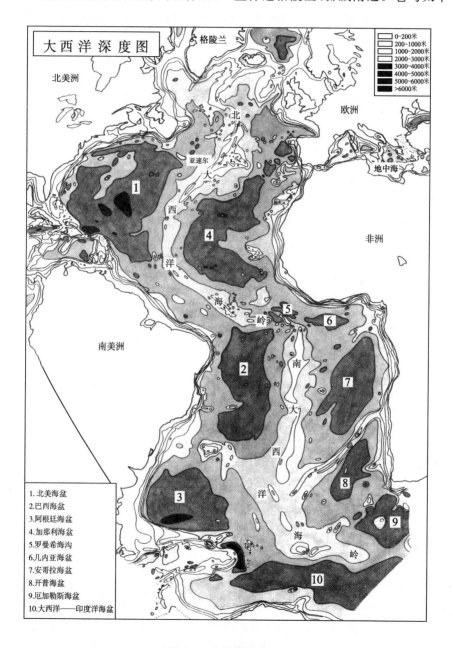

图 1-3 大西洋深度图

洋之间以合恩角(西经70°)到南极半岛之间的最短距离为界。大西洋和印度洋之间,则以经过好望角的子午线(东经20°)为其分界线。奥克尼岛和菲罗尼岛之间的海脊,构成了大西洋和北冰洋的界线。大西洋面积约为9 200万平方千米,是地球上的第二大洋。大西洋东西狭窄,成"S"形向南北延伸,在赤道区域宽度最短处仅2 400多千米。大西洋就像连接地球南北的一条弯曲走廊(图1-3),假如你试着在地图上将它的东西两岸拼合起来,你会发现它们几乎可以吻合。

大西洋海底有一条巨大的"S"形大洋中脊在海底绵延着,从冰岛沿大西洋中部延伸到南纬43°。海岭之上的深度(海面至海岭的距离)在北半球多为3 500～3 000米,而在南半球是2 500～2 000米。海岭上的山峰,有的地方突出水面形成岛屿(如亚速尔群岛、阿森松岛)。

大西洋海岭东西两侧伴随有深而宽的长圆形的或不规则的海盆:海岭以西有北美海盆、巴西海盆和阿根廷海盆;海岭以东有北非海盆、几内亚海盆、安哥拉海盆和开普敦海盆。

大西洋中的海沟有安的列斯群岛附近的波多黎各海沟,在赤道外切断大西洋海岭的罗曼希海沟和南桑得韦奇海沟等。

何为"南大洋"

世界上的4个大洋,即太平洋、大西洋、印度洋和北冰洋,占地球表面积的近71%,它们的年龄都在几十亿年以上。但是随着南极附近洋区科学考察的发展与深化,科学家发现,那里具有独立的海流、潮汐等水文系统,因此又提出了一个"南大洋"的概念。

"南大洋"由太平洋、印度洋、大西洋的南部洋域所组成。东、西方向没有任何陆地切割,是相互贯通一起的。其南界位置是南极大陆的边缘。其北界的划定,并无确定的地理学特征作为依据。有的人认为,以南极辐合带为其北界,即在南纬50°～55°附近,由于南极表层水与其北界亚南极表层水相遇,在这里形成一个温度、盐度、密度、声速、溶解氧、营养盐等要素梯度较大、流切变明显的区域——南极辐合带所在位置。

可是,更多的人则认为,南大洋北界应以副热带辐合带为其终止位置,即在大约南纬40°附近,西风漂流带与由北而南的亚热带高温、高盐水相遇之处。1970 年,联合国教科文组织下属的政府间海洋学委员会最后把南大洋定义为"从南极大陆起到副热带辐合带明显时止的连续海域"。

南大洋靠近南极大陆边缘,有十几个陆缘海,厚达 2 000 多米的冰层从高原向海边延伸,掩盖了海岸线,冰川覆盖了大陆架,形成 300 多个陆缘冰。

南大洋水域中有丰富的磷虾,蕴藏量估计有 12 亿吨。在不破坏生态环境条件下,捞取资源量的 1/4,就可大大改善人类蛋白质的供应量;南极大陆拥有丰富的矿藏;其周边巨大的冰盖滑入海洋,形成许多冰山,如果把它们拖到北半球来,可改善淡水资源匮乏的局面,甚至可以使沙漠变成绿洲。因此,人们对南大洋的研究越来越重视。

"北冰洋"是冰的海洋

北冰洋是世界四大洋中面积最小、深度最浅的洋。多少年来,人们对这个大部分被冰雪覆盖的大洋是那么陌生,观察起来又是那么困难重重(图 1-4)。冰天雪地,动物很难在这儿生存。在北极一年中太阳只有一次升起。在极顶处,春天太阳升起后,就不会落下去,一直到秋天为止。

图 1-4　北冰洋调查观测海水温度

北极区戴着一个冰帽子,夏季的太阳也不能把它融化掉。在格陵兰岛及其以西岛屿上,几百个冬天的积雪,一层压一层,然后变成冰,并顺斜坡下滑,成为冰川。当冰川到达海边时,巨大的冰块破裂开来,落入海中,发出一种雷一样的吼声。这些冰的碎块又叫冰山,在北冰洋中到处漂浮,甚至进入大西洋。"泰坦尼克"号沉没就是由于冰山引起的。然而由海水直接冻结的海冰,平均厚度只有几米,它们从未形成过坚硬的冰岩。潮汐、海流和风经常把它们变成碎冰。

北极区冰天雪地的冬天有 9 个月。在温度经常低于 $-60℃$ 的冬天夜晚,星光明亮,这在世界其他地方很难看得到。即使正值中午,太阳也只是在南方地平线下回旋,人们可以看到 1～2 小时的暮光。有时北极忽然变得神秘多彩起来,这就是著名的北极光。北极光通常在 12 月份开始出现。它

没有固定的形状,有时是涡旋,有时像彩色的河流,有时像闪烁的面纱,或者像摇曳不定的火把,有时又像探照灯光横过天际。其颜色有银色、绿色或金黄色,覆盖着整个天空。

印度洋是最年轻的大洋

印度洋是地球上的第三大洋,在地质年代上,它却是地球上最年轻的大洋。印度洋界于亚洲、南极洲、大洋洲和非洲之间,面积约为 7 671 万平方千米,约占世界海洋面积的 20%。

印度洋北部为半封闭海域,东北部有马六甲海峡、苏门答腊岛、爪哇岛、新几内亚岛等。南部开敞,有些海洋学家主张将印度洋南部的绕南极水域划为南大洋。

印度洋是地质构造极为复杂的大洋。它的东、西、南面是稳定的陆块,北面则为红海、亚丁湾大裂谷、喜马拉雅山和爪哇海沟一线。洋底地貌以洋中脊和洋盆为主。

在印度洋中央,洋底有一条"人"字形的海底山脉,名为印度洋中央海岭,是世界大洋中脊的组成部分。中央海岭由中印度洋海岭、西印度洋海岭(非洲—南极洲隆起,克罗泽高原)和澳大利亚—南极洲隆起组成,三条海岭以罗德里格斯岛为连接点。中印度洋海岭有一条支脉从查戈斯群岛走向非洲的瓜达雷伊角,叫做阿拉伯—印度海岭。中印度洋海岭的南端有阿姆斯特丹岛和圣波尔岛。再往南,也就是从南纬48°起有一条克尔格伦海岭向南极洲伸展。中央海岭向东、向西也有一系列宽而深的海盆被隆起地形分隔,如东印度洋海盆、中印度洋海盆等。在爪哇岛附近有爪哇海沟。

海底也可以"扩张"

20 世纪 60 年代以后,人们对洋盆进行了广泛的地质研究,尤其是对古地磁的研究,发现了洋底也在扩张。什么是古地磁学呢? 古地磁学是根据古岩石中存在的剩磁现象研究磁场变化的一门科学。举例来说,玄武岩中含有较多铁质,当玄武岩处于岩浆状态时,其中被地球磁场磁化的铁粒子,就会像指南针那样按地磁场的方向指向。在玄武岩冷凝后,包含在其中的铁原子的磁极方向也就永久固定下来了。只要测出这块岩石中铁原子的磁极方向,就知道那个时代的地球磁极位置。假如地球的磁极是固定不变的话,如果我们测出某块玄武岩中铁原子磁极方向和地球磁极方向不一致,这就意味着该玄武岩块可依托的陆地本身发生了漂移、错位。科学工作者对从北美洲和欧洲采集的岩石标本进行的古地磁研究证明,这两个大陆曾经是连在一起的。在南美洲巴西以及西非加蓬进行的古地磁和放射性年代测定表明,这些地区的岩石样品在成分上、地质构造上以及年代上几乎完全相同。由此认为,非洲和南美洲也曾经是连在一起的。

与此同时,大洋中的海岭也引起了科学家的广泛兴趣。我们知道,大西洋中脊高出洋底1～2千米以上,从北向南长达1.2万多千米,并且基本上重复着大西洋的"S"形走向。无独有偶,在太平洋东部,从北美沿岸开始,也有一条向南蜿蜒伸展的海岭。它在南纬50°附近折而向西,一直到印度洋中部,并且表现出与大西洋中脊相连接的趋势。人们形象地称这些海岭为洋中脊。人们发现海岭有许多新的特征:

一是陆地上的山脉,主要是由深厚的沉积物质褶皱而成。而大洋底的海岭,则全部是地底下岩浆升上来固结而成。它没有受到挤压,因此没有形成褶皱。

二是沿着大洋海岭的顶部,有一条很深的裂缝,它的长度几乎与海岭一样。裂缝里的岩石年龄很轻,裂缝两侧,越往外岩石年龄就越大。海岭中部热流量比较高,从中间向两边逐渐降低。

三是裂缝两侧的岩石,向相反方向运动。运动速度一般是每年1～5厘米,最快的是太平洋海岭,最慢的是大西洋海岭和西北印度洋卡尔斯伯格海岭。

四是经过更详细的研究,发现这些海岭并非像长蛇一样连成一体,而是由于移动方向和速度不一样,被撕裂成若干段。每段本身,则保持相对稳定。段与段之间的破裂带又称为转换断层,这是地震发生最多的区域。

根据上面这些事实,1961年美国人赫斯提出了"海底扩张"学说:地球由地核、地幔、地壳组成;地幔厚度很大,达2 900千米,由硅镁物质组成,占地球质量的68.1%;由于地幔温度很高,处于熔融状态,大陆则被动地在地幔对流体上运动;地幔中的物质,不断地从海岭当中的裂缝里流出来,把老洋壳向两侧推移出去,使海岭不断向外扩张,永不停歇。当地幔涌升流把洋底

抬升起来,就像陆地上火山爆发那样会伴随强烈的地震发生。大洋中脊浅源地震特别密集,就是这种理论的最好说明。

地壳是由不同板块拼接而成的

1965 年,加拿大人威尔逊根据"大陆漂移"学说和"海底扩张"学说,加以提炼总结,提出了"板块学说"。根据他的理论,地球的外壳是由 20 多块大板块组成的。最基本的有六大板块:太平洋板块、欧亚板块、印度洋板块、美洲板块、非洲板块和南极板块(图 1-5)。在六大板块中,太平洋板块全为海洋,其余五大板块都是海洋和陆地兼而有之。板块呈刚体,紧紧地固结在一起,其长度可以达数千千米。至于板块的厚度可能是在 70～100 千米之间。

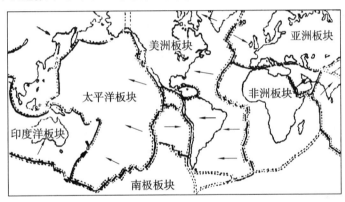

图 1-5　地球上的六大板块和板块运动的方向

这些板块处于永恒的运动中,它们漂浮在灼热的液态塑性软流圈上平稳地运动。在运动中,这些板块之间彼此可能会发生猛烈碰撞或一滑而过。当两个板块彼此滑过时,便会形成一个大断裂带(如加利福尼亚圣安的列斯断层)。

在板块运动过程中,大洋地壳遇到大陆地壳时,就俯冲进入大陆下面的地幔中。在俯冲地带,由于拖曳作用,形成了很深的海沟。太平洋的一个突出的特点是:最深的海沟均在边缘,尤其是太平洋的西半部,有很多非常深的地方,其中主要有阿留申海沟、千岛海沟、菲律宾海沟,最深的为马里亚纳海沟;在太平洋东部,有一条秘鲁海沟。太平洋几乎所有海沟都具有明显的弧沟状,在沟的旁边分布着一连串的弧形岛屿。

在大洋地壳向大陆地壳俯冲的地方,像个"漏斗",岩石圈的物质随着俯冲地带进入这个"漏斗"中,逐渐为地幔增温、吸收和同化;然后,再流回大洋海岭的底部,通过海岭顶部再流出来。这个假定的对流体,像传送带一样带动板块,也供给海岭产生裂缝所需的动力。这样,海洋地壳从大洋海岭处诞生,而消失于海沟岛弧一带。此处生长,彼处消失,处于不断更新的过程中。

中国海的沧海桑田

我们将从10万年前开始叙述中国近海的沧桑之变。10万年对人类历史来说是相当漫长的,但在地球历史的长河中,只不过是短暂的一瞬间。

大约10万年前,气候进入温暖阶段,冰川消融,大洋水量增加,海面不断上涨,向古渤海盆地及华北平原涌来。大水淹没了沧州,沧州变成了"沧海之州"。这在地质史上称为沧州海侵。名副其实的浩瀚黄海诞生了。那时的黄海海域比现在要大得多,今天的苏北平原也是波涛翻滚的海洋世界。

大约从7万年前开始(图1-6),地球上气候冷了起来。大洋水位下降了100多米,海水退出渤海盆地,昔日被海水淹没的海底又见了青天。黄海海水也退缩到东海东部和太平洋,原来的汹涌黄海又变成一马平川。哺乳动物和古人类也栖息在"黄海平原"上。

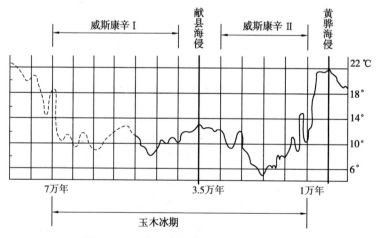

图1-6 7万年以来地球上几次变冷和变暖

从距今4.5万年前开始,寒冷气候逐渐转暖,重新发生海侵。这是一次

大的海侵,海水向西一直扩展到今河北献县境内,因此称为"献县海侵"。徘徊于东海东部的海水,又重新涌入黄海平原,海侵持续了约 1 万年。黄海又呈现一派烟波浩渺的景象。

1.8 万年前,又一次冰期来临。海平面发生大幅度下降,最大的下降值比现今海面低约 150 米,这是黄海及我国东部海域下降规模最大的一次。古黄河、古长江在平原上纵横奔流,形成巨大的三角洲,呈现了一派"天苍苍、野茫茫"的草原风光。喜寒的猛犸象、披毛犀出没草原,并沿着大平原"旅行"到日本北海道等地。古人类也把华北的细石器带到了日本列岛,中日之间发生了早期的文化交往。

约在 1 万年前,气候转暖,冰川大量消融,使海平面再一次上升,世界各地又广泛发生了海侵,这次海侵被称为黄骅海侵。

南极的发现

早在两千多年前,希腊、罗马的天文学家和地理学家,就充满幻想地猜测,在那遥远的南方一定有一块和北方一般大小的土地,具有温暖的气候、肥沃的土地和用之不尽的矿藏,并且预先起个名字为"未知的南方大陆"。1772 年,英国著名航海家库克上校决定组织一支探险队亲自去寻找这个神秘的大陆,但经过 4 年艰苦的历程,只到了南纬 71°10′,最后他以失望的心情写下:"我证明南方绝对没有大陆的存在,即使有的话也是一些极小的、满覆着冰雪的、人类无法达到的地方。"这些令人望而生畏的话语,使得那些迷信库克的航海家互相观望,裹足不前,以致在半个世纪里,竟没有一艘考察船驶向茫茫的南极。

1819 年 7 月,沙俄派出两艘小型航海帆船"东方"号和"和平"号。"东方"号船长是别林斯高晋,"和平"号船长是拉扎雷夫。经过数次风暴的袭击和冰山的阻挡,历时一年的努力也没有发现南极大陆,只好回到澳大利亚的悉尼港,准备越冬之后第二年再做一次冲击。1820 年 10 月,南极夏天又来临了,他们再次率领两艘小船向冰海航行,一开始就不顺利,"东方"号撞上冰块严重漏水,经过几次抢修,最后只能冒险前进。1821 年元旦来到了,新的一年没有给航海者带来任何快乐,更不幸的是"东方"号再一次撞到冰块上,船只发出不祥的呻吟,许多船员要求船长返航。正在进退维谷之际,

1821年1月16日,天气突然转晴,南极大陆那起伏的山岭和高耸的海岸,像水墨画一样从浓雾中显露出来,库克的结论终于被否定了。

咆哮的西风带在哪里

什么是西风带,它在哪里呢?

通俗的说法是,在北纬40°~60°和南纬40°~60°处,经常刮着西风,风速很大。北纬40°~60°之间多为陆地,受陆地摩擦影响,海面风速小;而南纬40°~60°之间几乎全部是辽阔的海洋,那里盛行西风,风大,浪高,航行的船只在山丘一样的浪峰中剧烈起伏,险象环生。航海者谈西风带而色变,故有"咆哮的西风带""发疯的50°"之说。

表层海水受风的影响,产生一个相应的自西向东的流向,它像腰带一样,环绕在南极大陆周围,海洋学家称之为"西风漂流"。

1990~1991年的南极考察,"极地"号船员在返航途中,充分领略了西风带的可怕滋味,目睹了西风带那叱咤风云、翻江倒海的风采。

1991年3月3日,"极地"号离开南极中山站,整装北归。3月5日,根据气象预报得知,在距船西部15个经度处有一低气压正在形成,按照移动速度计算,"极地"号不会与它相遇,最多它只能远远地尾随我们,风速最多不会超过8级。3月6日,船已移到南纬55°,距在南纬60°处东行的气旋中心已超过500千米,按照常理,已脱离危险区。可事实出乎所有人的意料,当时风速突然加大到35米/秒以上,浪高达20米,如山的巨浪狂啸着从船尾滚滚而至,将船尾部盘结的粗缆全部打散,冲入海里。缆绳掉入海中,随时有可能缠上螺旋桨,给船上人员带来灭顶之灾。后甲板上由铆钉固定的一吨重的蒸汽锅被连根拔起,像陀螺一样在甲板上滚来滚去。后甲板的门也被巨浪冲破,海水冲入几十米高的上层卧室。船在大海中像个醉汉左右摇摆,减摇装置全部投入工作,船的单边倾斜仍超过30°。艰难航程一直持续两天两夜,最后才走出西风带,逐渐脱离苦海。

海水——令人惊奇的性质

水的几乎所有的物理和化学行为在自然界中都是与众不同的。它具有一系列独特的、异常的性质。水分子是由1个氧原子和2个氢原子组成

（H_2O）。氢是自然界分布最广泛的元素，据计算，氢原子占整个宇宙总原子数93％。氧决定了整个地壳的化学演变史，它维持了生命，引起了大量的氧化反应。

水是地球上仅次于空气的最活跃的物质。它喜欢不断地进行长距离的旅行：在海面以蒸汽形式进入空气，被风带到大陆，以雨雪形式降落，形成细流、小溪、河流入海，或渗透到土壤中，再以泉水的形式重新出现在地面，最终又从陆地返回海洋。在海洋里，有巨大的水流——海流，把大量的冷水或热水从地球的一处带到另一处。即使是山上的冰川以及北极和南极，也有活动的水。由于冰具有塑性，在重力作用下逐渐沿山坡和河谷向下滑动，使冰川的末端下降到海中，漂浮、折断成为冰山，冰山被风和海流破碎，消融在海洋里……正是由于水的这种活跃性，全世界才会形成一种水的平衡和热量的平衡。

水有异常高的沸点和冰点。组成水的氢及氧的沸点和冰点约为$-200℃$和$-250℃$。然而，水分子的沸点和冰点为100℃和0℃。水分子具有非常强的相互吸引力，因此，水的冰点和沸点比想象的要高得多。高的沸点，避免过早汽化，使人类永远有水可吃，有水可用；高的冰点，又保证水下生物的生存。水是自然界比热容最大的物质。

水的比热容接近铁的10倍，约是沙的5倍，约是空气的4倍。因此，它热得很慢，冷却时放热也很慢。地球上最低温度在南极大陆，为$-94.5℃$；最高温度在非洲北部伊朗卢特沙漠，高达71℃。而大洋水温只在$-2～+30℃$之间变化。

我们不应为地球上海水占据的巨大空间而惋惜，相反应该感到高兴。因为海洋积累了大量热能，又慢慢地释放了它们，这使近海地区的气候变得温和，并使季节之间的气温均匀交替。海洋给地球上的生命带来了合适的生存环境。海滨城市受海水温度的调剂，形成夏无酷暑、冬无严寒的海洋性气候，是旅游度假的胜地。

对气候进行调节和影响的不仅是海洋水体本身，而且还有从海洋进入大气圈的水蒸气。水蒸气阻截地球热辐射损失，不致使地球变冷，起着巨大的"温室效应"（大气圈中的二氧化碳也有保暖作用）。据计算，大气圈水蒸气含量减少一半，地球表面的平均温度将降低5℃之多。

海水化学组成大家族包括哪些成员

在海水中,除了肉眼看得见的动植物、悬浮颗粒物之外,还有许多看不见的溶解在海水中的化学物质,它们的数量大得惊人,其中盐类的含量最多。这些物质的种类是多种多样的,地球上存在的 118 种元素,在海水中目前可测出的有 80 多种,就连陆地上少见的一些元素,在海水中也有。它们的含量差异很大,如含量最多的氯元素总量约为 2.57 亿亿吨,而含量最少的氡元素总量才 793 克,两者相差约 20 个数量级。

海水中的成分习惯上大体划分为六类:

(1) 主要成分(大量或常量元素):指海水中浓度大于 1 毫克/升的成分。属于此类的有阳离子 Na^+,K^+,Ca^{2+},Mg^{2+} 和 Sr^{2+} 及阴离子 Cl^-,SO_4^{2-},Br^-,HCO_3^-(CO_3^{2-}),F^-,还有分子形式的 H_3BO_3,其总和占海水盐分的 99.9%,故称为主要成分(表 1-1)。由于这 11 种组分在海水中的含量较大,各成分的浓度比例近似恒定,生物活动和总盐度变化对其影响都不大,所以也称保守元素。海水中的 Si 含量有时也大于 1 毫克/升,但是由于其浓度受生物活动影响较大,性质不稳定,属于非保守元素,讨论主要成分时不包括 Si。

表 1-1　　　　　　　　海水中主要成分(盐度 S＝35‰)

主要溶解成分	主要化学物种存在形式	含量(克/千克)	氯度比值
Na^+	Na^+	10.76	0.555 56
Mg^{2+}	Mg^{2+}	1.294	0.066 80
Ca^{2+}	Ca^{2+}	0.411 7	0.021 25
K^+	K^+	0.399 1	0.206 0
Sr^{2+}	Sr^{2+}	0.007 9	0.000 41
Cl^-	Cl^-	19.35	0.998 94
SO_4^{2-}	SO_4^{2-},$NaSO_4^-$	2.712	0.140 00
HCO_3^-	HCO_3^-,CO_3^{2-},CO_2	0.142	0.007 35
Br^-	Br^-	0.067 2	0.003 74
F^-	F^-,MgF^+	0.001 30	0.000 067
H_3BO_3	$B(OH)_3$,$B(OH)_4^-$	0.025 6	0.001 32

(2) 溶于海水的气体成分:如氧、二氧化碳及惰性气体氮、氩等。海水的

表面与大气不断进行着气体交换,因此海水中的溶解气体与大气组成有关,同时受到海洋中生物、化学、物理过程的影响。

(3)营养元素(营养盐、生源要素):主要是与海洋植物生长有关的要素,通常是指氮、磷及硅元素的盐类。海水中无机氮、磷、硅是海洋生物生长繁殖不可缺少的成分,是海洋初级生产力和食物链的基础。反过来,营养盐在海水中的含量分布明显地受到海洋生物活动的影响。

(4)微量元素:海水中浓度低于1毫克/升的元素,除11种常量组分和氮、磷、硅营养元素以外的其他元素都属于这一类。它们在海水中的含量非常低,仅占海水总含盐量的0.1%,但其种类却比常量组分多得多。

(5)海水中的有机物质:海水中的溶解有机物十分复杂,主要是一种叫做"海洋腐殖质"的物质,它的性质与土壤中植被分解生成的腐殖酸和富敏酸类似,海洋腐殖质的分子结构还没有完全确定。此外有氨基酸、碳水化合物、烃和氯代烃、维生素等。

(6)海水中的同位素:海洋中含有多种同位素(或核素),分为稳定同位素和放射性同位素,它们在海洋科学研究中有着十分广泛而独特的应用。

海水中种类繁多的微量元素

与常量元素相比,海水中的微量元素可谓种类繁多,大约有60余种,有锂、铷、碘、钼、锌、铀、铅、钒、钡、铜、银和金等,除了常量元素和营养元素氮、磷、硅之外,其他元素都包括在内。微量元素的含量均小于1毫克/升,大多数含量在微克/升(10^{-6})或纳克/升(10^{-9})数量级。这给测定工作带来了很大的困难,直到1975年才第一次获得精确的铜、镍、镉等元素的测定值。自此后微量元素的测定便得到飞速发展。尽管这些元素的含量很小,但由于海水的体积很大,所以总储量仍然是很可观的。例如,海水中铀的含量为3微克/升,而其在海水中的总储量约45亿吨,约为陆地储量的4 500倍。铀在经济建设和国防上具有特殊的重要性,用量越来越大,因此世界上许多国家都在研究海水提铀的方法。如何将海水中丰富的微量元素用于人类的生存与发展,是海洋研究人员亟待解决的问题。

微量元素是海水中生物体生长发育所必需的元素,如作为催化剂可激发或增强生物体中酶的活性。在北太平洋、赤道太平洋和南极附近太平洋的表面海水,主要的植物生长营养盐以及光是充足的;但浮游植物量却较低,呈现"高营养盐—低生产力"现象。20 世纪 90 年代,美国马丁教授认为这些浮游植物缺少铁质,人们提出:向大海倾倒铁屑,可以提高浮游植物的生产量。第一次试验在美国西海岸外、东太平洋的加拉帕戈斯群岛附近进行,在这一海域倾倒了半吨铁屑,数周后,这一海域将近 300 平方千米的范围内浮游植物的数量增加了 30~40 倍,使这里的鱼类的生长量有了提高。随后科学家又进行了几次给大海施铁的试验,结果发现不仅海水中的生物量发生了很大变化,而且改变了大气二氧化碳的含量,进而改造了气候。另一方面,微量元素也具有两重性,一旦过量会对生物体产生毒性效应。

海水中微量元素含量虽少,却参与了各种物理、化学和生物过程,它们在海底沉积物、固体悬浮粒子和生物体中高度富集,并广泛地参与海洋的生物化学和地球化学循环,参与海洋环境各相界面的交换过程。微量元素的分布不仅与该元素的化学性质、溶解度有关,而且和海洋生物的生长发育及分布有密切关系。这些元素及其化合物可以用来解释海洋生物的活动和海水的流动等海洋基本现象。研究各种过程中元素的含量、分布变化及它们的存在形态,不仅有理论意义,还有实际意义,如对解决海洋污染、海水运动及海底矿物成因等都起着重要作用。

海水中的有机物质

广阔的海洋是一个有机物的巨大宝库,大至鲸、鲨鱼,小至易燃气体甲烷,处处都可发现有机物的身影。而科学家所研究的有机物主要是海水中海洋生物的代谢物、分解物、残骸和碎屑等,它们大部分是海洋所固有的,也有一部分是陆地生物和人类在生活中生成的,通过大气或河流携带而进入海洋。由于工农业的发展以及人类活动,大量的陆地有机物,特别是人工有机化合物进入海洋。早在 1972 年,科学家就在北大西洋表层水中检测出平均含量高达 0.035 微克/升的多氯联苯的存在,并且直到 3 000 米深处仍还可以测到其踪迹。同时,人们在大洋中还测到了尿素、核苷酸、三磷腺苷和其他含氮有机化合物的存在。

大部分有机物的组成尚不清楚,但它们的共同特点便是都含有碳元素。因此一般以有机碳的含量来表示有机物的含量。当然,若要测定某一种有

机物,例如氨基酸的含量,就必须将之从海水中分离出来单独进行测定。

海水中的有机物从状态来说可分为三类:溶解有机物、颗粒有机物和挥发性有机物。海洋中有机物质大致也可分为:溶解有机物质、颗粒有机物质(碎屑)、浮游植物、浮游动物和细菌。它们的数量如图 1-7 所示。

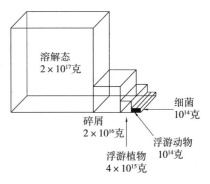

图 1-7　大洋中有机物的含量分布

目前,已了解的溶解有机物仅占总量的 10%,包括氨基酸、碳水化合物、烃和氯代烃、维生素等。溶解有机物在大洋中总的分布是表层水浓度较高,深层水浓度较低;近岸、河口区浓度较高,大洋区域浓度较低,且有较明显的季节性变化。不同海域有机物含量变化较大,较高的区域可达到 1.31 毫克碳/升,而有的却仅有 0.2 毫克碳/升。含量最高的是在海洋沉积物间隙水中,浓度可达 100～150 毫克碳/升。

在溶解有机物中,含有一部分分子量较高的大分子化合物,粒径通常在1 纳米到 1 微米之间,约占溶解有机物的 50%,称为胶体有机物。它具有较大的比表面积,且含有多种有机配体,可与痕量金属发生吸附或络合作用,从而影响痕量金属元素在水体中的迁移、毒性和生物利用性。大部分胶体物质在水体中的逗留时间短,它可通过絮凝作用转化为大颗粒,而后者可参与生物和地质过程,因此,胶体有机物在水体中元素的迁移转化过程中起到重要的作用。因此,有时将它从通常意义上的溶解态中分离出来作为单独的一项来研究。

颗粒有机物主要指直径大于 0.45 微米的有机物,实际上它还包括从胶粒到细菌聚集体和微小浮游生物等。颗粒有机物在某种适宜的条件下可以进一步分解,变成溶解有机物及其他产物。在大洋水的颗粒有机物中,通常结合着 40%～70% 的硅、铁、铅、钙等无机物。据分析表明,颗粒有机物中有3% 还是活的海洋生物呢!颗粒有机物是海洋食物链中的重要一环,它可从表层逐渐下沉到海底,部分可能被底栖生物所捕食,大部分则变成海底沉积物。在大洋的上层水中,颗粒有机物的含量相对较低,碳含量仅有溶解有机碳的 1/10;而在海洋深处则更小,只有 1/50。近岸海域颗粒有机碳较大洋海域要高 10～100 倍。

海水中的挥发性有机物仅占总有机物的 2‰～6‰，它们主要是蒸气压高、分子量小和溶解度小的有机化合物，如一些低分子烃（甲烷、乙烷等）、氯代低分子烃、氟代低分子烃、滴滴涕的残留物等。其中甲烷含量最高，其次是乙烷、乙烯、丙烯等，它们在波浪、风力等动力的作用下，可以蒸发而进入海洋上空的大气中去。

上述三类海洋有机物，在海洋中经历着错综复杂的相互转变，大部分有机物最终被氧化成二氧化碳，后者又经浮游植物吸收，通过光合作用而重新变成有机碳，形成了有机碳在海洋中的循环。因而有人提出，利用浮游植物光合作用把大气中的二氧化碳转变为海洋中的有机物，从而降低温室气体对人类的影响。在这三类有机物中，溶解有机物对海水的性质和海洋生物的影响最为突出（图 1-8）。

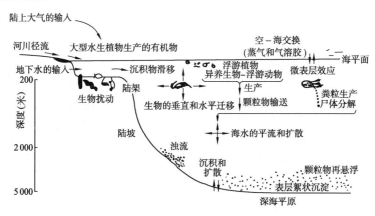

图 1-8　影响海水中有机物分布的迁移过程示意图

海水中有气体存在吗

大家知道，自然界生物的生长是离不开氧气的，而且在生物的生长过程中会排出二氧化碳。海洋中有各种各样的生物，我们平时吃的各种海菜、海鱼，它们同地球上的生物一样，需要利用氧气来维持呼吸，同时还要排出二氧化碳；另外植物利用二氧化碳来进行光合作用，放出氧气。海水中不但有氧气和二氧化碳存在，而且还同空气一样，含有各种各样的气体，如氮气、氩气、氦气、氖气等。在缺氧的海盆，还有二氧化硫存在。但这些气体并不是

水中的气泡,而是溶解在水中的。

那么大海中的气体是从哪里来的呢? 我们知道,海水是与大气相接触的,所以,它们的主要来源便是大气,也就是说大气中的气体先进入表层海水,溶解以后稳定存在于水体里面,然后随着海水的水平和垂直方向的运动输送到海洋的各个位置;其次,海水中的气体还有一部分来自于海底火山的活动,以及海水本身所发生的化学反应及其他过程,这些过程包括海底沉积物和海水中悬浮物的溶解,生物活动特别是光合作用、呼吸作用、有机物质的分解等。而且,在河水输入海洋的过程中,也将一部分溶解气体带入海水,这样,以上方式同其他一些不稳定的输入方式一起,共同组成了海水现在的气体含量。

由于海水中溶解气体的主要来源是大气,因此,两者在组成上应该是一致的,但由于海洋的特殊性,不同的气体在海水中的比例明显不同于大气。我们知道,氮气和氧气是大气的主要成分,按体积计算,氮气约占 78%,氧气约占 21%,二氧化碳气体仅占总体积的 0.03%,而海水中溶解最多的气体则是二氧化碳,约为 46 毫升/升海水。一方面由于这些气体中二氧化碳相对易溶于水,另一方面是因为海水中的生物自身也会产生这种气体。其次是氮气。第三是氧气。硫化氢在大气中是根本不存在的,因为这种气体是很容易被氧气氧化的,而在大海中某些不含氧气的区域,它由于不被氧化而以一定的浓度存在。所以,海水中的气体虽然主要来源于大气,但还是具有自己的"个性"。

海水中有些气体含量的变化是明显的,如氧和二氧化碳等,这主要是因为这些气体与海洋中的生物、化学和物理过程密切相关。氢、甲烷、一氧化碳等主要受生物活动的影响,时空变化极大。而惰性气体如氮气、氩气较为稳定,它们含量小,变化也不显著。放射性气体如 ^3H、^{222}Rn、^3He 则有着自身的变化规律,其分布较复杂。此外,海水中的气体只能满足长期居住在海水中生物的需要,对于陆地上的生物来说,海水中的气体浓度是远远不够的,所以,我们的潜水员要带着氧气下水才能维持呼吸,不然,那可很危险呀!

海水中维持生物生长的重要物质——营养盐

海洋中的营养元素也称为营养盐、生源要素或生物制约要素,它们并不是我们平时食物中的营养物质,而是一种在功能方面与生物过程有关的元素,是海洋浮游生物生长时必需摄取的一些元素。广义地说,海水中的主要成分和微量金属也是营养成分,但在海洋化学上,营养元素一般只指氮、磷、硅三种元素。

营养元素之所以称为营养盐,是因为这些营养元素都是以溶解的无机盐的形式被吸收利用的。在海水中,无机氮主要以硝酸盐、亚硝酸盐和铵盐的形式存在,无机磷主要以磷酸氢根、磷酸根的形式存在,无机硅主要以硅酸盐的形式存在。营养盐的浓度直接影响着海洋生物的生命活动,浓度过低就会成为生物生长的限制因子;而浓度过高,达到所谓的"富营养化",就可能引发赤潮。生物在吸收这些盐类时一般是按比例进行的,所以大洋中 N/P 比值存在一定的固定关系,即:N/P=16(原子数),N/P=7(质量)。

海水营养盐的来源,主要为大陆径流带来的岩石风化物质、有机物腐解的产物及排入河川中的废弃物。此外,海洋生物的腐败与分解、海中风化、极区冰川作用、火山及海底热泉,甚至于大气中的灰尘,也都为海水提供营养元素。近岸海水中营养盐的含量受人类活动影响明显,如长江流域土地施用氮肥,后者随长江流入东海,使这一海域的氮营养盐明显增高。以上多种途径使海水中营养盐达到了现在的浓度。

对于大洋水来说,营养盐的分布可分成四层:① 表层,营养盐含量一般较低;② 次层,营养盐含量随深度而迅速增加;③ 次深层,500～1 500 米,营

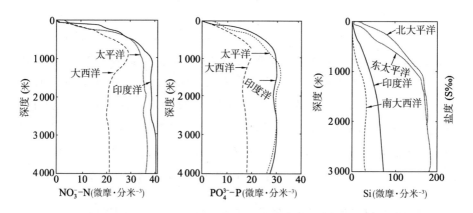

图 1-9　硝酸盐、磷酸盐、硅酸盐在大西洋、太平洋和印度洋的垂直分布

养盐含量出现最大值;④ 深层,厚度虽大,但磷酸盐和硝酸盐的含量变化很小,硅酸盐含量随深度而略为增加(图1-9)。就区域分布而言,由于海流的搬运和生物的活动,加上各海域的特点,海水营养盐在不同海域中有不同的分布。上升水往往能把深层丰富的营养物质带到表层来,使得这一海域的生物生长特别旺盛,我国著名的舟山渔场就是一个代表。

海水中盐从哪里来

在地球由热变冷的时期,水汽凝结成雨。呼啸的浊流,通过千川万壑,汇集到原始洼地中去,形成原始水圈。原始水圈中的水又不断蒸发,重新变成水汽,然后又降落到地面上来,把陆地上岩石中的大量盐分带到原始始海洋中去,日积月累,年复一年,海洋中的淡水就变成了咸水。

还有的人认为,一部分盐分是从地壳深部以气体的形式放出到地表上来的。如意大利和冰岛的火山喷发时,喷出的气体中氯化钠蒸汽就占全部升华物的50.29%～76.01%。另外,还有原生的火成岩,因为它是由许多矿物组成,其中所含的钠元素,经过风化作用,变成了极易溶解的化合物,通过地表水和地下水的搬运流入海洋中。

因此,根据大洋的含盐量随时间的推进而逐渐增大的规律,我们就可以用下列公式来计算海洋的年龄:

海水中含盐的总量/每年海水中盐的增加量＝海洋的年龄

海水含盐的总量,可以用海洋的总体积×单位体积中的含盐量而得出。至于每年的增加量,如果它都是从陆地上通过河流的搬运而来的,那么,我们可以在各主要河流的河口设置仪器分别测量出各条河流每年携带到海洋中盐类的总量。根据人们计算的结果,现代海洋中海水含盐总量约为4亿亿吨,而河流每年带到海洋中的盐类约为1.58亿吨。把两个数字代入前面的公式,就可得出海洋的年龄大约为2亿多年。这个数字当然与实际年龄还有很大出入。

原来海洋里的盐分,并不是永远在固定地增加着,当海面产生波浪时,盐分经常随浪花飞溅的水珠一起进入到大气之中,这些盐微粒可直接被带向陆地,导致海洋盐量减少。

什么是海水盐度

海水是一种复杂的、均匀的混合溶液,地球上的一切元素在海洋里都有。已经分析和鉴定出来的化学元素有 90 多种。在这么多的元素中,主要的有 11 种。这 11 种主要元素占海水含盐量的 99％以上。其中溶解于海水的盐类 85％是氯化钠。此外,在海水中含有相当数量的氯化镁、硫酸镁、硫酸钙、亚硫酸钾、碳酸钙和溴化镁。氯化钠使海水发咸,氯化镁使海水发苦。除了主要元素外,还有一些含量极微的元素,叫做微量元素。例如热核原料之一的铀,它在 1 升海水中含 0.000 003 克,但海洋中海水有 13.4 亿立方千米,所以海水中含铀量多达 45 亿吨。陆地上的铀估计只有几百万吨,海洋含铀量比陆地多几千倍。至于氯化钠、氯化镁、碳酸镁、氯化钾等更是多得惊人。海洋被誉为"蓝色宝库",实在是当之无愧。

最初,人们为了确定海水中的含盐量,可真费了不少事。在 1 千克的海水中,加进盐酸、氯水,好让一些盐类沉淀,然后加热,使有机物质分解、氧化,再在 480℃的恒温下烤干它,最后称一称剩下的有多少克固体盐类,就叫做海水的盐度。20 世纪 60 年代后期,国际海洋组织利用海水电导率随盐度而改变的性质,重新定义了海水的盐度。

根据测量结果,大洋海水盐度为 35‰,即 1 千克海水中有 35 克盐分。近海特别是近岸和河口区域,盐度要低于上述数值。

海水中盐度的分布特点

在大洋中部,等盐度线(指把平面上盐度值相等的点连接起来的圆滑曲线)和纬度大致平行;在大陆附近海域,等盐度线则与大陆岸线平行。大洋的赤道附近盐度低,南北纬 20°盐度最高,南北呈马鞍形分布。然后又随纬度的增高而降低,最低值在高纬度海区。这是因为赤道地区降水量大于蒸发量,而南北纬 20°左右处于信风带,空气干燥,蒸发量大大超过降水量(图1-10)。

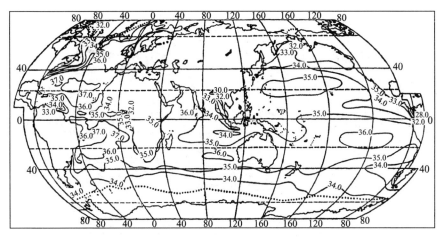

图 1-10　海洋表层盐度分布

　　三大洋的亚热带都有一个最高盐度区。在南、北大西洋，这一高盐度区的中心值都在 37.25‰ 以上；在南、北太平洋，这一中心值较低，略高于 36.50‰ 和 35.50‰；在印度洋，中心值的数值略高于36.00‰。至于低盐度的海水，有 3 个典型的分布区域：一个是热带，因为那里终年有大量的降水；其次是高纬度，因为其降水量大于蒸发量；再一个是在某些海岸附近，因有大河水的流入和局部降水。

　　在亚热带高盐度区与极地之间，各大洋都有一个盐度随纬度减少得很快的区域，这在南半球 45°～50° 之间尤为明显。在那里，盐度经向梯度很大。这一现象，是由海洋环流所造成的。在这一梯度较大的区域与极地之间，盐度略小于 34.00‰。寒暖流交汇处等盐度线特别密集，这在大西洋和太平洋的西北部表现得很突出。在大西洋，温暖而高盐的湾流与寒冷而低盐的拉布拉多海流之间及在太平洋的黑潮和亲潮之间，均有很大的水平梯度。

海洋中温度的分布特点

　　海洋表层等温线大体呈带状分布，几乎与纬圈平行（图 1-11）。在赤道地区，太阳直射时间较多，海面温度自然就高；在高纬度地区，日射偏斜，海面温度也就较低；在两极地区，太阳直射很少，海面便终年冰雪封冻了。

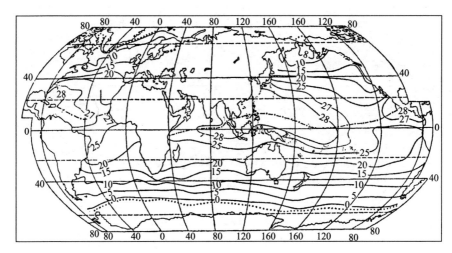

图 1-11　海洋夏季表层温度分布

　　大洋东、西部等温线分布不一样。在北半球,大洋西部等温线密集,大洋东部等温线稀疏;北纬 35°以南,西部水温较东部要高,北纬 35°以北则相反。在南半球则没有这种情况出现。这是因为南北两半球海流形式不同所造成的。另外,在有上升流的地区,夏季表面将出现局部的低温区域,如非洲的西南和东北海岸外、北美加利福尼亚和南美秘鲁海岸外等。

　　在寒暖流交汇处,等温线特别密集。湾流与拉布拉多寒流之间,温度梯度最大;大西洋暖流水与东格陵兰寒流水之间,温度梯度也很明显。这一边界叫做“西北辐聚带”,它表示两种不同性质的海水相遇、下沉的区域。

　　海洋表面温度夏季普遍高于冬季,而且温度的经向梯度,冬季远比夏季大。

　　北半球中纬度一年当中海面水温最高的时候,不是在想象中最热的 6～7 月,而是在 8 月;一天当中海面水温最热的时刻,不是在中午 12 时,而是在下午 2～3 时,时间上都有滞后。一年当中海面水温最低的时候,不是在想象中的 12 月、1 月,而是在 2～3 月;一天当中海面水温最冷的时刻,也不是在半夜,而是在清晨,时间上也有滞后。

　　在赤道地区,海面水温可以高达 30℃,而在海洋的深处,水温为可低至 0℃。

　　我国近海温度的分布是:在冬季,渤海的海水温度在 0℃上下,黄海为

2～8℃,东海为 9～20℃,南海为 18～26℃;到了夏季,表面水温普遍升高,升高的幅度自南向北增加。等温线的分布趋势,与冬季迥然不同。经向梯度远较冬季为小,水温分布相当均匀:渤海是 24～25℃,黄海为 24～26℃,东海在 27～28℃,南海则是 28℃。

海水的压力有多大

海水的密度是由海水温度、海水盐度及所在的深度(即压力)决定的,它是指单位体积中所含有的海水质量。

地球面的外围,包裹着厚厚的大气圈,保护着人们及一切生物的生命。空气虽轻,但厚达几十千米的时候,压在一切物体上的重量仍是可观的,这个压力称为一个大气压力。可是在海洋里,情况就大不相同了。同样体积,海水要比空气重 1 000 倍,所以海水每深 10 米,压力就几乎增加一个大气压。

世界海洋里最深的海沟,是太平洋西部的马里亚纳海沟,深达 10 920 米。在那样的深处,海水压力达到 1 000 个大气压力。而物体受压,体积就要缩小,深潜器"的里亚斯特"号钢质圆球,从马里亚纳海沟升到海面后,就被发现球的直径缩小了几个厘米。

什么是"透明度"

透明度表示海水透明的程度(即光在海水中衰减程度)。将直径为 30 厘米的白色圆板(透明度板)在船上背阳一侧垂直放入水中,直到刚刚看不见为止。透明度板"消失"的深度叫透明度。

在大洋水中,悬浮物量少,颗粒粒径也小,蓝光散射能量大,故海水的颜色多呈蓝色,透明度大;近岸海水,由于悬浮物增多,颗粒变大,黄光散射能量增大,所以水色多呈黄色、浅蓝或绿色,透明度小。

透明度在军事上有重要用途,如潜水艇要根据该水域透明度的大小来调整下潜深度。

"涛之起也,随月盛衰"正确吗

不论是碧波粼粼还是巨澜翻卷,不管是春夏秋冬,还是严寒酷暑,海水总是按时上涨,然后又按时下落。人们把白天海面的涨落叫"潮",晚上海面的涨落叫"汐",合起来叫"潮汐"。由于潮汐运动涨落有致,潮信有期,人们就把潮汐运动形象地称为海洋的"呼吸"。但是处于蒙昧时期的先民们,不了解其中的科学道理,只好由人喻物,编出了许多神话故事,其中"归墟与鲲"的故事最为脍炙人口。这个故事大致是这样的:在一个无底洞里(归墟),住着一条大鱼(鲲),当它游出洞口,海水就进入归墟,引起海水减少,形成"潮";当它归洞,把洞中海水挤出,又引起海水增加,形成"汐"。大鱼的活动非常按时,所以,海边的潮汐也是定时的。两千多年前,东汉的王充根据详细观察,否定了大鱼出入的神话,认为潮汐涨落与月亮有关,并写下了"涛之兴也,与月盛衰"的千古名言。17 世纪发现了万有引力定律,人们对潮汐这个自然现象的解释就更进了一步:潮汐不仅和月亮有关,而且太阳也能引起海水涨落。但是月球引潮力几乎等于太阳引潮力 2.2 倍,所以月球的作用是主要的。

潮汐的术语有哪些

我们通常所说的高潮,是指海水上涨到最高的位置,而低潮则是指海水下退到最低的位置。从低潮到高潮这段时间内海面的上涨过程称为涨潮。海面达到一定高度以后,水位短时间内不涨也不退,这种现象称为平潮。平潮的中间时刻就是高潮时。平潮过后,海面开始下降,叫做退潮。和涨潮的情况类似,海面下降到一定高度以后,也发生海面不退不涨现象,叫做停潮。停潮的中间时刻就是低潮时。

海面周期性的升降,是相对于某一个面作上下振动,这个面就叫做平均海面,它是用长期观测记录算出来的。我国平均海面是不一样的,南海高于东海,东海高于黄海。

潮高是从潮高基准面(一般为海图基准面)算起的。所谓潮高几米,即指潮水距潮高基准面的高度。海图深度是从基准面向下计算。某地某时潮高加上当地海图水深,便成为某地某时的实际水深。

高潮高就是指高潮面到潮高基准面的距离,低潮高是指低潮面到潮高基准面的距离,而高潮面与低潮面的垂直距离叫做潮差。

高潮间隙为从月中天到第一个高潮时为止的时间间隔。低潮间隙为月中天到第一个低潮时为止的时间。把高潮间隙(低潮间隙)加以平均,取平均值,就叫平均高潮间隙(平均低潮间隙)。每个港口的平均高潮间隙皆不同。平均高潮间隙和平均低潮间隙一般相差 6 小时 12 分(半日潮港)。潮升是指高潮的平均高度。大潮升为大潮时高潮的平均高度,小潮升为小潮时高潮的平均高度。潮龄就是朔望到发生大潮的这段时间间隔,以天数表示(详见图 1-12)。

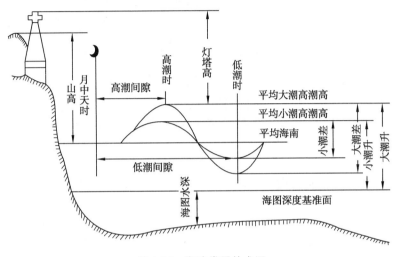

图 1-12　潮汐常用的术语

潮有大小吗

除了月亮引潮力以外,太阳对地球也有引潮力,尽管太阳的质量远远大于月亮,但太阳离地球的距离约为月亮离地球距离的 389 倍。所以,月亮的引潮力几乎是太阳引潮力的 2.2 倍。海水同时受到月亮和太阳引潮力的共同作用,这就使得潮汐变化的过程复杂化了。我们知道,地球要自转,月亮又绕地球转,地球又围绕太阳公转。因此,地球、月亮、太阳之间的相互位置就不断在变化。农历初一(朔)和十五或十六(望),太阳、月亮和地球三者几乎在同一条直线上,这时的引潮力相当于月亮引潮力与太阳引潮力之和。海水涨潮时升得特别高,落潮时也落得特别低,成为大潮(图 1-13)。"初一、十五涨大潮",就是针对此而说的。农历初八(上弦)和二十三(下弦),地、月、日三者位置成一直角,这时的引潮力相当于月亮引潮力和太阳引潮力的差,所以涨潮时海水升得不高,落潮时也落得不低,成为小潮。"初八、二十三到处是泥滩",就是指初八、二十三的高潮潮位很低,整天可看到一大片海滩。

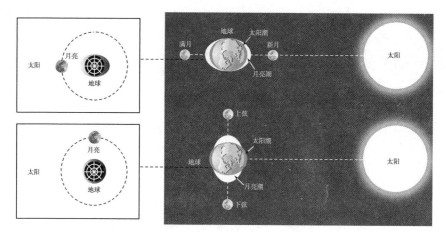

图 1-13　太阳、地球、月亮不同位置与大小潮

什么是日潮和半日潮

由于海岸地形复杂,地理位置千变万化,海底深浅相差很大,使得潮汐现象更加错综复杂,各个海区甚至同一海区不同地点潮汐涨落的周期也不同。尽管潮汐现象很复杂,但基本上可分为以下几种:

正规半日潮:就是一个太阴日内(约 25 小时)出现两次高潮和两次低潮。两个高潮和两个低潮的高度相差不大,而涨潮时与退潮时也很接近。我国沿岸鸭绿江口—老铁山、龙口—威海、山东南部—江苏—杭州湾、宁波以南—厦门等处都是正规半日潮。

不正规半日潮:它基本具有半日潮的特性,但在一个太阴日内相邻的高潮或低潮的潮位相差很大,涨潮时和退潮时也不等。我国沿岸辽宁长兴岛—营口—葫芦岛、澎湖列岛、台湾附近及钓鱼岛等处都是不正规半日潮。

不正规日潮:在半个月内,日潮的天数超过 7 天,其余天数为不正规半日潮。如河北省滦河口以北、琼州海峡东口等处都是不正规日潮海区。

正规全日潮:在一个太阴日约 25 小时内发生一次高潮和低潮。在一个月内大多天数是日潮,而在其余日子则为不正规半日潮。我国北方的秦皇岛、老黄河口,南方的海口、三亚都属于全日潮类型,其中北部湾是世界上最典型的全日潮海区之一。

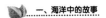

几种典型的潮型如图 1-14 所示。

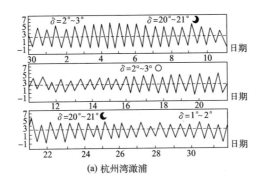

(a) 杭州湾澉浦

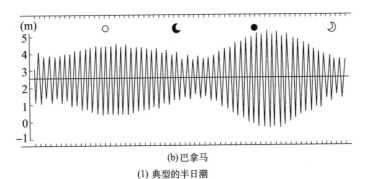

(b) 巴拿马

(1) 典型的半日潮

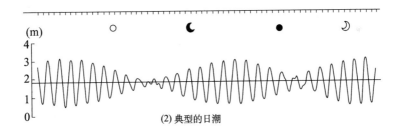

(2) 典型的日潮

图 1-14　几种典型潮型

海面升降与人类密切相关

　　劳动人民很早就知道利用潮汐规律从事生产。兴渔盐之利，在很大程度上要依赖潮水的涨落，如浅海的定置网具要靠涨潮把鱼引入网中，潮滩上的贝类要在低潮时去捡拾，晒盐要在高潮时将水纳入盐田，海滩养殖要靠涨落潮进行海水更新等。

海洋是海军作战的主要战场，军港码头是舰只停泊的主要场所。潮汐对于布雷、扫雷、渡海登陆作战、舰船安全航行等海上军事活动，以及军港、码头建设等，关系都非常密切。

潮汐直接影响海上布放水雷的活动。布雷海区的潮差影响锚雷的深度，定深了敌舰能在高潮时安全通过雷区，定浅了低潮时又会被敌人发现。潮流能使水雷产生位移，不了解潮流规律，水雷就可能漂出封锁区，不能打击敌人，反而会使己方的舰船撞上水雷。渡海登陆作战，从选择登陆场到确定登陆时机，都要考虑到潮汐的影响。一般来说，理想的登陆时机应选择在高潮前1～2小时。这样做，一来可以利用涨潮的顺流缩短航渡时间，二来可以利用高潮缩短登陆部队的滩头攻击距离，减少伤亡。第二次世界大战中，盟军诺曼底登陆作战，就是一个利用潮汐夺取战斗胜利的典型战例。

郑成功在收复台湾的战争中，正确地利用了鹿耳门的潮汐规律，趁大潮进入沉船和泥沙淤积的北航道，迅速通过浅水区，一举登陆成功，逐出了全部荷兰侵略者。

简易潮汐计算方法

我们知道，地球自转一周所需的时间是24小时，也叫一个太阳日。而月球对着地球某一点转一圈时需要24小时50分钟，叫一个太阴日。一个太阴日比一个太阳日多50分钟。

一般来说，月亮到达头顶之后，当地就要逐渐发生高潮，既然月亮到达头顶时间每天推迟50分钟，那么发生高潮时间也要推迟50分钟，低潮时间也要顺延50分钟。因50分钟约等于0.8小时，所以也叫八分算潮法。

月亮在约农历每月初一、农历每月十六时正好处在地球与太阳之间，因此，月亮的上下中天时间与太阳一样。按照道理，应在12时或24时出现大潮。遗憾的是，潮水运动需要一定时间，高潮并不立即到来，经过一定时间才能出现。这个时间间隔称为"高潮间隙"，因而在每月农历初一或十六日这两天，从24时起经过一个"高潮间隙"的时间是当地的高潮时。月亮的中天时间每日要延后近0.8小时，因此，每月初二的高潮时间便等于高潮间隙加0.8小时，初三则加2×0.8小时，其余类推。可以得出这样一个简单的公式：

农历上半月高潮时＝(农历日期－1)×0.8＋该港平均高潮间隙

农历下半月高潮时＝(农历日期－16)×0.8＋该港平均高潮间隙

这种方法只需知道某地的平均高(低)潮间隙和农历日期,就可推算出该地当天的大概潮时。

凶猛的风暴潮

风暴潮又称风暴海啸。它是指强烈的大气扰动(如热带气旋、温带气旋或寒潮过境)所引起的海面异常升高现象。风暴潮如果与天文大潮相遇,则产生超过当地警戒水位的高潮位,海水暴涨,越过堤坝,涌入内陆,酿成重大灾难。风暴潮灾是海洋灾害中最严重的一种。

我国海岸线漫长,南北纵跨温、热两个气候带,沿海常遭受寒潮大风和台风的袭击,其中渤海湾沿岸、莱州湾沿岸、浙江至福建沿岸和南海的汕头至珠江口沿岸都是风暴潮最严重的地区。在渤海湾沿岸,据不完全统计,新中国成立前400年间曾发生较大风暴潮灾30余次。历史上最严重的一次风暴潮灾发生在1696年,仅上海地区就死亡10万人。新中国成立后的"5612号"台风引起的特大风暴潮灾,使杭州湾沿岸地区死亡近5000人,伤2万余人。

世界上许多国家和地区,如北美的墨西哥湾沿岸、印度洋的孟加拉湾沿岸、大西洋北海沿岸以及日本南部海岸都是世界著称的风暴潮多发区。仅1960~1970年11年间,孟加拉湾遭受的重大风暴潮灾就有5次,死亡人数共达74.91万。1970年,发生在孟加拉湾的风暴潮,造成30万人丧生,成为近代史上因风暴潮死亡人数最多的一次。1959年,在日本伊势湾登陆的台风,造成4000多人死亡,3万多人受伤。

假潮不假

假潮,日本人又称静振。在湖泊或在比较封闭的海湾中,当大风过后,经常能看到岸边水位以一定周期(几十分钟到几个小时)做上下振动,像是潮汐升降,但又不是潮汐引起的。因此,这被称为假潮。

如果在湖的相对两岸同时设置水位计观测假潮,那就更有趣了。1925年8月,日本人在琵琶湖东岸的彦根及对岸的今津地方分别装置水位计,监测假潮,发现两边水位振动相位相反:一边水位上升,另一边水位就下降,或者反之。就像踩跷跷板那样,一端上升,另一端必然下降,震动的中心节点在湖中间。这种振动具有 28～35 分钟的周期。进一步研究发现这个周期是随湖的直径和深度而变的。

关于静振的原因,主要是气压、风、降水、雷雨等短期气象因子变化引起的。我们可以做如下一个小试验:在一个水盆中注满水,将一边提起再放下,这时盆内的水就以一定周期做左右运动。水面在左端和右端成为最大,而中央水面则完全不动。仔细看来,它仅有水平方向运动。风暴经过湖面时,风吹刮水,使湖泊一边的水面升高,当风平息后,湖面便开始振动,和人摇动盆中的水类似。

假潮的振幅很少超过 50 厘米。1932 年在日本洞湖曾发生振幅 50 厘米、周期 10 分钟的静振,使居住在湖边的人极度恐慌,一时谣言四起,说湖底要发生地震。后来以静振辟谣,人们的恐慌才渐渐平息。

潮流——潮汐的孪生兄弟

海水受月亮和太阳的引力而产生潮汐升降的同时,还产生周期性的水平流动,这就是潮流。人们把潮汐和潮流比作一对"双胞胎",就是因为它们有共同的成因,都是由月亮和太阳的引力产生的;它们也有共同的特性,都是周期变化。潮流也同潮汐一样,可分为半日潮流、不正规半日潮流、不正规日潮流、正规全日潮流几种。只是潮流要比潮汐更复杂一些,它除了有流向的变化外,还有流速的变化。

在外海和开阔的海区,凡是在半天或一天内潮流流向的变化(流速也有变化)360°的,叫做旋转流。在近岸的海峡或湾口,因受地形的限制,使潮流流向主要在两个相反的方向上变化着,这种潮流叫做往复流。涨潮时,潮流流入湾内,叫做涨潮流;落潮时,潮流流出湾外,叫做落潮流。无论旋转流或往复流,在一个周期里都出现两次最大流速和两次最小流速。地形越狭窄,最大流速与最小流速的差值就越大,最小流速甚至等于零,这时人们叫它为"憩流"。憩流过后,潮流就要转向,向另一个相反的方向流动了。

在大洋中,潮流流速低,近海潮流流速大。我国的杭州湾流速每小时可达 18～22 千米。潮流的流速虽然比较大,但因它的流向有周期性的变化,所

以它流不远。只限于一定海区内往复或旋转流动。

潮流的周期,在半日潮的地方约为 12 小时 25 分,在日潮的地方约需 24 小时 50 分钟。

潮流在 1 个月中,最强流速是处在大潮期间,这时潮差最大,其水平流动速度也随之增大。

珠穆朗玛峰高度起算点在哪里

在计算陆地上山岭的高度时,经常用"海拔"这个名称。海拔是什么意思?

原来,它是指在没有外力作用下处于静止状态的一个理想的海平面,而潮汐就是在这样一个理想海平面上下振动着。通过潮汐观测,可以求得平均海平面,即日平均海平面、月平均海平面、年平均海平面和多年平均海平面。观测的时间越长,所求得的平均海平面越稳定,也就越接近于这样一个理想平面。一般来说,平均海平面要根据 19 年的观测记录来求得。

新中国成立后,为统一我国的高程系统以适应国民经济发展和国防建设的需要,从 1956 年起采用青岛验潮站的多年(1950～1956)平均海平面为中国第一国家高程系统,即"1956 国家高程基准",但是由于计算这个基面的潮汐资料系列较短,中国测绘主管部门又以青岛验潮站 1952～1979 年潮汐资料求出新的平均海平面,即"1985 国家高程基准"。"85 基准"在"56 基准"之上 0.029 米。现正式公布的珠穆朗玛峰的海拔高度 8 844.43 米,就是从"85 基准"算起的高度。

平均海平面,除在大地测量上有广泛应用外,它还反映出海水、海岸的上升和下降,从而反映出地球气候的变化和地壳活动的情况。

关于海图基准面的规定,即海图的水深是从哪里算起的?许多国家都不相同,有的采用可能最低低潮面,也有的采用"大潮平均低低潮面""略低低潮面""平均大潮低潮面""平均低低潮面"等。1956 年以后,我国采用了"理论深度基准面"。

无风不起浪——大风吹起翠瑶山

浩瀚的大海,时而白浪滔天,时而碧波荡漾,几乎没有平静的时候。我

国民间流传着"无风不起浪"的俗话,它说明了风浪产生的条件和原因。一位诗人生动地形容海面风浪的生成和传播:"大风吹起翠瑶山,近岸还成白雪团。"这种海水的波动,看起来好像很不规则,但只要我们仔细观察,就会发现它是一种比较有规则的周期性运动。这就是人们常见的海浪。海浪按其发生、发展的不同,可分为风浪、涌浪、混合浪等。

海浪的高度并不是很惊人。到目前为止,人们观测到海浪的最大高度是 34 米,但是,它的威力实在大得吓人。法国的契波格海港,一块 3 吨半重的构件,在海浪冲击下,像掷铅球似的从一座 6 米高的墙外扔到了墙内。在荷兰首都阿姆斯特丹防波堤上,一块 20 吨重的混凝土块,被海浪从海里举到 6 米多高的防波堤上。人们一般把波高达 6 米以上的海浪看做是灾害性波浪。根据计算,海浪拍岸时的冲击力每平方米会达到 20～30 吨,有时甚至可达到 60 吨。有如此巨大冲击力的海浪,可以毫不费力地把 10 多吨重的巨石抛到 20 米高的空中。

看起来滚滚波形向前传播,实际上水质点以其原有平衡位置为中心,上下兜圈子,做垂直方向的周期性运动(图 1-15)。

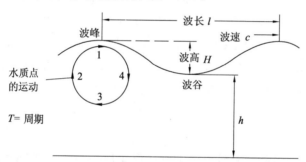

图 1-15　波浪中水质点运动和常用名字

为了说明这个问题,你可以拿一条长绳子来,用手腕轻轻抖动,一个波浪便开始顺着长绳向前运动。但是,长绳本身却没向前移动。我们投一个皮球到海面,观察它的运动,就会发现,当波浪通过时,皮球只在原来地方的附近上下颠簸一下而已,并没有被波浪"带走"。

风大浪也大,这是人们都知道的常识。但是,风浪的大小是由各方面因素决定的。除了风速(风力的大小)之外,还和风时(风向某一方向吹刮的时间)、风区(风历经海区的吹程)有密切关系。青岛近海,当刮东风或偏东风时，由于风来自黄海，风时久，风区长，波浪就较大；刮西风或偏西风时，尤其是初刮偏西风时，风时短，风区小，风浪得不到发展，波浪就较小，所以当地有"刮东风，浪滔滔"之说。

内波——在海水内部产生危害很大的波浪

南森写给他的朋友布约克纽斯和艾克曼的信中第一次揭露内波的秘密："……1893 年 8 月 29 日，星期二，'弗拉姆'号船航行在台莫岛和安母克维斯特岛之间的海峡中，下午 6 点钟的时候，我从瞭望台上看到船的前方横着一座厚厚的冰山，挡住了我们前进的方向……我们设法接近冰山，但'弗拉姆'号船却陷入了死水中，虽然用了全力推进，但是仍然寸步难行。死水的范围还在扩大，覆盖在台莫岛海峡沿岸的冰层正以极快的速度分解融化。这也许就是海面上能够漂浮一层淡水的主要原因吧！但是轮机舱里的水龙头却仍流着咸咸的海水，从这个情况判断，我们知道表面以下的水就是咸水了……这真使我们大开眼界。船航行在死水中，激起了无数的大小波浪，一波接一波的，不断起伏着，甚至有些海浪都打上了甲板……"

南森当时不知道"弗拉姆"号船寸步难行的原因，并不是海面的波浪所引起的。那些大而汹涌的，像一大群鸭子通过池塘般的海浪是来自海水的下层，是在由冰山所融化的淡水与淡水下面的海水之间形成。也就是说，表面上看起来，"弗拉姆"号船是航行在一个水面上，其实它的底部却处于另外一层咸水中。它所掀起的波浪被称为内波。

在内波中所受的力只是重力与浮力之差，比表面波受的重力要小得多，所以内波不仅容易形成，而且波的振幅可以高达上百米，可是相比之下，高达数十米的表面波就不多见了。海洋内波波长一般可达 100 米，长者甚至达几十千米。这也是一般表面波望尘莫及之处。内波因隐匿在海面以下的水层，不像表面波那样，使人能有目共睹。但它也有偶尔露峥嵘的时候。当万里晴空，微风徐徐之时，海面所呈现的明暗交错的条带，就是内波隐行于水下的表现。

有波必有流，内波流更怪，它与一般海流不尽相同，通常在跃层上下形成两支流向相反、流速高达 1.5 米/秒以上的内波流，犹如巨大的剪刀一般，破坏力极大。加拿大戴维斯海峡深水区的一座石油钻探平台，就曾遭内波袭击而不得不中断作业。内波峰高谷深，垂直作用力也很大，潜艇会突然莫名其妙地被它拖上水面或被拽下海底，此时艇中人往往认为是艇上的操作系统失灵，其实是内波在捣鬼。1963 年 4 月 10 日，美国"长尾鲨"号核潜艇在距马萨诸塞州沿岸 350 千米处失事，艇上 129 人无一生还，据分析就是内波"造孽"的结果。

海啸——水下地震、火山爆发或海底塌陷所激起的巨浪

海啸是指由水下地震、火山爆发或海底塌陷所激起的巨浪。日本人则特指涌向湾内和海港的破坏性的大浪，并称之为"津波"。

海啸是一种频率介于潮波和涌浪之间的重力长波。它的波长达几十千米至几百千米，周期范围比较大，为 2～200 分钟。常见的周期在 40 分钟以内。若大洋平均深度为 4 千米，周期为 40 分钟，则海啸波的传播速度为 713 千米/时，波长为 475 千米。海啸在深海传播时，由于波高与波长之比很小，周期较长，往往难以察觉到。只有快到近岸时，才会形成有破坏力的巨浪。

太平洋地区是世界上发生海啸最多的地区，占 80%。西北太平洋海域更是地震海啸的集中发生区。从海面到海底，海啸的流速几乎是一致的。当它传播到近岸边时，海水的流速很大，10 米高的波高，其流速大致为 10 米/秒。这样当波峰来到时，就会在海岸处骤然形成"水墙"，夹着隆隆巨响，直向岸边扑来，可使堤岸决口。当波谷先到岸边时，则水位骤落，平时看不到的近岸处的水下礁石，也会裸露出来。海啸在海岸附近造成的危害，大多是由于最初 2～3 个波所产生，也就是在第一个波到达岸边后的几小时内产生破坏作用。

海啸的破坏力很大，例如 1960 年 5 月 23 日因在智利沿海 700 千米长的地壳发生变动（8.4～9.5 级地震）而引发的海啸，波及太平洋沿岸全域。智利 900 人死亡，834 人下落不明，667 人受伤；日本 119 人死亡，20 人下落不明，872 人受伤，房屋、船舶也遭损坏；海啸把夏威夷群岛希洛湾内护岸砌壁约 10 吨重的巨大玄武岩翻转，抛到 100 米以外的地方；横跨在希洛湾附近的怀卢库河上的钢质铁路桥，也被海啸推离桥墩 200 米，造成 61 人死亡。

1896 年日本的三陆外海 200 千米处海底发生 7.6 级地震，由它引发的大海啸袭击了从北海道沿岸至牡鹿半岛一线，而以三陆沿岸受灾最重，最高

波高达 24.4 米。这次大海啸 27 122 人死亡,9 316 人受伤,10 617 栋房屋损毁。

2004 年 12 月 26 日,时值隆冬,正是东南亚旅游旺季。加之这一天正处于西方圣诞节的第二天,并且又是一个阳光明媚的星期天,因此,除去本国旅游者外,还有世界上 40 多国家和地区来旅游胜地度假的人。海边游人如织,欢声笑语。但是突然之间,海水后退 100 多米,大量死鱼留在岸上,一些不明就里的孩子,争着去抢鱼虾,转眼之间,高达 4 米的巨浪像一堵白墙一样呼啸而来,瞬间还在聊天的人不见了,海滩上顿时一片狼藉,汽车就像玩具一样被卷入水中,房屋倒塌,甚至引起火车出轨。空中也充满绝望的呼叫,大量的尸体横陈海滩,甚至挂在篱笆上。至于到底有多少人遇难,至今仍然是不确定的数字:2005 年 1 月 19 日,报纸上公布的是 16.2 万人;1 月 20 日就增至 22 万人。在一些岛屿上遇难人数仍然无法确切统计。

“疯狗浪”是怎样“疯”法

“疯狗浪”是指在海面微波不兴的条件下,突然而涌起的大浪。据《海洋世界》杂志报道,1984 年 10 月 14 日,天气很好,清风拂面,海面微波荡漾,有十几位钓鱼的人在我国台湾省基隆市八斗子渔港防波堤末端钓鱼。8 时许,突然有一名钓友被大浪卷入海中;10 时 30 分,突然又有一个大浪打上来,有四五个钓友又被打下防波堤,其余六七人在逃跑时,也被卷入海中。就在这一夜,在基隆港的另一端也发生了 10 名钓客被海浪卷入海中的事件。“疯狗浪”并非只危及岸边的垂钓者,对海上作业的渔船也有很大的危害。1991 年 8 月 7 日凌晨,台湾苏澳地区就有 5 艘作业渔船遭遇 10 米高的“疯狗浪”侵袭而翻覆。“疯狗浪”对航运、港湾设施、海岸工程等都有潜在威胁。巴拿马籍“安士玛”号货轮,在台湾宜兰外海遇上“疯狗浪”,在甲板上工作的 5 名船员全被卷落海中。

在我国大陆沿海的一些地区也多次发生过“疯狗浪”卷走人的事件。1992 年 9 月 1 日下午,一名内地教师携女儿到山东省青岛市鲁迅公园海滨游玩,在岸边的一块礁石旁给女儿留影,在按下快门的瞬间,大浪突然袭来,将心爱的女儿卷入海中。据报道,最高的“疯狗浪”有三层楼高,如此高的浪,能把停在岸边的小轿车也卷入海中。

"疯狗浪"究竟是怎么回事,至今没有明确的定义。台湾有关专家比较一致的看法是:"疯狗浪"是长涌造成的。在外海,由于这种涌浪波长很大,不容易看出;传到近岸后,由于海水变浅,涌浪能量突然集中,波高变大,就形成了这种危害性极大的"袭击"性大浪,海边的游客防不胜防。台风与季风都有可能产生长的涌浪。

什么是裂流

在一段长而平直的海岸线上,海滩缓慢倾斜,近岸便会有一系列的破碎波。波浪一经破碎,就会把相当可观的水量带入海岸破碎带。如果海岸上水位不升高的话,海水最终必然经过破碎带返回海中,这就是离岸流,又称为裂流(图 1-16)。如果波浪以某一角度冲向海滩,那就会产生沿岸流,并沿波浪传播方向流动,这就是波生沿岸流。

离岸流是由裂流根、流颈和流头组成的。当波浪垂直向岸入射后,与岸平行的沿岸流可以从一侧或两侧构成补给区,这就是裂流根;补给区的水流到适合的地段,横穿过破波带向海流回去,流回去的通道,称为流颈。流颈

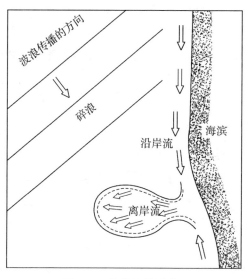

图 1-16 海岸边的裂流

为离岸流宽度的最狭窄处,宽约十几米到 30 米不等,流速最大。离岸流超过破碎带后,呈扇形急剧地向周围扩散,可达 100 米以上,并出现显著的涡动,这就是流头。正由于涡动的作用,流头的边缘出现泡沫带和海水浑浊现象,观察起来十分容易。

离岸流发生的范围,自水边线向深水方向的距离,一般在 30～50 米。

离岸流可以在同方向的沿岸流情况下形成,也可以在持续性的大浪横向进入海岸的条件下产生。例如,在澳大利亚盛行涌浪的海岸,离岸流非常普遍。

离岸流的流速通常是缓慢的,但也有超过 2 米/秒的速度。游泳的人常

常把离岸流称为回卷流。对于游泳者来说,离岸流是很危险的。

"海流"是海洋中的河流吗

人类航海已有几千年了,最初谁也没有注意海中还有海流。公元1513年,航海家庞斯·德·里昂碰到一件让他完全不能理解的事:他沿着佛罗里达州海岸顺风扬帆向南航行,但他的船却向北移。于是他发现了巨大的墨西哥海流(又称湾流)。

3个世纪后的1853年,有一位了不起的人开始测绘全世界的海流,他就是美国海洋学家、海军上尉莫里。他把特种航海日志发给海军船舰、商船及渔船船长,请他们随时记下风向和水流。从此海流的大略形状便为人们所知。

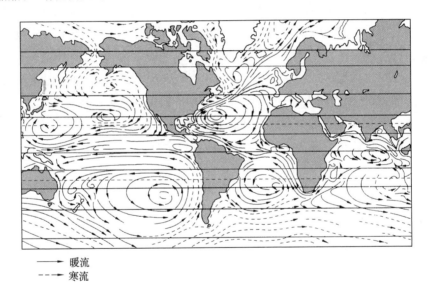

——— 暖流
------- 寒流

图1-17　世界大洋环流

这些循环的大海流(图1-17),有的流速高达11千米/时,有的水流量每秒钟达5 000万吨,它们是靠什么力量推动的?温度和密度当然有影响,但主要推动它们的可能是风。

就是最平静时的海洋,海水也不停地在流动。白天太阳晒热了海水,晚上海水开始冷却,变重,下沉,于是成为垂直水流。海洋表面下还有暗流,重而冷的海水从极圈附近流出,所以南大洋的冷流可以在12 000千米外美国弗吉尼亚州附近海底找到;相反,拉布拉多海流也把北极寒流送到阿根廷海岸。

轮船公司很需要海流资料。一艘由美国得克萨斯州驶往英国新英格兰的中型油船,如果顺应墨西哥湾流推动,可节约几万美元的燃料费;从澳大利亚装铁砂矿和煤到美洲的日本货船,利用海流作助力,节约的钱数可能是天文数字。

军事上也需要很多的海流知识。20 世纪末,美国毕尔斯保利海军上尉研究墨西哥湾流,他说:"把世界上一切奇观加起来,也比不上这股海流中的奇观多。"

海洋学家测量海流,最早的方法是使用漂流瓶。瓶子里面装上卡片后放入大海,瓶子随海流漂移,被人发现后,请发现瓶子的人在卡片上填明发现地点,把卡片寄回,可获得一定的报酬。有个瓶子漂流了 1.6 万千米,从合恩角漂流到纽芬兰。1929 年英国水文学家投放的名为"流动的荷兰人"的瓶子,行程更长。它从荷兰到达南美海岸,然后绕过合恩角,再进入印度洋,到 1935 年,瓶子漂到澳大利亚的西南海岸,在班伯里港被人捡到。在长达 6 年的漂流时间里,它几乎绕地球一周。1962 年 6 月,在澳大利亚佩思海区投放的瓶子,5 年后在美国迈阿密附近找到,行程也达 2.6 万千米。这些瓶子帮助人们获得了重要的海流资料。而现在则用海流计测量海流了。

深海有流吗

陆地上的江河,表层流与底层流基本一致,但是海洋中不同层次的流可以完全不同。

20 世纪 50 年代以前,人们对海洋深层环流的认识还非常模糊,一般认为海洋深层水或是完全静止,或是流速极小。50 年代以后,随着原子能利用的增多和美国全球海洋战略的需要,要求详细了解深层海流的流速,一方面为核潜艇下水导航做准备,另一方面为核废料寻找深海埋葬的墓地。60 年代,日本人认为北太平洋的深海盆中洋流速度很小,在那里埋葬核废料安全可靠。可是出乎意料,两年之后再到那里检查,废料中放射性物质的扩散比预计的要快几倍以上,并且有上升到海面的趋势,从而招致一些太平洋沿岸国家的抗议。于是海洋深层流的研究引起了许多国家的高度重视。

遥感海洋学——海洋上的"火眼金睛"

我们生活的地球是一个旋转的球体,它的表面是起伏不平的陆地和一望无际的海洋,每天都在变化,每天都有无数的信息发出。人们若能够及时地知道这些信息,就能对决定人类生存的一些重大问题作出及时的预测。

几个世纪以来,海洋学一直依赖于在海上作业的船只艰难地进行观测。1957年,原苏联发射了第一颗人造地球卫星,敲开了人类进入太空的大门。由于空间科学的蓬勃发展,遥感技术跃进到一个崭新的阶段。而遥感技术,特别是航天遥感在海洋上的应用,使海洋调查观测手段和方式发生了革命性的变化,进入了所谓"空间海洋学"时代。遥感方式有:

可见光:利用可见光传感器的最著名系统是陆地卫星系列装载的多光谱扫描仪,该仪器可产生高分辨率像元,能用于鉴别特殊的庄稼,绘制海岸线,发现和监视能看得见的污染、沉积与侵蚀,以及估算水面悬浮物浓度。工作在可见光波长内的卫星传感器只能在无云时播发有用的海洋信息。

陆地卫星图像还被用于近岸水深制图。依据水越深光越暗这一基本原理,可以用辐射强度来测量水深。这种方法已成功地用于绘制远岸水域的水深图。

红外:典型的红外传感器专门接受波长11微米左右的辐射。红外图像可以将云显示得十分清楚,还可以估计云顶温度。海洋专家广泛采用高分辨率红外图像监测海面温度和沿岸海流。由卫星红外资料精确确定沿美国东海岸向东北方向流动的湾流暖水位置,美国东岸湾流图已被油轮广泛地采用,油轮避开逆流区,顺流航行可以大大节省航运燃料。

微波:微波的主要优点是能透过云"看到"目标。由于水本身对微波有强烈影响,所以活动的降雨区将得到清晰显示。依据微波资料可以获得全球海洋降雨率,也使我们能够看到飓风区和其他猛烈天气过程引起的详细降雨结构。此外,还可以观测海冰、风速和波浪。

何谓立体化调查

海洋调查方法已向现代化和立体化方向发展。由于无人浮标站的应用可以取得全天候的连续资料,特别是海洋卫星遥感资料问世,开创了空间海

洋学时代,海洋立体化调查终于登上历史舞台。所谓海洋立体观测系统,是
利用多种技术手段,进行综合的、三度空间的观测组合系统。它应用卫星、
飞机、调查船、浮标、岸边测站、潜器、水下装置等作为观测平台,通过各种测
量仪器和传输手段,实现资料的同步(或准同步)采集、适时传递和自动处理
(图1-18)。海洋立体观测系统可以获取多参数的、完整的海洋资料,实现对
海洋大面积、多层次监测,是人类深入了解海洋现象,掌握海洋时空变化规
律的重要技术手段。

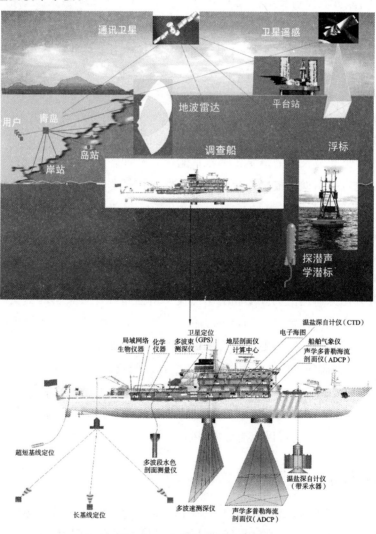

图1-18　立体化观测系统

海洋科学——海洋的科学

利保护海洋学是研究海洋的自然现象、性质及其变化规律,以及与开发利用和保护海洋有关的知识体系。它的研究对象是占地球表面71%的海洋,包括海水、溶解和悬浮于海水中的物质、生活于海洋中的生物、海底沉积和海底岩石圈,以及海面上的大气边界层和河口海岸带。因此,海洋科学是地球科学的重要组成部分,它与物理学、化学、生物学、地质学以及大气科学、水文科学等密切相关。海洋科学的研究领域十分广泛,其主要内容包括对于海洋中的物理、化学、生物和地质过程的基础研究,以及面向海洋资源开发利用与海上军事活动等的应用研究。由于海洋本身的整体性、海洋中各种自然过程相互联系和相互作用,使海洋科学成为一门综合性很强的科学。

海洋科学又是一门正在迅速发展的科学。近半个世纪以来,特别是20世纪60年代以来,随着现代科学技术的迅速发展以及海洋资源开发利用规模的不断扩大,海洋科学在社会经济发展中的作用日益显著,许多国家都非常重视海洋科学的基础研究和开发利用海洋资源的技术研究,并且取得了很大的进步。

二、海洋资源与海洋开发利用

　　海洋是人类社会可持续发展的宝贵财富和最后空间，是能源、矿物、食物和海水等的战略资源基地，也是支撑我们中华民族伟大复兴的经济海域和国防安全的保证。

　　早在 2 500 年前，希腊海洋学者狄米斯托克就预言："谁控制了海洋，谁就控制了一切。"其意在谁占有了海洋资源，谁就拥有一切。

海洋资源

漫谈海洋生物多样性

　　170 年前，当伟大的生物学家——达尔文参加"贝格尔"号进行全球考察，登上今天属于厄瓜多尔的加拉帕斯群岛时，他马上被生活在那里的生物多样性吸引住了，对那些生物的适应性和统一性惊讶不已。从此生物多样性似乎成为生物科学中，特别是系统学和生态学中无所不包的含义。经过随后的深入研究，逐渐奠定了进化论和生物科学的基础。同样，如今我们放眼世界，也马上会对生活在我们这个星球上的生物的多样性惊讶不已。据已研究的成果揭示，全球至少生存 150 多万种植物和 30 多万种动物，但新近有人研究发现，现存生物的种类数可能达到 200 万～450 万种。它们分布于高山、草甸以及江河湖泊。海洋何曾不是这样，从极地的冰窟到赤道的珊瑚礁，从阳光灿烂的大洋表面到海沟深渊，甚至连大洋中脊的火山口周边也孕育着大量已命名和未知的生物，真是顽强的生命体无所不在。在人类已知的生命系统中,几乎各主要门类都分布于海洋或可在海洋中找到它们的代表。现知海洋生物已达 21 万种,而且每年新发现的海洋动植物还有 1 700 种左右。不少科学家预言,海洋的生物种类可能高达 500 万～1 000 万种。

以海洋鱼类为例,就我国海洋鱼类而言,据我们整理,我国海域有记录的鱼种达到 3 300 多种,约占世界海洋鱼类总数的 1/5。全球海洋生物多样性十年普查结果进一步证明,我国是世界生物多样性最高的国家之一。为什么在我国管辖的约占全球 1‰ 的水域里,却出现高达全球 20% 的物种多样性呢? 其实,这也是与我国海洋地理学的多样性分不开的。当你翻开地图,就可以清楚地看出,我国的南海,最靠近菲律宾—印尼—巴新海洋生物多样性三角,是世界暖水性鱼类的发祥地,仅我国水域分布的种类就高达 2 050 种。这里既有蝴蝶鱼、隆头鱼等典型珊瑚礁鱼类,也有灯笼鱼等深海鱼类,还有大量鲷科、石首科和小沙丁等陆架浅海鱼类。我国的东海,有长江、黄河冲淤形成的世界最宽阔的陆架区,这里外有黑潮暖流通过,内受中国沿岸流调控,在巨量长江冲淡水的滋润下,分布有分类生态各异的带鱼、大小黄鱼等约 1 575 种,并塑造了近千万吨的生物资源生产力,而成为我国最重要的海洋渔业区。我国的黄渤海,地处中纬度温带水域,尽管海区总面积只有 46 万平方千米,但由于受渤海沿岸流和黄海暖流的调控,其半封闭的陆棚上盘踞有黄海冷水团。正由于上述独特的水文学特征,造就了这里既有小黄鱼、带鱼等大量暖、温水性鱼类,也有只出现于高纬度海区的大头鳕、太平洋鲱和高眼鲽等比目鱼类,还有暖水性的鲐、鲅鱼分布,甚至连箭鱼、鱵鳅(铡刀鱼)也季节性地访问黄渤海,其鱼类总数达到了 326 种,成为我国单位面积产量最高的海区。鱼类如此,其他海洋生物可窥一斑。中国的海洋渔业正依靠上述生物的多样性来取得渔产业的稳定性。但遗憾的是,由于人们利用过度、保护不力,致使生物多样性严重受损,昔日一些量多、质优的物种正在沦为濒危。为了子孙后代,我们应该切实行动起来,保护海洋生物的多样性!

海洋生物资源有限吗

小时候,笔者常常坐在故乡渔村小宅的门槛上,望着出海归来的渔民抬着一筐筐又鲜、又大的鱼往走进村里,鱼多的时候,好像怎么抬也抬不完……

长大后,我上城里读书,成为一个有知识的"打鱼人",乘着渔船闯遍了祖国大大小小的渔场,那时的鱼好像和小时候看的差不多,不过已经是用机轮拖捕了,像春季在浙江海礁刀鱼产卵场一网下来,万、八千斤是家常便饭;又如秋汛渤海捕对虾,一、二百箱(一箱10千克装)的网头也不少见,于是,我与老一辈人一样,产生了一种幻觉,大海的渔业资源是"取之不尽,用之不竭"的。近几年,我退休了,有时也提着菜篮子上街买点鱼、虾,仿佛间感到鱼怎么一下子变小了、变少了呢?我也偶尔去一趟码头,看到的多是空荡荡的渔船,听到的是渔民打不着鱼的抱怨!

这到底是怎么回事?出于专业的本能,我想和读者共同探讨这个既困难、又有趣的问题。

大家都知道,海里的鱼虾也靠吃东西长大的,因此水域的基础生产力决定着生物资源量。像我国这样中低纬度沿海水域的平均初级生产力大约每平方米、每年在太阳光作用下生产约100克碳,于是经过浮游植物—硅藻、浮游动物—桡足类、小鱼—鮸鱼等三级食物链的集约,如果摄食转化率(也叫生态效率)以15%计算,到生成小黄鱼、鲅鱼这一级的资源量,如以我国渔业海域面积为300万平方千米计,最多只有1 000万吨。再假设每年有50%被捕,那么渔获量也只有500万吨左右。当然,现在渔民大量捕捞第二营养层次的鳀鱼、玉筋鱼等低质、低值鱼类,使总产量提高了许多,但要达到目前每年1 400万吨,实际上是不可能的!此外,我们还可以采用另一种方法进行估算,如利用20世纪50~70年代资源丰盛时代主要渔场的每平方千米、年平均渔产量计算也只有750万吨,何况上述海域面积中并不都是渔场。更何况中日、中韩等国际渔业协定之后,限制我国前往该毗邻海区作业了。这也是为什么我国政府一再强调要压缩近海渔捞船只,实现渔获量的"负增长",使捕捞量逐渐趋近资源生物的再生产量,以保证渔业生产的可持续。

其实上述现象也不是我国独有,从全球视野观之,第二次世界大战后,伴随世界经济快速复苏,渔业投入增加,产量也经历快速增长、平衡到停滞的过程,即资源上,从利用不足、利用充分到过度利用而衰退的过程。至于人们曾经出现过海洋生物资源"取之不尽"的幻觉,那多发生于渔业生产力低下、资源利用不足到充分利用阶段,而如今"全球主要渔业资源已告衰退,60%的传统渔场已无渔可捕",联合国FAO(粮农组织)的渔业部长会议提出加强渔业管理,到 2015 年要使世界的渔业资源得以恢复! 中国作为负责任的渔业大国任重道远!

鱼、渔业与人类

提起"鱼",大家马上就会联想到,它是一种栖息于水中,终生用鳃呼吸、以鳍为运动器官的脊椎动物。其实它还是脊椎动物中最古老的类群和最庞大的家族。早在大约 4 亿多年前的泥盆纪时期,鱼类就已经演化出门类各异、数量繁多的庞大家族,成为当时我们星球的统治者。它包括现在生活的鲨鱼等软骨鱼类,鲱、鲈等硬骨鱼类的祖先和它们的远亲——八目鳗等鱼形动物。后来,随着地史变迁、生物进化,其中的一个支——总鳍鱼,可能是玉柱鱼的近亲,成为两栖类的祖先,爬上岸来演化出两栖、爬行、鸟类至哺乳动物和人类,造就了今天陆上的繁荣;而绝大多数鱼类仍在广袤的水域中繁衍生息,形成今天拥有 2 万多种,年提供亿吨鱼蛋白的鱼类和渔产业。

我们人类是地球生命界的晚辈,从诞生的初期就和鱼结下了不解之缘。当人类还处于蒙昧时代就已经开始了渔猎活动。我国殷墟出土的甲骨文中就有当时淡水养鱼方法的具体描述。之后,随着社会经济的发展,渔业成为推动社会进步、生产力发展的重要支柱之一,发挥着无可替代的作用。渔业生产的需求,推动着造船业和港口建设的兴旺,拉动着加工业的发展和社会就业。谁会料想,今天上海、青岛、深圳等繁荣的沿海都市,它们百年前都是默默无闻的渔村;谁会料想,首先发现加拿大的不是探险家、科学家,而是一群追逐捕捞大西洋鳕的法国渔民。其实鱼对人类的贡献何止这些?它还为人类带来发达的鱼文化。也许提起鱼文化大家就会联想到住在北极圈里,身着海豹衣、嗜血如命的因纽特人,但大家也一定会联想起优美动听的"乌苏里船歌",那是描述一个居住于大兴安岭、乌苏里江边,我国最小的少数民族之一——鄂伦春族渔民的生活。那里的人民世代代以打鱼为生,如果说他们的衣、食、住、行样样离不开鱼,也一点不夸张!不是吗?他们脖子上的项圈、身上穿的衣裳、脚上裹着的皮绑、江上的皮筏,甚至住的帐篷,几乎样样离不开鱼。只是多年来由于鱼类资源的减少和社会经济的发展,才在政府的倡导下结束了世代依存的渔猎生活。但鱼文化连同他们的民族将永远作为中华民族宝库的一部分而发扬光大。同样,如今各地渔民节,海祭对旅游的拉动仅仅是开始。

国家统计 2012 年全国以鱼为主的渔业总产值已达 17 250 亿元。鱼类提供我们约 1/5 的鱼蛋白需求,它作为我国粮食可替代战略的一个重要组成部分的意义是难以估量的,也正基于鱼作为人类的朋友对人类文明的奉献和人类对鱼如此密切的依赖关系,我们不禁要发自肺腑地喊出:水中的鱼啊,我们应该爱护你、保护你!

海洋中最大的鱼类——鲸鲨

鲨因其支撑身体的骨骼终生都是软骨,所以是软骨鱼类的一个类群。据记载全球软骨鱼类共有 846 种,鲨占 359 种。我国是世界软骨鱼类高多样性的国家,约有 217 种,其中鲨占 133 种。鲨鱼是一群很古老的鱼类,其祖先可追溯到泥盆纪,即距今 4 亿多年前,就已经有了古老的鲨类。当然几经演化,当今那些古老的鲨像裂口鲨、肋棘鲨之类都已经灭绝了,代之多是中生代(距今 1 亿年前后)出现的类别。它们除像真鲨等少数种类可溯入淡水外,皆广布于世界温、热带海洋中,特别以澳大利亚和中国南海等热带水域种类繁多。鲨的生态习性也十分多样,大家平时"谈虎变色",而海洋里落水或游泳的人则"谈鲨变色"。的确,海洋中有大青鲨、噬人鲨、双髻鲨等凶猛的肉食鲨类偶然侵害人的记录,但鲨的大多数种类食性还是温和的,像白斑星鲨、皱唇鲨等皆以小鱼、小虾或底栖无脊椎动物为食,甚至还有张着大口、通过致密的鳃耙从海水里过滤浮游生物为食的鲨,如姥鲨和鲸鲨就属这一类鲨鱼。

说起鲸鲨,全世界仅此一种(图 2-1)。鲸鲨个体庞大,头部宽扁,眼很小、靠近口缘,背部突起,有两个背鳍,腹面平坦,体侧有两条皮褶,纵贯鱼体

图 2-1　海洋中最大的鱼类——鲸鲨

直达尾端,尾细小,尾鳍呈歪尾型。鱼体灰褐至茶褐色,其上布有许多白色或黄色斑点,头部的斑点小而密集。鱼体侧面从前至后有约 30 条白色或黄色横纹,尾鳍上下缘也各有数行斑点,在海上望见十分壮观。

鲸鲨作为大样性大型鲨类,分布于印度洋、太平洋和大西洋各热带和温带海区,最北约达北纬 42°,最南达南纬 34°。它性喜成群游于水面,且常静息在水面晒太阳或张口索饵,有时还结群游至近海。该鱼作季节性地分布洄游于我国沿海海区。随春季水温回升从南海向北洄游,一般在 5～6 月份游至粤西海区,部分进入北部湾,有一支 7～8 月份游至粤东海区和台湾浅滩,9～10 月经舟山群岛北部越过长江口到达山东半岛东部,11 月初依随黄海暖流的强弱,决定离开沿海向外海南游的速度,其后去向不明,估计循原路于当年底返回南海。

鲸鲨一般个体体长在 10 米左右,最小也有 5～6 米,大者可达 20 米,重量可达 25 吨,真可谓鱼类中的冠军。鲸鲨为卵胎生鱼类,鱼卵呈长椭圆形,长径可达 30 厘米,也是现在鱼类中最大的鱼卵。体内胎儿长度亦达 34 厘米。尽管鲸鲨是如此庞然大物,但它一点也不凶猛,通常利用其鳃部海绵状滤食器官,大量滤食小虾和浮游动物,有时也摄食一些小型软体动物或沙丁鱼等小型鱼类及其幼体。为什么海洋中最大的鱼类食性并不凶猛呢?其实这也和海洋中最大的动物——鲸、陆上最大的动物——象一样,因为庞大躯体的另一面是笨重和不灵活。

鲸鲨和其他鲨鱼一样,浑身都是宝,其肝可炼制鱼肝油;皮可制革;肉可鲜吃或加工成冻鱼片、鱼糜、鱼丸、鱼松等;而最为名贵的要算用鲨鱼鳍加工的"鱼翅",它与燕窝一道被视为珍品;由骨骼提取的软骨素更是今日重要的抗癌药物。但鉴于该鱼资源已经极度稀少,所以世界各国多采取保护策略,如禁止大洋流网、限制金枪鱼延绳钓中鲨鱼的捕获量等。

水中"熊猫"——中华鲟

一说到熊猫,大家马上浮想起"川西、陕南"竹林中憨态可掬、笨拙可爱的既非熊又非猫的哺乳动物,它似乎已成极度珍稀濒危保护动物的代表。其实栖息在我国长江、洄游于海洋之间的中华鲟(图 2-2),也是真正意义上的珍稀濒危鱼类生物,已被列为国家一级野生保护动物。它体呈长梭形,胸腹部平坦,头三角形,吻部尖长,口腹位,着生 2 对吻须。体背 5 行骨板状硬鳞,尾鳍歪形。头部及体背侧青灰或带褐色,腹部灰白。由于鲟鱼的内骨骼和鲨鱼一样为软骨,但体外被的鳞片却是硬鳞,所以在分类学上系属于软骨硬鳞鱼类。它也是距今 1 亿多年前出现的古鲟类的孑遗,如今家系单薄,全球鲟科鱼类仅剩 4 属 23 种,主要分布于北纬 45°以北的俄罗斯水域。我国的中华鲟是该科鱼类中分布最南部的一种。据记载,除了长江外,其他大江大河诸如珠江、闽江、钱塘江、黄河等也都有分布。古时候它可沿黄河上溯抵达西安附近,成为周朝祭祖的主要鱼类。百多年来仅在黄河济南河段捕到 4～5 尾,现今已鲜见踪影。

图 2-2　国宝——中华鲟

我国是世界上记述鲟鱼最早的国家,早在公元前 1104 年的周朝即有“王鲔”(读 wei 音)鱼名,此后有鳣(读 zhan 音)、鮥(读 la 音)等都是该鱼的俗称;且在《诗经》、《本草拾遗》、《草木虫鱼疏》、《尔雅》以及《本草纲目》等中,都有对鲟鱼的形态特征、生态习性、捕捞方法、食用、药用以至繁殖保护的具体记载,如早在战国《荀子王制篇》中就有“圣王之制也,鼋(yuan,龟的一种)、鼍(tuo,扬子鳄)、鳣(鲟)、鳖(甲鱼),孕别之时,网罟毒药不得入泽,不夭其生,不绝其长也。”可见我国是世界上最早研究鲟鱼类,也是最早提出水生动物保护的国家,只是近代落后了。建国后又由于渔业生产力发展、水利设施建设和水环境污染等原因,相对疏于严格保护和科学的管理,使该鱼迅速趋于濒危。

作为大型貌似强壮的中华鲟,为何如此脆弱呢?这得从它的栖息生境和生态习性来观察。古时即有“牛鱼出东海”“三月河上来”之说,即中华鲟成长、育肥在东、黄海,待到雄鱼 9 岁、雌鱼 16 岁性成熟,其体长、体重分别达到170厘米、40千克和240厘米、170千克左右时,集群长江口(但不马上上溯),至6~7月份仍在河口、江苏江段逗留,8~9月份到九江江段,9月下旬至湖北江段,此时雌鱼卵巢中的卵子直径达2.0~3.7毫米,处半成熟状态。10~11月份随水温下降,上溯到长江上游、金沙江一带时性已成熟,便在沙砾质江段产卵。产后亲鱼大部分迅速离开产卵场,降河游抵下游和河口区育肥,继而进入东黄海栖息。隔年再次性成熟时,方再次溯江重启产卵洄游。上述给人们的启示是中华鲟因洄游旅途长,易受捕捞和过往船舶的伤害;又因其产卵场多在江河上游,易受三峡等大坝阻断而无法上溯;即使到达产卵场,产在浅滩沙砾中的受精卵又易受鲴鱼等敌害吞食;再加上该鱼性成熟晚,且非每年溯河产卵,因此中华鲟较一般鱼类更容易受损害。而一旦种群资源受损,又因性成熟周期长、繁殖力低而难以恢复。

现今在国家大力扶持和科研人员的努力下,已经在三峡大坝下发现一个中华鲟的产卵场,并建起该鱼的人工繁殖场,沿江渔民也开始重视对该鱼的救护保护工作,期望中国的水中熊猫——中华鲟能和我们的子孙共享盛世繁荣。

世界最高产的鱼——鳀鱼

鳀鱼(图2-3)是鲱形鱼类的一个小家庭。它的体型纤细;"脸"(头部)长得很丑;吻部突出;眼睛很大,靠近吻端;口裂很大,一直延伸到头的后部;尾呈叉形;体背蓝黑;腹侧银白;是一种集群性的中上层小型鱼类。它喜欢"无

图2-3 世界上最高产的鱼——鳀鱼

风捉影",当海里风平浪静时,起群的鳀鱼使海面上呈现黑褐色,水面激起细小而密集的波纹;当鱼群十分密集时,尚可使海面呈紫红色,船在数里之外即能发现。它还喜欢阴影,经常随着水上飘动的云影而游动,此时天际常有

海鸥掠鱼,鳀也在所不惜,前赴后继。该鱼尚有很强的趋光性,人们也利用这一习性,采用灯诱捕鱼获高产。

鳀鱼这个家族全世界共有8种,如秘鲁鳀、澳大利亚鳀、南非鳀、欧洲鳀和我国、日本的日本鳀等,几乎遍布世界暖温海域。别看这鱼小,由于个体数量多,所以它的产量在丰渔年份都占据世界产量的第一位。如最有名的秘鲁鳀,近几年产量曾高达1 300多万吨。说起秘鲁鳀,其实它的开发历史并不算太长,20世纪50年代末,随着"地球物理年"发现秘鲁沿海有一股非常强势的涌升流和初级生产力非常高的海区,与其联姻产生非常丰富的鳀鱼资源,并在此调查评估的基础上,秘鲁的鳀鱼开发和鳀鱼业的发展如日中天,产量一路攀升,到20世纪60年代末就达到1 200万吨。在那些资源丰盛的年份里,下午出海的渔民就在自己的近海用围网捕鳀,厚密的鱼群仅几网就能填满鱼舱;翌日当朝阳刚爬上安第斯山冈时,渔民就驾着满舱的鱼儿返港,于是渔船马达声、码头起重吊车声、岸边鱼粉加工厂的机器轰鸣声,混杂着渔民的吆喝声和爽朗的笑声,真是一片欢乐、繁忙的景象。但谁也没料到,紧接着是灾难临头:秘鲁沿海发生了厄尔尼诺现象(西南太平洋海流异常现象),使秘鲁沿海异常增温,涌升流减弱,营养盐供给中断,浮游植物锐减,鳀鱼因得不到食物而大批饿死,渔产量一下降到只剩下几十万吨;鳀鱼粉加工厂纷纷停产、倒闭,渔村一片萧条景象。当时曾有人发表了一篇题为《鳀鱼危机》的文章,不仅描述了那时的渔业状况,而且还记述了海滩上绵延几十千米的鳀鱼尸体和因缺乏鳀鱼食物而饿死的海鸥的生态灾难。之后延续多年,随着厄尔尼诺现象的逐步消失,鳀鱼资源又在一定程度上得到恢复。但随着全球的气候变化和厄尔尼诺现象的周期性出现,鳀鱼业的发展仍然面临着危机。

我国分布的日本鳀鱼,虽然是秘鲁鳀的"小弟弟",但在资源丰盛年份产量也可高达500万~600万吨。其可捕量本应控制在50万吨左右,但由于过度投入的渔业生产力,使产量连续达到百万吨以上,使固有资源迅速衰退。近年连续资源量也降到百万吨水平。它不仅影响着捕捞量,而且连东黄海以鳀鱼为食的蓝点马鲛、小黄鱼等也都嗷嗷待哺。如再不采取有效措施,一场另一种形态的"鳀鱼危机"将可能降临到我们头上,威胁我国的海洋渔业。

我国最昂贵的鱼——刀鲚

曾几何时,春天去南京、江阴、南通一带出差,非品尝一次鲥鱼不可,后来鲥鱼资源吃紧,价格飙升,但刀鲚的美味仍没少,因为20世纪的70～80年代,仅长江刀鲚年产量就有350万千克,如江苏常熟一带的流刺网船,平均单船产量高达1 750～1 800千克,难怪那时沿江城镇人民的餐桌上都不缺这种鱼。但有谁料想,鲥如今绝迹,而刀鲚于2005年春季竟创下每千克4 000元的天价。

它到底是一种什么样的鱼?它怎么了?这得从它的生物学和资源状况谈起。刀鲚(图2-4)实际也是鲱形鱼类的一个类群,和鳀鱼是近亲,它体侧扁而长,头部很像鳀鱼,只是口裂上颌的骨头很长,伸过了鳃盖的后边,胸鳍上有6条游离的丝状鳍条,尾部尖长。鲚家族全球有13种左右,我国有凤鲚、七丝鲚、短颌鲚和刀鲚4种。而刀鲚还有一个"小弟弟",是因为太湖近5 000年来从泻湖变为陆上淡水湖,使刀鲚的一群也随着被陆封于湖中,失去与海洋的交流,逐渐演化为梅鲚,成为太湖的优势种,但其个体小,经济价值低。因此无论从产量到经济价值上都以刀鲚为最,特别是早春溯河产卵的刀鲚,鱼体丰满肥硕,富含脂肪,肉质细嫩鲜美,所以价值应该高一些,但像如今这样黄金般的价格,已远远偏离了其应有的价值。

图2-4 最贵的刀鲚

大家再进一步看看它的生物学特征吧!刀鲚的越冬场是在海里,靠近大江、大河的河口海区。每年立春过后(2月上旬),就可以看到有鱼群溯江,但不整齐,分批上溯,一直可持续到寒露(国庆节后),但高峰却在3～4月份,即鱼汛一般也就2个月左右。入江的刀鲚在上溯的过程中性腺逐渐成熟,便沿江产卵,最远可抵达洞庭湖。产后的鱼群即回头,降河渐向海洋游去。最早见到回头鱼是在 4～5 月份,由于该鱼溯河时间长,并与降河混群,如何区分不同群系呢?科学家从鱼体上找到一种生物标志,即检查鱼体上是否寄生有中国上棒颚虱(寄生在鳃上)或简单异尖线虫的幼虫(寄生腹腔内),如被检查的个体上有这两种虫或其中之一,则可证明它是来自海洋。于是这就成为最简单有效地鉴别不同刀鲚群体的方法了。多年的海洋调查研究证明,当今的刀鲚由于连年高强度的捕捞和江海环境的恶化,资源已极度衰退,经常连标样都很难采到了,如果再遇到早春低温等不利因素影响,渔获则必然严重歉收,2005 年的特低产和特高鱼价,就是在这种背景下形成的。

刀鲚还有一个"兄弟"分布在黄渤海,叫黄河刀鲚,它们是同一种内的群体。历史上黄河刀鲚可顺黄河上溯至东平湖产卵,后来由于黄河下游的水库等水利设施建设,堵住了刀鲚上溯产卵的通路,使该鱼产量剧减。前些年又由于黄河连续断流,致使黄河刀鲚陷入极度濒危的境地。近几年由于小浪底水库的建成,通过调水已使黄河基本不再断流,刀鲚资源又似乎有点起色。但从长远看,自然资源衰退是总趋势。因此,我国的科学工作者在调查研究的基础上,正积极开展刀鲚的人工繁殖与苗种放流的试验研究工作,以期刀鲚的资源有所改善,产量也随之提高,再也不能让这种天价现象演绎下去了!

柳叶鱼与鳗鲡

每年春天到海边,有时可以从定置捕网的渔获中捡到一种鱼体侧扁透明、体态像柳树叶子一样的小鱼,即柳叶鱼[①]。它在 18 世纪中期曾被定为短吻细头鱼,到 19 世纪末才知道它不是一种独立的鱼种,而是尚未变态的鳗鲡幼体,当它到达河口结束漂游时,则变成小鳗鲡,从而揭开了从古希腊亚里士多德以来对鳗鲡从何而来之谜。然而,它的产卵场在哪儿?在什么地方产卵?还不得而知。20 世纪初有位丹麦科学家什密特,历经千辛万苦,甚至连他乘坐的"马加里特"号调查船都触礁沉没也没气馁,更换"丹纳"号继续驶往美洲海域调查,终于在美洲的马尾藻海找到鳗鲡的产卵场。

鳗鲡(图 2-5)是鳗形目鱼类的一个小家族,分布于全球温暖水域,它的

---

①青岛、山东半岛海区所见柳叶鱼不一定都是鳗鲡,多数是星鳗。圆鳗形鱼类也都有柳叶鳗幼体发育阶段。

兄弟姐妹共有16种,我国有2种,即鳗鲡和花鳗。鳗鲡的生活史很复杂,通常生活在江河湖泊中的鳗鲡5～7岁时开始性成熟,于8月中秋前的夜间或黎明爬上陆地,乘着草地露水的潮润在陆上蛇行,而后入通海江河,顺江河而下,并集结于河口海区。此时鱼体从黄绿色渐变为银白,体背和各鳍呈深黑色,眼膨大,吻较尖,唇变薄。由于停止觅食,消化器官开始萎缩,生殖腺却渐充满体腔。这些下海后的鳗鲡以每天30～60海里的速度,顶着黑潮暖流向大洋的东南方游去,经上千海里的洄游,到达菲律宾马里安纳海沟东边400多米深的水域产卵。鱼卵在上升飘浮中孵化,而亲鱼却因长途跋涉,体力消耗殆尽,再也无力护送仔鱼返回而葬身于深海大洋。仔鱼渐长成柳叶鱼,漂流于黑潮水层中,随海流北移,清明前后抵达大陆近海各大江河口并潜底变态为小幼鳗。由于刚开始体为白色故称白苗,随后黑色素增加变为黑苗。此时人们在河口用网大量捕捞用于养殖。过去猜测这些鳗鲡苗从产卵场漂抵我国沿海大约需1年时间,但近年我国科学家通过"日龄"研究,即利用柳叶鳗耳石上出现的轮纹计算,一般经过3～4个月的漂游即可到达我国的长江口海区。当然各种鳗鲡由于产卵场距离的远近,其漂游期也有很大差别。例如欧洲鳗鲡,因产卵场在美洲,其柳叶鳗要随墨西哥湾流游回欧洲、地中海沿岸,要漂游约3年时间,真是太漫长了。

图 2-5　鳗鲡

由于鳗鲡肉质细嫩,味道鲜美,营养丰富,自古就一直视为一种高级滋补品而大量捕食,使自然资源陷入衰退。半个多世纪以来,人们便开始捕捞鳗苗进行人工养殖。我国原来也是鳗苗资源十分丰富的国家,每年春天在珠江、闽江、长江口等地都可大量捕到鳗苗,并出口日本。近些年随着自身养殖业的发展,鳗苗资源极为紧缺,连每尾1美元也难以买到,致使我国作为世界第一养鳗大国和成鳗加工出口大国,为解决苗种缺口,转向欧洲进口鳗鲡苗,以缓解养殖需求。为保护天然鳗鲡资源及养殖需求,日本、我国等从上世纪就开始进行鳗鲡人工繁殖试验,分别取得了阶段性成果。目前我国的台湾省在产卵场放流鳗鲡，内地也在闽江、珠江中放流鳗鲡，以期有助于天然资源的恢复。

大马哈鱼的"死亡洄游"

大马哈鱼俗称鲑鱼，也叫"三文鱼"，后者是英文 Salmons 的音译名。它是一群体形修长、体高较大、口裂较深，以鱼体背部具一脂鳍（脂质支撑的鳍）为主要特征的鱼类[图 2-6(a)]。它们通常分布于北纬 45°以北的海里，在北太平洋周边如黑龙江、乌苏里江等支流产卵，孵出的幼鱼沿江顺水入海，先在河口滞留适应后游向鄂霍茨克海、日本海的深水海区栖息。幼鱼在海里生长一直到成鱼。性成熟后，又回归集聚在黑龙江河口，在此逗留到处暑（9 月下旬）前后分批入江，一直延续到 9 月末。这时鱼体从原来的背部暗绿、腹侧银白色，变为几呈黑色，体侧出现淡紫色横带，进而变为暗色并向腹部延伸，此时腹部和鳍也呈浓黑色了。与此同时，身体也在变高，头部延长，吻端两颌弯曲，颌上长出大牙。雄鱼背部拱起，形成驼背，叫做"婚姻装"[图 2-6(b)]。初期不成群的先锋鱼沿江上溯，随后鱼群增多，遇到拦坝或瀑布时，鱼就愈集愈多，不断地从水中跃起，产生巨大的声浪，同时新的鱼群还在不断涌来，此时可以看到水里都是鱼头和背鳍，河水也因为鱼的相互碰撞而到处是泡沫，好像锅里滚开的水一样。当然这已是半个世纪前的奇观了，如今只能在堪察加或阿拉斯加沿岸人烟稀少的河流和丰鱼年份方可有幸瞻此美景。

（a）在海里生活时的形态

（b）溯河性成熟雄鱼的形态

图 2-6　大马哈鱼

　　进入黑龙江的大马哈鱼,初期精、卵还没完全成熟,嗣后在江里溯河过程中逐渐成熟,这段时间内鱼不摄食,在水的流速为每昼夜 68 千米的情况下,鱼儿还能上溯 47 千米,也就是说,每昼夜游 115 千米。于是海里生活所积累的脂肪、蛋白能量不断消耗,身体逐渐消瘦下来,但生殖腺却继续增长,雌鱼整个体腔都充满着大型的卵粒,使她变得特别笨重臃肿。此时鱼要游上千千米才能到达位于江河支流的产卵场(此产卵场只是水深不超过 1.2 米、底上铺满沙砾、水质清澈的小溪流)。此时一条或几条雄鱼伴着一条雌鱼,雄鱼用身体和尾鳍清除淤泥和水草,再用同样方法挖造产卵巢,即深度只有鱼体那么高的浅坑,然后雌鱼伏在坑内开始产卵。卵是分批排出,伏在旁边的雄鱼也开始排精,受精卵通常分成一小堆一小堆摆在巢中,雄鱼再用尾鳍掘起沙砾盖上,形成小丘状,然后再亲自守护几天,以赶走其他游来产卵的鱼和天敌。经过如此过程,完成历史使命而精疲力竭的亲鱼先后死亡。河水便把这些死鱼顺流冲下,它们或被鸟类啄吃,或被腐解为水中的养分,成为新生的仔、稚鱼的饵料。至此,短暂的生命在生殖之旅中悲壮地结束了。以致有的科学家把大马哈鱼的生殖洄游称为“死亡洄游”。但在笔者看来,大马哈鱼的生命无疑是伟大的,因为它是无私的。

　　大马哈鱼这个家族在太平洋还有马苏大马哈鱼、细鳞大马哈鱼、红大马哈鱼、银大马哈鱼、王大马哈鱼等 6 种;在北大西洋还有大西洋鲑、硬头鳟等 5 种。它们的形态大同小异,生态习性相似,历来是富裕人们餐桌上的美味佳肴,以致人们往往把“三文鱼”与“生鱼片”联系在一起。但生命对大马哈鱼只有一次繁殖的机会,所以在人类大量捕捞的情况下,资源难以为继,于是从百年前欧美国家就开始进行大马哈鱼的人工繁殖放流,并成为一种产业。日本也以每年10亿尾量级的放流量换取了大麻哈渔业的稳定性。我国在近几十年也开展了大马哈鱼的人工放流增殖。近年北欧掀起了大规模的深海网箱养殖,仅挪威海水网箱养殖产业就高达40多万吨。我国也开展了海、淡水养殖并获得成功。

"大头腥"和鳕渔业

每年秋冬时节,市场上时常能看到一种头大、下巴上长着一根胡子、有三个背鳍、肚子鼓鼓的大鱼,胶东一带人都叫它"大头腥",其学名是大头鳕(图2-7)。它的肉成蒜瓣状;生殖腺很大,雄性精巢叫"鱼白";它的肝脏很大,富含维生素A,过去药房卖的"鳖鱼肝油",实际是挪威等北欧国家用鳕鱼肝提炼的鱼油,所以说大头腥浑身都是宝。

图2-7　生命在冷水团里的鱼——鳕鱼

提起鳕,它们的祖先大致可推到距今几千万年前,生活在北欧大西洋沿岸,后来分化出许多姐妹支,像黑线鳕、青鳕等至今还生活在那里。但也有的移向深水演化为深海鳕,有的甚至还入侵淡水,变为江鳕。大西洋鳕家族兴旺,在距今四五百万年前,它们开始沿美洲北极沿岸西迁,穿过白令海峡进入太平洋,浩瀚的太平洋给它们以大发展的机遇。狭鳕(明太鱼)也是在这片水域中发展起来的。它们顺着阿留申群岛,绕过堪察加,进入鄂霍茨克海,再向南到了日本海。而我国的黄海,因为也有一股黄海冷水团的存在,所以也有一小群鳕绕过朝鲜半岛进入黄海,成为今天世界上鳕分布最南端、也是最年轻的黄海鳕种群,距今也就是1万年左右。进入太平洋的大西洋鳕,后来由于北极冷却阻断了它们之间的交流,逐渐分化为两个不同亚种,现今已演化为大西洋鳕和太平洋鳕两个不同鱼种。又由于这些鳕鱼广布于北太平洋北部广阔的海域,渐而又分化出阿拉斯加、堪察加、日本海、黄海等不同种群,它们都各有自己的栖息地、产卵场和饵料供给区,这种现象与鳕鱼类的生物学特性是分不开的。大家已经知道,鳕鱼家族多分布在高纬度的海域中,该海区在寒暖流交汇下,形成了涌升流中丰富的营养盐,在光合作用下形成高额的初级生产力,经转化为次级生产力——鳕鱼的饵料,由此奠定了其丰实的饵料基础。鳕鱼具有很强的个体繁殖力,通常一尾性成熟个体的怀卵量可高达几百万粒到一千万粒,从而为种群的大发展提供了条件;再加上高纬度生物多样性偏低,种间竞争相对不如低纬度海区激烈,上述有利条件成就了鳕巨大的群体生产力,最终为建立庞大的鳕鱼业奠定了资源学基础。

鳕渔业不仅是欧洲重要的传统产业,而且在全球也曾十分繁荣过。在20世纪80年代后期,其年产量曾超过1 000万吨,成为当时全球最高产的渔业,仅北太平洋的狭鳕(明太鱼)就高达680多万吨,连大头鳕的产量也达到40多万吨。我国只是因为冷水团分布区狭小,故产量不高,最高年产也只有3万吨左右。鳕渔业的发展使其成为鱼糜加工、鱼片生产的主要原料和人民食用的主要鱼源。但好景不长,过分强大的渔业生产力的投入和过度的捕捞,使该鱼资源迅速衰退,原先可以自由入渔的"白令三角"(指美、俄200海里以外的公海海域),如今已连续禁捕快20年了,可见其鳕渔业资源形势之严峻!为此,我国山东水产科技人员正在进行大头鳕的人工繁殖,并初获成功。我们期待能为鳕的增养殖作贡献。

奇闻,雄鱼产仔——海马

海马(图2-8)是海龙家族中的一组小兄弟,分布于全球温热水域。已知全球约有30种,我国沿海分布有冠海马、刺海马、日本海海马、三斑海马、大海马和管海马等,后三种体大,经济价值高,但不耐低温,故北方水域无自然分布。海马是海龙的近亲,如当海龙的头部弯曲90°时就成了海马,因此也可以认为海马是海龙特化的产物。海马也是海洋鱼类中比较古老的类群,诞生距今已有5 000万年的历史,但进步不大。

海马属于浅海藻丛栖息鱼类,通常分布在15米以内近岸海域,性喜水质清澈,如岩

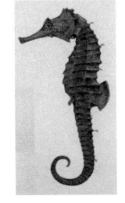

图 2-8 雄性能产仔的海马

礁区的马尾藻、海蒿子丛生,沙泥底质则大叶藻(海韭菜)密布的水域。那些在海藻群落中生长的大量桡足类和糠虾等小型海洋生物,为海马提供了丰富的食料。海马的生态习性十分有趣,它以细长卷曲的尾巴缠绕藻体的枝叶上,高耸于头上的眼睛(其奇特之处在于两个眼睛各具单独旋转能力),像陆生变色龙(爬行动物)那样分别盯着前方的猎物,然后以管状的小口,吸食着水中的饵料生物,同时发出清脆的响声,表示对美味的认可。此外,海马具有的黄褐的体色、弯曲的躯体和丝状的鳍条,可以帮助它躲避敌害侵食,有效地保护自己。这也许是竞争激烈的海洋世界中成功弱者的生存策略。

也许最稀奇的要算是海马雄鱼育儿、产仔的繁殖方式。海马一般一年性成熟,温度适合当年即可产仔。小型的日本海马半年即已成熟。在繁殖期中,它们通常选择风和日丽的日子,成双成对地游移到藻丛顶部,它们时而并肩、时而旋转,待"情绪"达到高潮时,雌鱼则把它的生殖乳突伸向雄鱼腹部的育儿囊口上,接着把橘红色的鱼卵注入囊中,雄鱼也几乎同时排精,使精、卵在育儿囊中受精。嗣后筋疲力尽的亲鱼便沉入水底或用尾巴顺便钩住一枝叶,使鱼体得到休息。已受精的卵子在雄鱼肥厚、密布血管的囊袋中孵化、发育,并吸收袋壁上提供的氧气和营养。经半个月左右,仔海马育成时,雄鱼先将尾部牢牢地缠绕于藻枝上,在躯体痉挛式的挤压下,把小海马一拨一拨地从囊口喷出,总产仔量从几十到三四百尾左右。这些刚出生的仔海马必需迅速吃到第一口饵料生物并抓住藻枝以免沉落方可成活。雄海马产后不久,又可以开始新一轮受精、育幼。在一年内只要温度适宜,均可交配产仔。

海马向有"南方人参"之称,是名贵中药,其主要功能是补肾壮阳、镇痛安神、散淤消肿、舒筋活络、止咳平喘、强心及催产等。但我国天然海马资源有限,近年广东等地正大力发展海马人工养殖。此举不仅可获得巨大的经济效益,而且对缓解海马药源短缺具有重要意义。

天然变性鱼——石斑鱼与黑鲷

大家都知道石斑鱼(图 2-9)是海洋中最美味的鱼之一,它体长椭圆形,稍侧扁,被以小栉鳞(鳞上有小栉刺),鳃盖上有棘,背鳍连续,尾鳍圆,体色斑斓,花纹复杂,分类也多以斑纹命名,如赤点石斑、网纹石斑、点带石斑等。

全球约有100多种,我国有记载者近50种,应该说我国是世界石斑鱼生物多样性最高的国家。该鱼属暖水性鱼类,广布世界热带浅海水域。长期渔业生产发现,近年人工繁殖实践更证明,石斑鱼类初次性成熟都是雌性个体,是产卵的亲鱼,嗣后随着年龄增长和个体长大,有部分鱼开始由雌鱼变为雄鱼,体内的卵巢卵细胞萎缩,精巢精细胞发育,到了高龄鱼才全部变为雄鱼。近些年人工育苗单位从海里捕亲鱼时,所得亲鱼多是母的,很少能捕到公的大型个体。为了满足人工繁殖对雄鱼的需求,科技人员便开始对产卵后的雌鱼注射雄鱼性激素,通过分批次、从低剂量到高剂量的注射,阻断了卵巢卵的发育,促进了精母细胞的发育和精子的生成,于是雌鱼就变成雄鱼了。翌年繁殖期中就会出现一批低龄雄鱼供精,和成熟的雌鱼交配,满足了育苗单位的需求,培育出大批量的石斑幼鱼,从而为过去养殖石斑鱼依靠天然苗种转向人工苗种供给奠定了基础。

图 2-9　母鱼变公鱼的石斑鱼

　　无独有偶,在海洋中还有一类鱼种,如黑鲷(图 2-10)、黄鳍鲷等鲷科鱼类,又称黑加吉、加蜡鱼,属印度—西太平洋区系分布种,现知有 6 种以上,其中我国占 3 种,是近海捕捞对象,也是海水养殖的主要经济种类。在自然条

图 2-10　雄鱼变雌鱼的黑鲷

件下,它们 2 龄性成熟时都是雄鱼,从 3 龄开始有些同龄大型个体开始转变为雌鱼,但主群仍以雄鱼占优势。到 4 龄以后则雌鱼居多,5 龄以上则全部为雌鱼了。于是为了满足生产要求,如雌鱼数量不足时,就可将雄鱼注射雌鱼激素,使雄鱼诱变为雌鱼。

鱼类上述这种性逆转、雌雄互变的现象,说起来并不奇怪,因为对于鱼类这样高等动物中的低等类型动物来说,在有些鱼体内通常存在精源或卵源母细胞两套组织,而在性腺发育过程中,视雌、雄两种激素的分泌量,性腺组织依主导激素的强弱而分别发育为雌、雄个体,使鱼类通常成为雌雄异体、同型和异体受精的动物。

此外,鱼类中还有一些种类,在解剖其性腺作组织切片观察时,不难看到分明是一尾雄鱼,但其精巢组织中却包埋有卵巢组织细胞,同时也看到有的个体在已发育很好的卵巢组织中嵌合有精巢组织,如斑鰶(鳓板鱼)或大银鱼(面条鱼),都经常能看到这种现象。但如跟踪观察又可发现,尽管已存在上述发育好的嵌合体或包埋组织块,但随着性腺的进一步发育则停滞发展或细胞凋亡,以致只成熟一种性产物即精子或卵子,从而保证了异体受精,使种族得以延续。

鱼类上述的性成熟特性,现在已被科学工作者利用,服务于鱼类育种或养殖生产以获得高产。如罗非鱼是雄鱼生长快、个体大,于是人们利用上述原理把雄鱼用雌激素诱导为雌鱼,再使用这种人工假性雌鱼与真雄性鱼交配,就会得到全雄的罗非鱼苗种;同理,牙鲆等比目鱼类以雌体为大,因此人们便采用生物技术方法生产出全雌的牙鲆,使商品鱼规格提高、产量增加,进一步提高了养殖的经济效益。

你知道鲅鱼是怎么捕的吗

茫茫大海,怎样才能捕到鲅鱼呢?这首先要从这种鱼的分布讲起。由于鱼是变温动物,所以也像候鸟迁徙一样,集成大群在海里做长距离洄游,鲅鱼也不例外,它们每年冬天都在韩国济州岛西南部或我国的舟山群岛外海过冬,因为这些海区分别受黄海暖流和台湾暖流的影响,就是隆冬也不冷。到翌年的 3 月、惊蛰前后鱼就开始起群,向大陆浅海进行产卵洄游。它的主群首先越过长江口进入江苏南部的吕四洋渔场外,因为这时大陆沿岸水温仍低,因此鱼群在江苏外海随台湾暖流北上,边游边索饵,边性腺成熟,其中有一部分就留在江苏沿海产卵繁殖后代。大部分北上的鱼群遇到黄海暖流的前锋,转为西进,4月下旬到达海州湾,再向东折,游弋于山东南部沿海,边成熟边产卵,其产卵盛期一般在5月上中旬。同时在北上的鱼群中有一部分并没有跟随西进,而是向东北经石岛东部海域,绕过山东成山头进入烟威渔场,接着于4月下旬后期通过长山列岛水道游进莱州湾、渤海产卵场,其产卵盛期已是5月下旬或6月上旬。这些鲅鱼分别在各产卵场产卵后,即游离产卵场就近索饵。孵化出来的仔、幼鱼则在出生地附近肥育。到了9月以后,随着天气变冷,鲅鱼又开始集结,顺原路边索饵边南行,一般在12月中、下旬越过长江口返回越冬场,重温休闲的生活。

从上可知,鲅鱼也和其他许多鱼类一样,每年都进行着有规律的结群洄游活动,因此只要我们掌握这一规律,在鲅鱼洄游必经的通道上敷网便可以捕到。这种捕鲅鱼的网具叫流刺网,它实际上是由一片片大网目的聚乙烯网片连接起来,当渔船开到渔场后,把这些网片依序、顺流放入海中,形成数千米长的网墙。它挡住了鱼群洄游的去路,于是纷纷刺在网上,进倒不得,到下一个潮时,渔民则慢悠悠地收起网来。待网具收毕,才把这些渔获装筐加冰,置于渔舱中冷藏。如此连续作业3~10天,渔船返港,渔货上岸,经渔市场和水产品商店,鲅鱼就成了人们的桌上佳肴。

当然,海上的渔业生产过程,也不像上面所说的那么简单。许多勤劳的渔民每年刚吃完元宵,就开始忙碌准备船网渔需物资,"惊蛰"一过即出现在长江口外,迎接一年的头盆鱼。但渔获如何与当年资源的好坏有很大关系,渔场的环境条件将决定着鱼汛的收获。我国聪慧的渔民在长期渔业生产中已总结出风情、气温等与渔期、渔场的关系。现代的科学技术——卫星遥感技术的应用,使捕渔业如虎添翼,进一步提高了渔民捕鱼的效率,但鲅鱼资源和它的保护,也越发成为人们揪心的命题。

带型的鱼类,高产的鱼种——带鱼

带鱼(图 2-11)是一种在市场多见、人们餐桌上常食的鱼类。它体呈带形,尾部鞭状,口大,下颌突出,牙呈扁钩状、尖锐,体侧有一条在胸部呈弧状弯曲的侧线;背鳍长,无臀鳍;全体无鳞,体色发出银白色的金属光泽。它分布于印度—西太平洋温暖水域,我国的渤、黄、东海是该鱼的主要分布区和海洋渔业的主要捕捞对象,高产年代达到 70 多万吨,成为传统渔业中产量最高的鱼类。

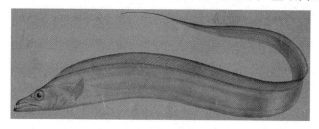

图 2-11　带形的鱼类——带鱼

带鱼属海洋洄游性鱼类,每年周期性洄游于我国南北沿海。春季,栖息于韩国济州岛西部越冬的鱼群,向黄、渤海进行生殖洄游,其中一支游向海州湾和乳山口产卵场,产卵期为 6 月份。另一支继续北上,绕过山东半岛,经烟、威渔场向渤海洄游,分别到辽东湾、莱州湾和渤海湾产卵,生殖期为 6～7 月份。产卵后鱼群在渤海和烟、威一带海域索饵。秋季,鱼群先后离开渤海,与分布于黄海索饵的鱼群汇合,在青岛东南海域集结,随着水温的下降,逐渐离开近海,穿越黄海中部,游向济州岛附近海域越冬。东海是我国带鱼分布的中心,产卵场广阔,群体大而密集。春季,栖息于舟山群岛东南部的越冬鱼群,开始向近海移动,并向西北方生殖洄游。5 月到达东海北部、舟山近海。6 月产卵,其中心产卵场位于黑潮暖水、南黄海冷水和沿岸水团的交汇区,此处饵料生物丰富,是产卵鱼群和育幼的良好场所。产后亲、仔鱼就在此水域附近索饵育肥,秋后循原路返回东海越冬场。

带鱼的生殖期很长,如东海南部海域一般从 3 月底开始,于 5～6 月份形成产卵高潮,但其产卵活动可持续到当年的 10 月份,故在资源学上有"早生群"和"晚生群",即春季繁殖和秋季繁殖的群体之分。带鱼生长较快,体重 100 克左右的个体即达性成熟,便开始产卵。而年满 2 周龄则全面性成熟。该鱼的繁殖力很强,其个体繁殖力依鱼体大小而异,一般变化范围在 3.64 万～11.07 万粒之间。带鱼的食性很广,包括海区各主要门类动物,如东海带鱼捕食高达 19 类 84 种生物,但都以虾类和鳀鱼等鱼类为主食,兼食枪乌贼等头足类动物。

正因为带鱼具有上述这么多优良的生物学属性,所以带鱼在长期高强度捕捞压力下,仍能提供很高的鱼产量,来满足人们对鱼蛋白的需求。带鱼分为许多种群(民族),如黄渤海种群,因黄河径流减少,乳山河、老母猪河断流等使这种近海河口性产卵的鱼类失去了繁殖环境,在强大捕捞压力下,这一支带鱼已陷入极度衰微状态。近年海州湾尚出现一些群体,则可能是东海群体向北扩张的结果。目前即使是东海群体,也因过度捕捞而产量下降。历史上著名的嵊山冬季带鱼旺讯,现在已不成鱼讯了。其他群体也都处于今非昔比的衰退局面。因此,加强渔业管理,保护带鱼资源,尤为重要!

金枪鱼与延绳钓

在南、北纬20°之间,终年阳光灿烂、暖烘烘的水域里栖息着一群头尖呈锥形、尾为新月形、尾柄短而有力,体呈纺锤形,鳞片细小,体色烤蓝,活跃于大洋中上层的鱼类——金枪鱼(图2-12)。全球有黄鳍金枪鱼、大眼金枪鱼、长鳍金枪鱼、李氏金枪鱼、大西洋金枪鱼和青甘金枪鱼等7种。

图2-12 大洋游泳好手——金枪鱼

金枪鱼类主要分布的海洋环境,大致在南北赤道环流与逆赤道流之间,这里的表层水温一般在20~27℃之间,盐度相对偏高,一般都在30‰以上。因为这些地方通常是由于不同流系或海流经岛礁而产生涌升或湍流,使底层营养盐泛起,形成高水域生产力的海区,饵料丰富,金枪鱼则相争在这里觅食。在渔民的眼里,这里就是好渔场。当然寻找渔场还有其他一些物候指标,如鲣等有跟随水面漂流物的习性,所以渔民就努力寻找诸如"附木群""附鸟群""附岛群"下的鱼群,找到这样的鱼群,就可望渔获丰收了。

偌大的海洋中怎样捕到这些游泳极为迅速的鱼类呢?渔法虽然挺多,但目前主要还是依靠延绳钓来钓获。它是采用直径2毫米以上的聚酰胺单丝作主干绳,其上每隔50米设一支绳,挂上一把鱼钩,用浮子把它们悬挂在水深100米左右的海区中。依季节和鱼种还得调节放钓水深,如目标鱼种是大眼金枪鱼,则放钩应深些,超过100米;如是捕黄鳍金枪鱼,则应浅些。因为不同鱼种栖息水层深浅不一。渔民根据金枪鱼在夜间索食强烈的特性,通常选择日落前2～3小时就开始放钩,而且还得给每把鱼钩挂上鱿鱼等鱼块作鱼饵。为保证鱼货质量,次日清晨6时就开始收钩。接着对捕获的金枪鱼进行活杀、切尾放血、刺脊髓、去内脏、清洗、分选、计量,经冰冷、超低温(−65～−55℃)冷冻后,方可低温存放,工序十分严格复杂。由此可见金枪鱼的捕鱼工们是多么辛劳,我们在品食金枪鱼生鱼片的美味时,一定别忘了他们啊!

尽管上述渔法可保证捕获大型优质的金枪鱼,但随着科学技术的进步,发达国家大批发展金枪鱼围网捕捞,大大提高了捕捞效率,只是这种捕捞船是一种大型捕捞加工船,有的甚至还配备直升机以侦察鱼群,所以投资高昂,技术复杂,特别是在当今世界各大洋区域性金枪鱼组织越来越严格实施配额管理的条件下,我国不应提倡发展这种渔业。

金枪鱼类还有一种有趣的捕捞方法,叫拟饵钓,即捕鱼船投放的不是挂有饵料的鱼钩,而是在空钩上扎有鸡毛之类的"饰物",当船只开到渔场发现鱼群时,则把排钩放入水中,船只接着开足马力奔跑,而拖在船后的鱼钩在阳光的照射下闪闪发光,颇似一群小鱼,于是金枪鱼等就跟着速游直到赶上大口吞钩时,才后悔莫及,真叫愿者上钩!怨谁呢?

"比目而行"话鲆、鲽

公元前220年,《尔雅·释地》内即记有"东方有比目鱼焉,不比不行,其名谓之鲽"。这是我国也是世界上对比目鱼类——鲽形目最早的记载(比欧洲人至少要早1750多年)。嗣后,相关记述渐多,至明李时珍《本草纲目》卷44鳞部,对"比目鱼"则叙述更详细。当初古人猜测此类鱼因两眼仅位头之一侧,故必需两尾鱼并肩协作各看一侧方能行,这就是"不比不行"的意思。当然从今天来看,上述的猜测颇为幼稚可笑,因为这些鱼类的两只眼睛在仔、稚鱼时期是分别位于头的两侧的,只是在生长发育后期,随习性和食物的改变,身体的一侧卧于海底,另一侧朝上,其压在下侧的眼睛才移位于头的上侧。平时鱼体潜埋于泥沙中,隐蔽起来,只露出两只朝上的眼睛,观察外界。成鱼游动时也是有眼一侧向上,以身体的上下波动、似蝶泳一般游动前进。而在这些比目鱼类中,大家不难发现:有的两眼长在左侧,有的则偏向右侧,人们把那些眼睛在左侧的鱼起名叫"鲆",如牙鲆(图2-13)、大菱鲆等;把眼睛位于右边的称为"鲽",如高眼鲽、黄盖鲽(图2-14)等。同时,在比目鱼类中还有一些样子长得像牛舌头,大家一般叫"鳎目",其实鳎目鱼中也有眼睛长在左右两侧的,人们把两眼长在左侧的叫"舌鳎",如半滑舌鳎、焦氏舌鳎等;将眼睛位于右侧的称"鳎",如条鳎、欧鳎等。当然,有时我们也可发现明明是牙鲆,可是眼睛却跑到右边去了。其实这也不奇怪,笔者就发现过高眼鲽的眼睛长在左边的个体,经解剖发现这种反常个体连接眼睛的视神经交叉多扭转了180°,称之为"逆位"个体。还有一种叫"川鲽"的比目鱼,它的眼睛在远东沿海时长在左边,而到堪察加水域时已有一半个体长在右边;再往东到阿拉斯加湾捕到的个体,则几乎100%的眼睛长在右边。

图2-13 眼睛长在左边的鱼——牙鲆

图2-14 眼睛长在右边的鱼——黄盖鲽

在上述比目鱼类中,已知全球现存者约有600种,我国已记录的有134种,约占22%。它们主要分布于世界温暖水域,以我国所处的西太平洋区种类最多,高达285种;印度洋偏少,为169种;大西洋只有150种左右。这与这些海区的海流与水温有关,也是长期适应和演化的结果。至于比目鱼类的发生,大约在距今5千万年前后(下始新世)出现于欧洲近岸水域,此后经过漫长而复杂的进化过程,方形成了今天遍布全球的庞大家族。关于它的身世,过去多倾向于从鲈形鱼类演化来的,新近又有学者提出似起源于中生代较原始的鲱形鱼类。不过根据鲽、鳎的多型特征,笔者推测可能是多元化演化,生态趋同适应的结果。

比目鱼类因具有肉质优、产量高等特点,历来是传统渔业的主要经济种类,像北大西洋的鲸鲽、欧鲽,北太平洋的刺黄盖鲽等,都曾是海洋渔业的高产鱼种,如今亦因资源衰退,渔业界纷纷转向发展海水养殖。我国在大规模发展牙鲆养殖的基础上,又成功地引进大菱鲆、漠斑牙鲆、塞内加尔鳎,近年又开发了半滑舌鳎的人工繁殖与养殖,建立起世界最大的比目鱼类养殖业。

河鲀与河鲀毒素

历代美食家皆交口赞颂"食吃河鲀而百无味"。也正因河鲀如此美味,尽管《山海经》(公元前 2 世纪)就已告诫人们"豚内有毒,食已命丧",但历来食者仍以"拼死食河鲀"的气概,前赴后继,令人佩服,也令人无奈! 那么,河鲀是何鱼呢? 北方叫廷巴,南方称街鱼(闽)、乖鱼(广东),它的学名为东方鲀,为一群体呈长圆形、尾部稍侧扁,上下颌牙齿愈合成 4 个喙状齿板,背鳍后位与臀鳍对称,尾鳍圆形或截形的鱼。河鲀依靠背、臀鳍同步摆动、协助尾鳍推动鱼体前进。河鲀体内有气囊,当遇到敌害时,便充气鼓起,使鱼体成为圆形,漂浮于水面逃之夭夭。东方鲀的体色鲜艳,斑纹复杂,特别是红鳍东方鲀等,着生于胸鳍后上方的暗色大斑,或黄鳍东方鲀黑白相间的条纹等都具有"警戒"作用,提醒捕食者"河鲀有毒,要小心啊!"

东方鲀属鱼类在全球有 20 种左右,绝大多数分布于西太平洋,仅个别种类如横纹东方鲀等分布于印度洋非洲东海岸。我国沿海分布有 18 种,足见我国是世界东方鲀类生物多样性最高的国家之一,也是该鱼产量最高的国家,总产量可高达万吨。

东方鲀鱼类有毒,其毒素主要分布于卵巢、肝脏、血液、肠、肾和脾等处,故人畜如误食河鲀内脏或血液未漂洗干净的肌肉时,往往会中毒以致死亡。河鲀的毒性也依种类而异,如红鳍东方鲀(图 2-15)、假睛东方鲀及黄鳍东方鲀的毒性相对较低,只要严格加工,仍可安全食用,故上述几种体大、毒弱的东方鲀则成为主要捕捞和养殖食用的经济鱼类。

图 2-15　有毒但味美的鱼——红鳍东方鲀

有关河鲀毒素,我国是世界上记述和研究最早的国家,《神农本草经》和《本草纲目》中都有关于河鲀毒素、民间解毒方法,甚至有用于治疗肿瘤的记载。经提取、纯化的河鲀毒素呈无色无味的结晶体,难溶于水,化学性质十分稳定,在水温高达 240℃ 时才能破坏,因此一旦中毒则很难解毒。但事物都具有两面性,河鲀毒素虽有剧毒,低剂量就可致人死命,但在适当剂量时,在对抗心律失常、促进心血管扩张、镇痛、缓解癌症剧痛等方面又有特殊疗效,因此引起医药界的高度关注,以致提纯的河鲀毒素价超黄金。

至于河鲀毒素从何而来,一直是专家们争论的热门话题。依笔者之见,河鲀毒素主要是外源性的,即由于河鲀摄食环境中某些带河鲀毒的微生物或贝壳生物,经鱼体富集后,由血液运送储藏于肝脏、卵巢等器官,使河鲀具有毒力。而其他鱼类可能因缺乏这种富集能力,故无毒。因此,即使同是河鲀鱼,也依鱼种不同和富集能力的差别,其毒力也有很大差异。如红鳍东方鲀、假睛东方鲀的毒性就弱,而虎斑东方鲀、斑点东方鲀等则毒性强。人工养殖的河鲀毒素远低于天然水域的河鲀,这也说明食物源可能与河鲀毒素有密切关系。近年研究证明,海洋洋希瓦氏菌——一种端生鞭毛杆菌的代谢产物就含有河鲀毒素,因此如能大规模发酵培养该菌,则可为生产河鲀毒素药物开辟一条新途径。

海里有兽吗

常言道:陆上"飞禽、走兽",水中"游鱼、爬虾"。此话不假,但不够全面,因为海里也有兽,它也和陆上的动物一样,是肺呼吸、胎生、哺乳动物。那么,它是从哪里来的呢?大家已经知道,陆生四足类(包括两栖类、爬虫类、鸟类和哺乳类)的祖先是原始肉鳍鱼,该鱼类于距今 4 亿多年前爬上岸来,产生了最古老的两栖类。嗣后又经历了漫长复杂的演化,出现了爬行类,分化出鸟类,到约1亿年前后才出现最原始的哺乳类。但生物进化并未终止,又经过一系列的演化,形成了今天这样结构复杂、生态各异、种类纷繁的大千陆生动物世界。但是,在这些已经从水中爬上岸来、并已演化为"兽"的动物当中,总有一些种类仍然感到不自在,留恋过去的水中生活,尽管它们看到了陆上生活很精彩,可时常仍感到很无奈——竞争太激烈,随时面临食物短缺的危险,于是像5 000万年前生活在埃及的古鲸类一样,还是义无反顾地返回了海洋。虽然那些原始鲸类对水环境适应程度还很低,但开阔的海洋与丰富的食物,不仅提供了生物进化的大舞台,而且还塑造了当今最庞大的哺乳动物。

在古鲸下海之后,起源于北太平洋狗状食肉动物也跟着下海了,不过真正衍生为鳍脚类的是距今约2 250万年前的一群海熊。尽管它们已经在距今1 000万年前灭绝了,但却通过它们演化出了海狮[图2-16(a)],经过古海狮分化出了海象。鳍脚类最年轻的一支——海豹类[图2-16(b)]的出现,则是距今1 400万年以后的事了。它可能来自北大西洋鼬科、海獭状陆生食肉动物。由于那时全球气候恶化,獭状动物下海演变为古海豹,再经过适应辐射进化,现代类型的海豹随之出现。

以上大家不难看出,今天生活在海洋里的兽类,实际上是已经上岸的陆生哺乳动物逆向进化的产物,只是因为它们来自不同祖宗,从不同地域下海,所以才分别演化为今天世界上体积最大的动物——鲸[图2-16(c)];憨态中又带几分狡猾的海豹和美丽可爱的美人鱼——儒艮等鱼类海洋哺乳类。同时,大家也能领会到,这些生物都是经过几千万年、经历磨难才进化形成的,它和其他生物一样是我们星球上最宝贵的基因资源。我们切不可因自己的私利损害它们,应该善待和保护它们!

(a)海狮

(b)海豹

(c)鲸

图 2-16　海洋哺乳类家族

海洋生物多是"药"

提起海洋药物,我国古代的许多药书如《神农本草》、《本草纲目》等著作中都有许多关于海洋生物药物功能和疗效的描述。联想当今五花八门的以海洋生物为原料加工而成的药物(包括保健食品),让我们感觉到海洋生物都是"药"。似乎人类机体缺什么就直接、间接地演变为"病",因此如果适时有效地补什么,则在一定程度上可以说是"药"了。这可能是我们人类的祖先已经离开海洋的时间太久了,在这样漫长的演化和适应过程中,人类虽然从机能和结构上已适应了陆地生活,但其体液成分及代谢所需营养物质仍多保持祖先海洋生活时的特征。长期陆上生活环境导致了某些成分的缺失,进而诱发一系列疾病。例如大家都知道的内陆山区许多人患有"大脖子"病,这实际上是一种缺碘引起的甲状腺肥大的病变,而陆生食物中一般缺碘,所以提倡吃海带,这正是利用海带从海水中富集了大量碘,可预防和治疗"大脖子"病。同样,从海带中提取的海带胶,用海带胶制成的海带多糖,可以提高人类的免疫力。此外,药物学者还将海带多糖同其他药物成分组合在一起,使它成为具有各种不同疗效的药物。中国海洋大学管华诗院士研发的 PSS(治疗心血管疾病的药物)就是其中的一个例子。海带如此,其他海洋植物也一样,像在海洋中生活的一些单细胞绿藻,虽然很小,但富含不饱和脂肪酸(EPA、DHA)和"深海鱼油"一样的成分。于是科学工作者就大力培养这些单胞藻,准备提取不饱和脂肪酸。后来发现尽管这些藻类有很高的繁殖能力,但仍需要占据大量空间,不利大规模生产,所以他们便利用这些低等生物既能从事光合作用,又能在无光条件下厌氧合成有机物的特性,转为采用像抗生素生产的发酵罐一样在生物反应釜中培养富脂单胞藻,大大提高了生产效率。

海洋动物药物更是缤纷非凡。在腔肠动物的珊瑚中,如柳珊瑚等可以生产前列腺素、干扰素,软体动物的牡蛎可生产牛黄酸,海兔卵巢可制成"海粉",以及甲壳动物的鲎和鲎试剂,棘皮动物的海参和它的保健制品,海星生殖腺和海星皂素等等。鱼类何曾不是这样。鲨鱼的软骨素的抗癌作用,海龙、海马的壮阳、生肌功效,即使是带有剧毒的河鲀卵巢、肝脏等提取的河鲀毒素,也是效果非常好的镇痛剂,其价格比金子还贵。其他海洋动物如海蛇、海龟以至海洋哺乳类的许多器官也都具有某些特殊疗效。至于以海洋生物为主要成分的各种验方、偏方更是不胜枚举。所以无论从什么意义上,说海洋生物都是药并不夸张。

海洋生物的"废"与"宝"——甲壳素与"深海鱼油"的启示

2003 年全世界虾类的产量为 532.8 万吨,创造历史新高。其中,天然虾的产量为 352.4 万吨,养殖虾为 180.5 万吨,我国则分别为 145.2 万吨和 49.3 万吨,均居世界各国之首。出口冷冻虾仁历来是我国的强项,但长期以来人们将剥虾仁剩下的虾壳视为一种废物,成了公害。如今在明亮的加工车间里,虽仍有如山似的待剥皮的鲜虾,但却看不到残留的虾壳了,原因是它已成为制取甲壳素的紧俏资源。我国是世界最早记录应用甲壳素的国家,早在 400 多年前,《本草纲目》中就有了螃蟹壳(蟹和虾同属甲壳纲、十足目的无脊椎动物)应用的记载。由于大家都知道的原因,分离、加工和应用的研究都被法国等欧美国家占据,我国直到 20 世纪改革开放以后,才开始进入研究的全盛时期,并取得许多创新性成果。

甲壳素是何物呢?甲壳素从科学概念上说是乙酰氨基葡萄糖组成的聚糖。当人们对甲壳素进行脱乙酰基处理后便得到壳聚糖,如再进一步降解,就成为壳寡糖。我国科学家通过艰苦努力,已攻克用酶解法生产壳聚糖。这种由近 20 个氨基葡萄糖组成的低聚糖,由于它不是葡萄糖,而且在人体内也不会转变为葡萄糖,所以对血糖不会有不利影响。大量研究和临床实践已经证明,甲壳素类物质作为"功能性食品"在营养学上有重要意义,而且它还具有重要的生理保健功能,如能明显增强人体的免疫功能,可作为防治肿瘤的辅助剂等。实验还证明:壳聚糖可以促进胰岛细胞增生,使胰岛素分泌量增加,具有明显的降血糖作用;同时,甲壳素还具有降脂、减肥以及降血压的作用。我国科研人员最新研究成果(2005 年 12 月 11 日在北京人民大会堂宣布)进一步证明,水溶性甲壳糖能有效地改善酸性体质,促进人体酸碱平衡,给人类带来防治高血压、高血糖、高血脂等"富贵病"的新途径。基于甲壳素具有如此重要的功能,在 1991 年国际甲壳素会议上,欧美医学界把它界定为除人体必需的蛋白质、脂肪、碳水化合物、维生素、矿物质之外的"第六要素"。

"鱼油"原是鱼体所含的脂肪,但像鳀鱼之类含脂量较高、又特定用以生产鱼粉的鱼类来说,大致每 5 吨鲜鱼可生产 1 吨鱼粉,而每 5 吨鱼粉又可提取 1 吨鱼油。过去我国粗放生产鱼粉的企业,一般在制造鱼粉之后,把剩下的鱼油既不继续提取,又不作环保处理,直接排放到海里,这样既浪费了资源,又污染了环境。近年新建的较大型鱼粉厂,已经在制造鱼粉的同时,也提取鱼油,做到了既利用资源,又保护环境。分析鱼油证明,海洋鱼类的脂肪中富含一种在陆生动物脂肪中缺少、对保护人类心血管必需的 Ω-3 系列不饱和脂肪酸(EPA,DHA),于是国外纷纷开发出一种由狭鳕提炼的鱼油,称为"深海鱼油",用以作为保健疗效药物。上述事实使我们深刻体会到:海洋生物没有真正的废物,只有放错位的资源,走循环经济之路才是出路。

游乐渔业与人工渔礁

假日或双休选个风和日丽的日子,和你的家人或约几个朋友,带上钓具、渔饵和简单吃的,一起来到突出于海里的礁石海边或租借艘游艇、舢板出海,抛钩钓鱼,一边尽情享受蓝天白云、碧海清风,一边等待愿者上钩的鱼儿,人们不在乎技术高明,而是祈求今天好运,能逮到几尾像样的鱼儿,当然多多益善。一天下来,当你提着渔获,或给家里添道菜,或和朋友们到邻近餐馆来个小盅配佳肴,不亦乐乎,也算小康游钓了。笔者相信,尽管我们要达到发达国家那种"游艇经济""游乐渔业"尚待时日,但中国特色的游乐渔业可能很快就会兴起。据报道,近年仅青岛的滨海旅游收入已超过 250 亿,接待游客超过 2 430 万人。随着日后度假旅游的兴旺,游钓则成为不可缺少的选项,给青岛地方经济发展的贡献也不可低估。我国其他滨海城市也不例外。

游乐渔业的重要性可由以下几个统计数说明。美国 20 世纪 80 年代参加游钓活动的人数就达到 5 400 万人,约占美国人口总数的 1/4,使用游钓艇只达 1 100 万艘,游钓鱼类的产量约为 140 万吨,占美国渔业总产量的 35%、占食用鱼总上市量的 1/3,为游钓渔业服务的社会收益高达 180 亿美元,况且参加游钓渔业的人数每年还以 3%~5% 的速度递增。难怪世界各先进国家如日本、韩国等都在大力发展游乐渔业。

但发展一个产业,不是一蹴而就的事,它往往需要配套工程设施及相关产业衔接到位,方可取得成效。大家都知道,青岛具有得天独厚的旅游资源优势,每年吸引了大量国内外游客,所以在 20 世纪 90 年代曾办过两届"国际钓鱼节"。也许有人还记得,初期"钓鱼节"的确吸引了许多国内外游钓爱好者,他们抱着远大期望慕名而来,但一出海就泄气了,原因不是青岛不美丽,也不是咱们的海不好,而是钓不着鱼,幸运的也只钓到几条六线鱼或小黑鲪,不足 50 g 重,再看看游钓船(小舢板)连个"方便"的地方都不方便,最后只好把游客拉到水库钓淡水鱼去才草草结束。为什么国际钓鱼好手在青岛钓不到鱼呢? 主要在于青岛没有人工鱼礁、没有放流鱼种。

说到人工鱼礁,它原来是渔民发现哪里礁石多、哪里有沉船、哪里鱼虾就多,于是就把破废船只沉到海底,或把陆上的水泥块、旧轮胎等扔到海里吸引鱼群,增加渔获。后来自然资源衰退了,渔民在政府组织下有意识地往特定海区投放混凝土、钢铁等工程礁体,营造鱼群的栖息地。为提高鱼产量,他们还定期往礁区投放附礁或定居的经济鱼类,如南方水域的石斑鱼、鲷科鱼类,北方的六线、黑鲪、鲈鱼等,取得了很好的效果,因此逐渐兴起一个蓬勃的产业。如日本从 20 世纪 50 年代就开始把人工鱼礁建设作为"沿岸渔业振兴政策"的重要措施,投入了大量资金,到 20 世纪 80 年代已达 1 200 亿日元,投礁 1 000 万立方米;20 世纪 90 年代更进一步形成制度化,每年投入 600 亿日元,投礁 600 万立方米。经过 30 多年的建设共投放鱼礁 5 000 多座,礁体 5 306 万立方米,盘礁面积已全国近岸渔场面积的 12.3%,取得了很好的效益。美国更把人工礁发展目标定为为全国人口 70% 的沿海居民提供 1 亿人口游钓基地,拟把人工礁规模扩大一倍,使经济效益增加到 300 亿美元。其他沿海国家也多效仿、建设中。我国作为海洋渔业大国,面对渔业资源衰退,作为修复资源、保护渔场、发展游乐渔业是一项重要措施,我们应大力、严谨地发展人工鱼礁产业,以服务"三农"和促进游乐渔业的发展。

海洋矿产资源

海洋石油"滚滚来"

人类主要依赖煤作为能源的历史已经过去了。目前,世界上所需的能源几乎一半以上来源于石油和天然气,特别是发达国家,这种比例已上升到75%以上,美国已达80%。大家都知道我国著名的大庆油田和胜利油田,它们都是陆地上的油田。然而大陆石油已不能满足人们对石油日益增长的需要。同时,在当前这个世界各国都把目光投放到海洋的时代,开发海洋,利用海洋资源成为大势所趋。其中,石油就是人类从海洋中开采出的最重要的能源之一。

人们发现离陆地近、深度浅的大陆架和大陆坡海底是寻找石油和天然气的好地方。据测算,全世界大陆架面积约为 3 000 万平方千米,占世界海洋面积的 8%。关于海洋石油的储藏量,由于勘探资料和计算方法的限制,得出的结论也各不相同。法国石油研究机构的一项估计是:全球石油资源的极限储量为 10 000 亿吨,可采储量为 3 000 亿吨。其中海洋石油储量约占45%,即可采储量为 1 350 亿吨。如今海上油气资源开采正轰轰烈烈进行着,为此引发的国际争端也此起彼伏。那么,世界海洋石油开采状况到底如何呢?

当今,世界海底石油开采已形成明显的三大产区,它们分别是:位于伊朗和沙特阿拉伯之间的波斯湾,它的总面积约 24 万平方千米,平均水深 40 米,最大水深 104 米,它的开发时间是 20 世纪 30 年代;位于委内瑞拉的马拉开波湖是一个泻湖,它的面积约为 1.3 万平方千米,最大水深 250 米,1917 年开始勘探,20 世纪 30 年代起才从陆地延伸到海底而成为大油田,产油层有 100 多层;另一个是位于大西洋北部的北海,它的面积为 54 万平方千米,平均水深 96 米,最大水深 433 米,它是 20 世纪 60 年代后期开始勘探,70 年代初才发展为重要的油气产区。根据已探明的储量看,波斯湾海底石油总量最多,1951 年在沙特阿拉伯近海发现了世界上最大的海底油田——沙法尼亚油田,可采储量达 42 亿吨以上,后又在波斯湾沿岸发现了上百个大油田。位居第二的是马拉开波湖。第三位的是北海。仅波斯湾和马拉开波湖的石油储量就约占世界海底石油总储量的 70%。

目前海上石油开采国已达到 100 多个,勘探范围遍及所有沿海和大陆架海区。迄今全世界已发现了 800 多个含油气盆地,共计 1 000 多个油气田。现在每年从海底开采出来的石油在 10 亿吨左右,已占世界年石油开采量的 35% 以上。由此可见,若大陆上的石油和天然气耗尽了,在找到新的可利用能源之前,海洋中储存的部分还可以使用几十年呢。

经调查,我国海域有比较丰富的海底油气资源,现在已经发现了 30 多个大型沉积盆地,其中已经证实含油气的盆地就有渤海盆地、北黄海盆地、南黄海盆地等。这些盆地的总面积达 127 万平方千米。根据沉积物生油条件估算,仅渤海、黄海、东海及南海北部水域,石油和天然气资源量可达 150 亿～200 亿吨。南沙群岛海域估计石油资源量可达 350 亿吨,天然气资源可达 8 万亿～10 万亿立方米,有人甚至预言,南沙海域可能成为世界上第二个波斯湾。

我国第一次进行海洋石油、天然气钻探是 1967 年在渤海湾开始的。当时是利用我国自制的固定式平台进行的。到 1973 年以后才开始引进自生式和半潜式钻井船,进行较大范围的勘探工作。虽然我们国家起步较晚,但成果还是显著的。我国 1980 年年产量尚不足 40 万吨,1990 年产量达到 145.5 万吨,1997 年已经达到了 1 967.96 万吨,到 2010 年已近 5 000 万吨。前十年增加了 2.6 倍,后 7 年竟增加到 13.5 倍多。2000 年以后海上石油勘探又有了突破进展。目前我国已开始进行深水区开采油、气生产作业。可以说,我国的海洋石油业已经步入开采速度的快车道,这必将给我国国民经济的发展注入新的生机和活力。2004 年全国海洋产业总产值结构如图 2-17 所示。

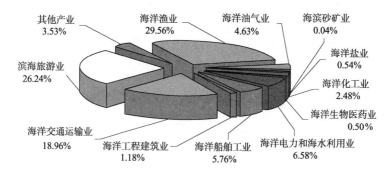

图 2-17　2004 年全国海洋产业总产值结构图(国家海洋局,2004)

海底也采煤

人们往往对陆地采煤比较熟悉,但你知道吗？海底煤矿是人类最早发现并进行开发的海洋矿产。要论世界上哪个国家最早从海底采煤,可能要首推英国了,因为早在 16 世纪时,英国就在爱尔兰海开采海底燃煤,那里的煤一般蕴藏在水下 100 余米深的海底。尽管日本于 1880 年才开始在九州岛海底大规模采煤作业,可它发展速度比较快,到 1972 年时,年开采量已达到 2 698 万吨,占当年日本全国煤产量的 40％。日本的九州煤矿采用人工岛竖井开掘方式取煤。煤层距岸边达 7 000 米,水深也在 15 米,这可能也是世界之最吧！加拿大在新苏格兰附近 450～500 米的海底采煤。土耳其在科兹卢附近的黑海中采煤。山东龙口煤田是我国发现的第一个滨海煤田,其主体在龙口市境内,一部分在蓬莱境内,东西长 27 千米,南北宽 14 千米,有煤矿区 12 处。该煤田探明含煤面积 391.1 平方千米,探明总储量 11.8 亿吨。该区近岸海域还有煤矿储量 11 亿吨,油页总储量 3 亿吨。另外,在黄河口济阳拗陷东部也发现有煤和油页岩,远景储量 85 亿吨。

据统计,世界海滨有海底煤矿井 100 多口,主要分布在澳大利亚、英国、保加利亚、希腊、爱尔兰、加拿大、土耳其、芬兰、法国、智利、日本和我国的近海水域。目前,世界海底的采煤量每年为 7 000 万～8 000 万吨,占世界煤炭总产量的 2％左右。积极开展海下采煤的国家主要是日本、英国和加拿大等国。20 世纪 70 年代末期,日本的海底采煤量约占煤炭总量的 30％,英国占10％以上。英国东北矿务局有十个海底煤矿,每年的商品煤产量达 800 万吨,海底采煤量占英国东北矿区煤产量的 60％左右。

海底煤矿,一般是从岸上开井口,由此向海底伸延。犹如在海底凿一"地下铁道",矿工、设备和煤炭都通过海底"地下铁道"进行运输。海底采煤的主要优点是:不必考虑地面下沉问题,煤的采收率较高。主要问题是对海底煤的地质构造等情况不易弄清,基建投资较大。第二次世界大战前的海下采煤点,离海岸都很近,一般只有几十米。随着采煤技术的发展,尤其是坑道技术的进步,海底煤炭离岸愈来愈远。其中日本北海道的海底煤矿已远离陆地 25 千米以上,是世界上离海岸最远的,并且打算开发离海岸 50 千米以外海下煤炭资源。英国等国正在考虑建造人工海岛或海底基地来进一步发展海底采煤业。人们采掘方法有所不同,主要有洞室法、矿柱法、长壁开采法、阶梯长壁采矿法等。这些方法与陆地采煤差不多,所采用的设备也大致相同。不过,目前有的国家正在研究采用汽化法开采海底煤田。由于海底采煤安全技术要求非常高,目前只有美国、日本、英国、澳大利亚和中国等少数国家可以运用这一技术进行煤炭开采。海底采煤的成本相当高,所以要综合考虑。

海洋磷的重要资源——磷钙石

早在 1873 年,当英国最负盛名的"挑战者"号进行航行考察时,人们用拖网从海底收集到不少深褐色的像蜡块一样的石头。经船上的地质学家检验,发现这就是被称为"生命之石"的磷钙石。这一发现填补了世界海底勘探的一项空白。

在深不可测的海底,怎么会有磷钙石呢? 它不是由河流携带入海的,不是海洋底床的原生矿物,也不是直接的生物沉淀,而是从海水中析出的一种化学沉淀,所以是一种海洋自生矿物。海洋中的磷大部分先是集中在生物体内,生物死后遗体下沉腐烂,所含的磷再被释放出来。磷溶解在水中,并在 1 000 米水深以下达到饱和。当随深层洋流运动到大陆坡时,由于地形阻碍就要爬坡形成上升流。上升流行进到浅水时,温度升高,压力降低,所含的二氧化碳气体先逃逸了,这使得海水磷酸钙溶解度大大降低,从而迫使磷酸钙在海水中变成固体沉淀下来,形成磷钙石。磷矿石并不是分布在整个大洋中,而主要在大陆边缘的大陆坡上部、大陆架外部、滩脊顶部等部位,一般在水深 200～500 米的海底处为多,它们常常与泥沙等沉积物混在一起。

磷钙石的主要化学成分——氧化钙占 30％～50％,五氧化二磷占 20％～30％。由于它富含的磷可用于制造磷肥,故是植物重要的养分之一。磷溶解在鱼塘里可以加速鱼虾的生长;用于制药,可使人体强化。因此,磷钙石被人们称为"生命之石"。世界人口迅速增长,对粮食的需求量越来越大,对磷肥的需求量也会大幅度提高。而陆地上的磷元素是有限的,人们便把眼光转向了大海,利用磷钙石制造工业用的纯磷和磷酸,所以人们往往把它叫做"农业矿产"。海底磷钙石的含磷量通常比陆地上的磷灰石低,但它开采比较方便,在海中分布面积又很广,所以仍然具有重要的工业价值。

对磷钙石矿来说，往往一个矿区面积就达几千平方米，储量达几十亿吨。据统计，全世界海底磷钙石储量达 3 000 亿吨，足够全世界使用几百年年。磷矿石主要分布在北美加利福尼亚、佛罗里达岸外，南美洲智利和秘鲁岸外，非洲塞内加尔、南非岸外，西亚也门、阿曼岸外，澳大利亚西南和东南岸外，新西兰近海等海域。海底磷钙石资源的开发利用有着广阔的前景，大陆边缘将成为未来最大的磷肥原料基地。

天然聚宝盆——谈海水化学资源

在了解海水中的化学资源之前，我们先来看一下什么是海水化学资源。所谓海水化学资源，指的是溶解在海水中的一切化学元素及其组成的化合物，这些化学元素是人类的生产和生活所需要的。

地球表面海水的总储量为 13.18 亿立方千米，约占地球总水量的 97％。海水中含有大量的盐类，平均每立方千米海水中含 3 500 万吨无机盐类物质，其中含量较高的有氯（1 900 万吨/立方千米）、钠（1 050 万吨/立方千米）、镁（135 万吨/立方千米）、硫（88.5 万吨/立方千米）、钙（40 万吨/立方千米）、钾（38 万吨/立方千米）、溴（6.5 万吨/立方千米）、碳（2.8 万吨/立方千米）、锶（0.8 万吨/立方千米）和硼（0.46 万吨/立方千米）等，还有含量较低的锂、铷、磷、碘、钡、铟、锌、铁、铅、铝等对人类有重要作用的元素。这些元素在海水中大都以化合物的状态存在，如氯化钠、氯化镁和硫酸钙等，其中氯化钠约占海洋盐类总重量（约 5 亿亿吨）的 80％，是海水中含量最高的一种化合物。人们对海水化学资源的开发利用已经具有悠久的历史了，主要的生产活动包括：海水制盐及卤水的综合利用（提取镁、钾等元素的化合物），海水制镁和制溴，从海水中提取铀、钾、碘，以及海水淡化等等。此外，自 20 世纪 60 年代以来，随着科学技术的进步，海洋天然有机物质的研究蓬勃发展起来，促进了对天然有机物和天然有机生理活性物质的开发和利用，极大地促进了海洋产业的发展。

在陆地资源日益枯竭的今天，海洋中的资源也越来越成为人们关注的对象。积极开发海洋资源，向海洋要宝，能让人类社会更加美好。

化学工业之母——氧化钠

化工生产中需要的原料不胜枚举,但唯独氯化钠被称为化学工业之母,这是为什么呢?氯化钠不但是我们日常生活每天都需要的调味料(食盐),而且在化学工业上也是功不可没,它可制成氯气、金属钠、纯碱(碳酸钠 Na_2CO_3)、重碱(碳酸氢钠、小苏打 $NaHCO_3$)、烧碱(苛性钠、氢氧化钠 $NaOH$)和盐酸(HCl)。这些产品的用途极为广泛,它们涉及国民经济各个部门和人们的衣、食、住、行各个方面。其中,液氯不但用于制造农药、漂白剂、消毒剂、溶剂、塑料、合成纤维以及其他无机氯化物,还广泛应用于有机合成工业。氯气和氢气直接合成得氯化氢,它的水溶液就是盐酸,被广泛用于化学工业、冶金工业、石油工业等方面。金属钠是生产丁钠橡胶的重要原料,又是生产多种试剂如过氧化钠、氰化钠、氢化钠和铵基化钠的原料,其中,过氧化钠对解决高山和水下缺氧有独特作用,它能吸收人呼出的二氧化碳,同时放出氧气,因此,能帮助深海潜水员、潜艇舱内人员在水下进行较长时间的活动。同时,由于金属钠传热系数极高,极端稳定,而且不聚合,不碳化,也不分解,因而钠及其合金常用做传热介质,例如飞机引擎内的钠冷阀中,就是用钠作为传热介质的。纯碱主要的用途之一是制造玻璃,在一些工业发达的国家里,用于生产玻璃的纯碱量,占纯碱生产总量的 $40\%\sim50\%$。在化学工业方面,纯碱可以用做染料和有机合成的原料;在冶金工业方面,可以用于冶炼钢铁、铝和其他有色金属;在国防工业方面,可以用于生产炸药 TNT 及 60% 胶质炸药。另外,在化肥、农药、造纸、印染、搪瓷、医药等各部门,纯碱也是必不可少的。在日常生活中,人们发面做馒头也需要它。烧碱主要用于化工、冶金、石油、染色、造纸、人造丝、肥皂等。烧碱与氯的化合物中和后,制得氯醋酸钠,用于制造除草剂、染料、维生素、碳甲基纤维等,也可用作植物的脱叶剂。由于氯和碱可以制作万种以上的工业产品,而氯化钠又是氯碱工业的主要原料。碱产量的高低,在一定程度上反映了一个国家工业化的水平,近代化学工业的建立和发展都是以氯化钠工业为基础并在其推动下发展起来的。不管是作为一种原料还是作为一种产品,氯化钠都是在支撑着一个庞大的化工体系。因此,氯化钠被称为"化学工业之母"是当之无愧的。

镁元素及其海水提取

提起镁,大家也许不会陌生,它是一种很轻的金属,银白色,外观像磨光的铁。由于它较轻,人们常用它来制造合金。镁铝合金又轻又结实,在国防、工业上都起着重要的作用。镁合金可以制造飞机、快艇,可以制成照明弹、镁光灯,还可以作为火箭的燃料。人们日常用的压力锅及某些铝制品中也含有镁。农业上还用其作为肥料的一种。镁还是冶炼某些珍贵的稀有金属的还原材料。另外,纯度在 98% 以上的氧化镁(MgO)经电解后,熔点可达 2 800℃,是耐超高温的耐火材料,而且对炉渣有稳定性。镁还可以用做建筑材料,还可以做凝乳剂。制作大家吃的豆腐所用的盐卤,就是结晶氯化镁 $[MgCl_2 \cdot 6H_2O]$ 的水溶液。在医药上还常用硫酸镁作泻药。总之,镁和它的化合物在工农业生产和日常生活中用途广泛,是一种不可缺少的物质。

陆地上有较丰富的天然菱镁矿,为什么偏要从海水中提取呢?原来,随着世界钢铁工业的发展,对镁砂质量要求也越来越高,陆地镁砂的纯度已不能满足现代炼钢工业的特殊需要了。人们就把目标转向了海洋,要从海水中提取镁。海水中镁的含量仅次于氯和钠,居于第三位,800 吨海水中就含有 1 吨镁。因为世界炼钢工业所需的优质镁砂,均要求杂质含量在2%~4%以下,而海水提取的镁砂早在 20 世纪 60 年代纯度就达到 99.7%。降硼是个关键,因为硼会导致镁砂的耐高温性能的强烈下降。当前,世界上许多国家,像美国、英国、俄罗斯、日本等国家的镁产量就有 45% 以上都是从海水中提取的。

那么,怎样从海水中提取镁呢?不论是生产纯的金属镁,还是镁的化合物,都是采用先沉淀后溶解的方法。向海水中加碱,将得到的沉淀提纯,就可得到氢氧化镁这种镁的化合物了,再进一步煅烧就可以得到耐火材料氧化镁了。如果要制造金属镁,就要向沉淀中加入盐酸,使镁形成氯化镁,然后利用电能进行电解,就可以得到金属镁了。

最有价值的核能元素——铀的海水提取

你知道吗,原子弹的杀伤力和破坏力极其巨大,它里面装的是什么"炸药"?是铀!核潜艇可以连续在水下绕地球航行两三个月,它靠的是什么神力？是铀！功率巨大的核发电站，日夜不停地为社会提供电能，它用什么做燃料呢？还是铀！铀是现代工业、国防及国民经济中最有价值的核能元素，人类发现并使用了它，是 20 世纪科学技术的伟大成就之一。

铀的能量是通过核裂变后释放出来的，它释放的能量在目前所大量使用的燃料中（如煤、石油、天然气等）没有任何一种可与之相比，1 千克铀相当于 2 500 吨的优质燃煤，也相当于 20 多万人一天的劳动量。核能作为新型能源，目前在技术上已日臻完善。世界上已有数百个核电站在运转，核能正步入国际常规能源之列。

虽然铀对国民经济有这么重要的用途，可是铀矿只分布在世界上少数几个国家和地区，主要是俄罗斯、美国、加拿大、澳大利亚、南非和中国。这些国家陆地上有开采价值的铀矿储量总共只有 100 万吨左右。没有铀矿的国家怎样得到铀呢？要么进口，要么从海水中提取铀，这要根据该国的地理位置、经济实力和科技水平决定。

虽然海水中铀的浓度不高，每升海水只有约 3.3 微克，但因海洋无比巨大，其总量还是相当可观的，达 45 亿吨，相当于陆地上总贮量的 4 500 倍。所以世界上许多国家，特别是缺乏铀的国家，如日本、英国和德国等，都想方设法从海水中提铀。

那么，怎样从海水中提取铀呢？主要有以下几种：第一种是吸附法，又称为离子交换法或交换—吸附法，就是用对铀有特殊吸附性的一些物质（称为吸附剂），将海水中的铀吸附到吸附剂身上，然后将铀通过特殊的方法洗下来（称为洗脱），这样可以达到浓缩提取的目的；第二种是生物富集法，因为海洋中有一些生物，特别是藻类，具有富集铀的能力。德国科学家培育了一种特殊的海藻，经 X-射线处理后，富集铀后的浓度比天然海水高四千多倍，这样，将吸收了铀的海藻用燃烧及发酵的方法把铀提取出来，加以精炼，就可得到元素铀；还有一种为泡沫分离法，就是往海水中添加一定量的可以捕集铀的物质，如氢氧化铁，再加入一定量的表面活性剂，然后，往海水中鼓入空气，此时，就会有很多泡沫漂浮到水面上，捕获了铀的捕集剂就会随着泡沫一同漂浮上来。除了上述方法外，还有其他一些方法可以从海水中将铀提取出来，如溶剂萃取法、泵柱法、潮汐法、海流法和淤浆法等。总之，从海水中提取铀已经有许多可行的方法，现在的科学家们正在对铀进行深入的研究，争取让它更安全、更好地为人类服务。

放射性核素在海水中也大有用武之地

放射性元素的特点是具有放射性，所谓放射性，就是指某些元素(如镭、铀等)的不稳定原子核自发地放出射线(如 α 射线、β 射线、γ 射线等)而衰变成另外的元素(衰变产物)的性质。放射性对于我们人类作用可大了，它们在工业、农业、医疗、科技、军事等方面都具有极其重要的价值和广阔的用途，如大家耳熟能详的核武器、核电站和癌症的放射性治疗，就是利用了元素的放射性。当然，任何事物都有两面性，如果人类或其他生物受到过量的放射性物质辐射，就可能引起各种放射性疾病。

在海洋科学研究中，放射性元素也大有用武之地，例如放射性元素可以作为海流运动的示踪剂，利用人工放射性核素的时空分布，跟踪海流运动，就可摸清流系，弄清流向并估算其流速。还可以用来测定海洋中水团、生物和岩石等的年龄；可以用来测定沉积物的沉积速率、水团的垂直混合速率和光合作用的速率、元素及其化合物在海洋食物链中的传递规律及速率生物标志放流法、资源量评估等等。此外，还可利用 ^{14}C 研究气体在海洋和大气之间的交换速率和深层水的上升规律；利用 ^{228}Ra 研究表层水在水平方向的混合速率；利用 ^{32}Si 研究近岸水的混合过程；用 ^3H-^3He 法测定深层水的年龄；利用 ^{40}K-^{40}Ar 法测定洋盆的年代，验证海底扩张学说，等等。随着科学研究的深入，放射性元素的作用将会被进一步发掘出来并为人类做出更多的贡献。

海水的综合利用

随着社会的发展，陆地上的资源日益枯竭，海洋中丰富的资源吸引了人们的目光。海水综合利用，已经成为当今世界各沿海国家解决淡水短缺、促进经济社会可持续发展的重大问题。一些发达国家尤其是日本、美国在这方面一直处于领先地位。它们历经半个多世纪，积累了海水直接利用、海水淡化和海水化学资源综合利用等方面的许多经验，海水综合利用已发展成为规模较大的产业。

海水冷却，是最值得采用的海水直接利用项目。海水冷却包括直流冷却和循环冷却,现阶段仍以直流冷却为主。海水直流冷却技术已有近百年的发展历史,相关设备、管道防腐和防海洋生物附着的处理技术已经比较成熟。海水循环冷却技术始于 20 世纪 70 年代,在美国等国家已开始大规模应用,单机海水循环量达 1.5 万吨/小时。目前,全球直接利用海水作为工业冷却水的总量每年约 6 000 亿立方米,替代了大量宝贵的淡水资源,主要应用于发电厂、炼油厂、化工厂、钢铁厂等用水大户。其中,日本工业冷却水总用量的 60% 来自海水,每年高达 3 000 多亿吨,占世界年利用海水冷却总用水量的一半多。美国大约 25% 的工业冷却用水直接取自海洋,年用量约 1 000 多亿吨,占世界年利用海水冷却总用水量的近 20%。目前我国海水冷却水用量每年不足 150 亿吨,为世界年利用海水冷却总用水量的 3%。

将海水用于生活,对沿海城市发展起着重要作用。香港利用海水作为居民冲厕用水已有 40 多年的历史,形成了一套完整的处理系统和管理体系,目前香港有 76% 的人口采用海水冲厕,日均用量达 58 万吨,约占全港日均耗水量的 18%。

海水淡化已经被广泛采用,目前全球海水淡化厂 1.3 万多座,日产量约 3 500 万吨,其中 80% 用于饮用水,解决了 1 亿多人的供水问题,即世界上 1/50 的人口靠海水淡化提供饮用水。其中中东地区占 55%,美国占 15%,欧洲占 9%,亚洲占 8%。像沙特、以色列等中东严重缺水国家 70% 的淡水来自海水淡化,而中国不足 10 万吨/日,占世界总量的不到 3‰。

海水制盐是从海水中提取化学资源最早的产业,海水是人类取之不尽、用之不竭的盐类宝库。海水提溴、提钾并对这两种元素综合利用已经大规模应用于生产。与此同时,镁新材料技术也在世界上蓬勃发展起来。

除了从海水中提取上述化学物质外,国内外还在研究从海水中提取碘、锂、铀、氘等,被称为 21 世纪的重要战略物资。日本在海水提锂方面投入了大量的人力物力,并取得了可喜的进展。日本、德国、美国、瑞典已有一定规模的海水提铀实验装置。

近年来在我国"实施海洋开发"战略的指导下,经过一系列科学研究,目前已取得一大批海水资源综合利用技术成果,海水综合利用技术日益成熟,一旦过了经济关,也就具备了产业化发展的条件。

三、海洋灾害

海洋灾害的形成

海洋为什么有灾害

在古希腊神话中,波塞冬是伟大而威严的海之神,掌管环绕大陆的所有水域。他有呼风之术,能够掀起巨浪,从而引发各种海洋灾害。中国古代先民则认为是龙王和海怪兴风作浪造成灾害。

以科学看世界,海神和龙王当然不存在,海洋灾害更不能归结为波塞冬发怒,而是海洋自然环境发生异常或激烈变化,导致在海上或海岸发生灾害。根据发生灾害的诱因,海洋灾害可以分为自然灾害和人为灾害。自然灾害是指风暴潮、巨浪、海冰、海雾、大风、地震海啸等。引发此类灾害的原因也有很多种,主要包括:大气的强烈扰动,如热带气旋、温带所旋等;海洋水体本身的扰动聚变,海底地震、火山爆发及其伴生的海底滑坡、地裂缝等。人为灾害是指由人类活动引发的海洋灾害,如赤潮、海洋污染等。海洋灾害除了直接造成损失外,还会在受灾地区引起许多衍生灾害,有时还危及海岸纵深地区的城乡经济发展和人民生命财产的安全。例如,风暴潮、风暴巨浪引起海岸侵蚀、土地盐碱化,海洋污染物通过食物链导致人畜中毒等。

无形的水灾——海平面上升

提到水灾,人们首先会想到汹涌而来、淹没一切的洪水,想到大海里的惊涛骇浪。这些都是有形的水灾。海平面上升则不同,它是每年以毫米计缓慢上升的渐进性自然灾害,其破坏力比其他自然灾害更持久、更广泛、更严重,因此又被称为是"无形的水灾"。

海平面上升将加剧沿海地区风暴潮灾害破坏程度,加大沿海城市的洪涝威胁,减弱港口功能,引发海水入侵、土壤盐渍化、海岸侵蚀等问题,造成沿海湿地损失,改变生态系统的服务功能,增加一些珍稀濒危生物的生存压力,同时造成沿海城市市政排污工程的排污能力降低,对环境和人类活动构成直接威胁,其中最突出的是淹没土地和侵蚀海岸。

全球气候变暖是导致海平面上升的第一大原因,海水水温的升高使海水热膨胀造成海平面上升。与此同时,地球两极海洋和大气的变暖使极地和格陵兰等地区附近海域的冰盖开始消融,也促使海平面的不断上升。

除此之外,地壳的垂直运动和人为因素也导致了海平面上升。世界沿海特大城市发展迅猛,大型建筑物密集和地下水过量开采,加剧了地面的沉降,是引起当地海平面相对上升的另一主要原因。

当海平面上升1米以后,沿海一些世界级大城市,如纽约、伦敦、威尼斯、曼谷、悉尼、上海等将面临部分区域被淹的灾难。而一些人口集中的河口三角洲地区会是最大的受害者。根据国家海洋部门海平面监测和分析结果表明,我国沿海海平面变化总体呈波动上升趋势。1980~2012年,我国沿海海平面平均上升速率为2.9毫米/年,高于全球平均水平。2012年海平面较常年(1975~1993年的平均海平面)高122毫米,较2011年高53毫米。

海雾漫漫船难行——海雾

海雾是什么?有人以文学的语言,十分生动形象地描绘了海雾的形象:"如毛毛细雨,似浓浓炊烟,像绵绵柳絮,萦萦笼罩,低垂漂浮,犹如轻柔洁白的面纱,把大海姣好的面容,抑或暴虐的嘴脸遮盖隐藏起来。"

然而现实中海雾是一种危险的天气现象,一年四季均有发生。海雾就像一层灰色的面纱模糊了人们的视线,给海上交通和作业带来很大的危险,因此有人称之为"无声的杀手"。1993年我国的"向阳红16号"科考船被撞沉没事件中,海雾就是帮凶。据统计,海上船舶碰撞事件有60%~70%都与海雾有关。

海雾是在特定的海洋水文和气象条件下形成的。低层大气比较稳定时,水汽的增加及温度的降低使近海面的空气中水汽逐渐达到饱和或过饱和状态。这时,水汽以微细盐粒等吸湿性微粒为核心不断凝结成细小的水滴、冰晶或两者的混合物,悬浮在海面以上几米、几十米乃至几百米低空,就形成了雾。又因为近海面,温度日变化甚小,一般只有 0.5℃左右,因此海雾持续时间较长,可以整日不消,有的甚至维持 10 天以上。当风由海上吹向大陆时,海雾可以乘风深入内陆达 100 千米以上。

根据海雾形成的特征及所在海洋的环境特点,大体可将海雾分为四种:平流雾是暖湿空气在冷海面水平流动以及冷空气流经暖海面时生成的雾,又分为冷却雾与蒸发雾。混合雾是因风暴活动产生了湿度接近或达到饱和状态的空气,与来自高纬度地区的冷空气或来自低纬度地区的暖空气混合形成的雾。辐射雾是当海面蒙上一层悬浮物质或有海冰覆盖时,在夜间辐射冷却生成的雾,多出现在黎明前后,日出后逐渐消散。地形雾是海面暖湿空气在向岛屿和海岸爬升的过程中,冷却凝结而形成的雾。实际上,任何一种海雾的形成过程都不是单一的,往往是多种因素综合作用的结果。

我国近海以平流雾最多。雾季从春至夏自南向北推延:南海海雾多出现在 2~4 月,主要出现在两广及海南沿海水域,雷州半岛东部最多;东海海雾以 3~7 月居多,长江口至舟山群岛海面及台湾海峡北口尤甚;黄海雾季多在 4~8 月,整个海区都多雾,成山头附近海域俗称"雾窟",平均每年近 83 天有雾;渤海海雾在 5~7 月常见,东部多于西部,集中在辽东半岛和山东北部沿海。

渤海也曾"车辚辚,马萧萧"——海冰

海冰是海洋中冰的统称,包括由于天气寒冷,海水冻结形成的咸水冰,以及流入海洋的河冰、湖冰。严格说来,海冰仅指海水冻结形成的冰。

海水即使冷却到冰点,由于表面海水的密度和下层海水的密度不一,造成海水对流强烈,也大大妨碍了海冰的形成。此外,海洋受洋流、波浪、风暴和潮汐的影响很大,在温度不太低的情况下,冰晶很难形成。现在常年存在海冰的地方是南极和北极,海冰在这里展现其广袤无垠的冰原风采和万千浮动的冰山活动。除此以外,在一些中纬度海域也常常能见到海冰的踪迹。如我国渤海、黄海北部以及山东半岛南部的胶州湾和乳山湾,轻微结冰现象几乎年年可见。更有甚者,整个渤海会被全部封冻。据史书记载,晋咸康二

年(公元 336 年)前后,渤海从河北昌黎到辽宁营口一带,连续三年全部封冻,其间的军事活动抄海路行进,冰上曾来往车马及数千人的部队,一时间,渤海上"车辚辚,马萧萧"。

对人类社会而言,海冰的主要危害是威胁船只和海上结构物的安全,阻碍航行,危害渔业、养殖业及其他海上活动。在航海史上,有过海船被海冰夹持着到处漂流,最后无法返回大陆的悲剧。1912 年,由俄国彼得堡开出的"圣·安娜"号海船,在北冰洋被海冰所挟,随冰漂流将近两年,直到船只完全被海冰毁坏,最后只有两人获救返回大陆。浮冰撞击损毁船只、海上平台的例子更是举不胜举。

值得一提的是很多人会误认为冰山是一种巨大的海冰。其实,冰山是地地道道发源于陆地上的冰川冰,由淡水结成,只不过后来随波逐流、漂洋过海到了外地而已。

海滩怎么越来越窄了——海岸侵蚀

美丽的海洋是生命的发源地。但是当它向我们过分"亲近"的时候,就会暴露出贪婪的另一面。有时大海张开它的大口,鲸吞着我们赖以生存的土地,这就是海岸侵蚀。海岸侵蚀是指海水动力的冲击造成海岸线的后退和海滩的下蚀,直接后果是土地资源流失,海水冲毁沿岸村庄、工厂等建筑设施,危及沿岸地区社会经济的发展。海岸侵蚀严重的地方,土地流失严重,而且经常受到风暴潮和巨浪的威胁。

人类活动是导致现代海岸侵蚀灾害的主要因素。大型水利工程拦截了大量泥沙,使河流对海输沙减少;沿岸采沙直接减少了海岸陆域面积;导致海面上升的"温室效应"也是人类活动影响所致;沿岸开采地下水使地基产生沉降;而开采珊瑚礁、采伐红树林等活动则使得海岸失去庇护。

我国是海岸侵蚀灾害最为严重的国家之一,70％左右的沙质海岸线以及几乎所有开阔的淤泥质岸线均存在海岸侵蚀现象。据 2012 年重点岸段海岸侵蚀监测显示,我国沙质海岸和粉沙淤泥质海岸侵蚀严重,侵蚀范围扩大,局部地区侵蚀速度呈加大趋势。河北省滦河口至南戴河口沙质海岸岸段平均侵蚀速度为 11.0 米/年。上海市崇明东滩南侧粉沙淤泥质岸段平均侵蚀速度为 22.1 米/年。

治理海岸侵蚀最好的措施就是减少人为破坏,保护海岸生态,禁止海岸采沙,限制沿岸地下水开采,调控河流入海泥沙,修建海岸护堤。同时,还要对海岸侵蚀预警线进行划定。在欧美的一些国家,对重要的岸段都划有预警线,在预警线至海的范围内不得建筑人工构筑物。而在我国不少的旅游海岸,别墅和娱乐设施直接建在沙滩上,占用了海水自然活动空间,这就极易酿成灾祸。

化学类灾害

富营养化是赤潮的元凶吗

你可能听说过赤潮(或水华)及其危害,那么你知道富营养化与赤潮的关系吗?首先说说富营养化现象。由于地表径流的冲刷和淋溶,雨水对大气的淋洗,以及带有一定营养物质的废水、污水向湖泊和近海水域汇集,使得水体的沿岸带扩大,沉积物增加,氮、磷等营养元素数量大大增加,往往造成水体的富营养化。富营养化现象在人为污染水域或自然状态水域均有发生。引起富营养化的物质,主要是浮游生物增殖所必需的元素,如碳、氮、磷、硫、硅、镁、钾等 20 余种,其中氮、磷最为重要。一般认为氮、磷是浮游生物生长的制约因子。微量元素铁和锰有促进浮游生物繁殖的功能。维生素 B_{12} 是多数浮游生物成长和繁殖不可缺少的要素。

水体富营养化为水生植物(主要是浮游植物)的生长繁殖提供大量营养物质,并往往导致赤潮的发生。世界上多数临海国家的近海海域富营养化加剧,赤潮发生十分频繁。日本国立公害研究所调查表明,赤潮的发生是富含营养的海水层上升到近海面处造成浮游生物的异常繁殖所致,因此测定富营养化水层的上升程度可能预报赤潮的发生,即做水体中各营养物的垂直分布规律及赤潮发生前后的异常变动,和其最大浓度层在赤潮发生前、过程中、后所处的水层深度,就有可能为赤潮预报提供一个参考。如日本濑户内海的家岛海域在水深 15 米以下存在富含磷、氮等营养物质水层,赤潮发生时,该水层上升到 5～7 米处。但富营养化水体并不意味着一定发生赤潮。如深圳湾,几乎每年的氮、磷和化学耗氧量(COD)浓度均超过富营养化阈值,但却很少发生赤潮。由此可见,赤潮的形成除充足的营养条件外,其他诸如水文、气象、微量元素以及生物本身等因素,也能成为浮游植物爆发性繁殖和高度密集的条件。

目前,我国渤海、长江口及其邻近海域存在严重的富营养化问题。控制赤潮的爆发首先要控制海水的富营养化程度,也就是说要控制海水中无机氮和无机磷的浓度。氮主要来源于大量使用化肥的农业排水和含有粪便等有机物的生活污水。而磷的来源相对固定,主要来自含合成洗涤剂的生活污水,因此无机磷就成为科研人员锁定控制的对象。据测算每年排入渤海的无机磷中,11.7%来自含磷洗涤用品,这一部分磷可以人为控制,因此,控制含磷洗涤剂的使用就成为沿海地区降低海水富营养化程度的一个突破口。当然工业废水对氮、磷的输入也起着重要作用,控制富营养化需要从源头抓起。

天气怎么越来越暖了——温室效应

温室效应给人类带来的影响是可怕的:气温升高,将导致某些地区雨量增加,某些地区出现干旱,飓风力量增强,出现频率也将提高,自然灾害加剧。更令人担忧的是,由于气温升高,将使两极地区冰川融化,海平面升高,许多沿海城市、岛屿或低洼地区将面临海水上涨的威胁,甚至被海水吞没。20世纪60年代末,非洲下撒哈拉牧区曾发生持续6年的干旱,由于缺少粮食和牧草,牲畜被宰杀,饥饿致死者超过150万人。这是"温室效应"给人类带来灾害的典型事例。

温室效应主要是由于现代化工业社会过多燃烧煤炭、石油和天然气,这些燃料燃烧后放出大量的二氧化碳气体进入大气造成的。具体情况如图3-1所示。所以要对付温室效应还是要从源头抓起,切实控制二氧化碳的排放。

温室效应与我们的海洋环境关系密切。地球表面有很多东西能贮存太阳的热量,如森林、草原等,但最主要的是大气和海洋,海洋的热容量是大气的1 000多倍,因而海洋是地球表面最大的储热器。在过去200年间大气中的二氧化碳增长量表明,工业革命之后人类排放的二氧化碳的总量当中只有一半进入了大气层,而另一半主要被海洋所吸收。是海洋帮助地球大大缓解了温室效应。科学家认为这主要归功于海洋中的小浮游生物,它们的碳酸钙壳可以固定碳,最后溶解于海水。还有一些生物有机体可以与海水表面的二氧化碳发生氧化反应,形成残片后沉入海洋。科学家们的研究还指出,海洋吸收二氧化碳的速度很慢,这个过程还将会持续几百年,但其吸收潜能也不是无限的。目前海洋中储存的人类排放的二氧化碳已经耗费了其长期吸收能力的大约 1/3。

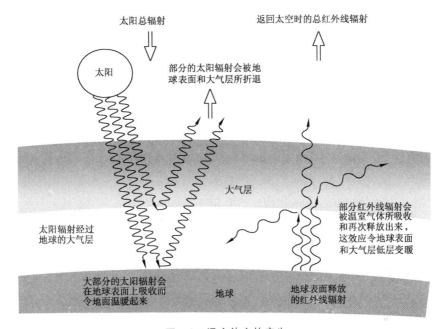

图 3-1　温室效应的产生

科学家的研究也发现,海洋中增加的二氧化碳浓度在一定程度上影响了海洋环境,可能对海洋生物造成危害。二氧化碳在海水中溶解所形成的碳酸会腐蚀和损害海洋生物的贝壳和骨骼。珊瑚、翼足软体动物等许多生物体是从海水中汲取碳酸离子来生成它们的碳酸钙壳。海水中的碳酸离子浓度随二氧化碳浓度的增加而降低。当碳酸离子浓度低至一定水平,碳酸钙壳就会开始溶解,这对珊瑚等有壳类生物是一个潜在的威胁。如果二氧化碳的排放量继续增长,发生碳酸钙壳溶解的海洋区域将逐步扩大,从较冷的高纬度区域开始向赤道地带的海洋扩展。这反过来也将抑制海洋进一步吸收二氧化碳的能力。

针对海洋的特点,科学家提出了三种设想来遏止温室效应:第一种是

"反射法",设想把一种无污染的洗涤剂撒在海面,它们可以反射掉80％的太阳能,从而遏止海水温度的上升,这种方法用于低纬度的赤道海区比较好。第二种是"二氧化碳贮存法",把温室效应的元凶二氧化碳收集起来,液化,然后放到深海海底,二氧化碳会形成一种比海水重的酷似冰糕状的笼形固体化合物,这种方法适用于某些二氧化碳排放量较大的国家。第三种是"给海补铁法",向海洋施加铁质肥料,培养大量藻类生物,用以消耗大气中的二氧化碳,同时产生大量氧气,它既能遏止"温室效应",又能优化海洋和大气环境,这种方法最好在海藻生产量不大的高纬度海区实施。要想使这些设想变成现实,还有很长的路要走。

天堂的眼泪——酸雨

酸雨,被人们称作"天堂的眼泪"或"空中的死神",具有很大的破坏力。它腐蚀大批金属材料,大面积损害农作物和森林,直接破坏水生和陆生生态环境。调查结果表明,我国仅两广、川、贵4省区由酸雨造成的直接和间接经济损失,每年就达160亿元。酸雨腐蚀岩石矿物,使水体中的重金属和铝的含量增加,影响水生生态系统的正常运转。当水中铝的含量达到0.2毫克/升时,鱼类就会死亡。酸雨渗入地下可以使地下水中的金属含量增加,直接影响人们的饮用水。人们食用酸雨污染的水体中的鱼类,身体同样会受到损害。酸雨,尤其是酸雾,会对人体健康造成严重危害,它的微粒可以侵入肺的深层组织,引起肺水肿、肺硬化,甚至癌变,所以酸雨对人体健康也造成直接威胁。

那么到底什么是酸雨呢? 酸雨是指pH值低于5.6的大气降水,包括雨、雪、雾、露、霜,称为"酸性降水"或"酸沉降"。20世纪50年代后期,酸雨首先在欧洲被发现。进入80年代以后,酸雨发生的频率更高,危害更大,并打破国界扩展到世界范围,欧洲、北美和东亚是酸雨危害严重的区域。

降水的酸度来源于对大气中二氧化碳和其他酸性物质的吸收。二氧化碳引起的酸性是正常的。形成降水的不正常酸性物质主要是含硫化合物、含氮化合物、氯化氢和氯化物等。通常形成酸雨的物质是二氧化硫(SO_2)和氮氧化物(NO_x),它们造成的酸雨占酸雨总酸量的绝大部分。

近一个世纪以来,人类社会的二氧化硫排放量一直在上升,尤其是二次世界大战后上升得更快,从 1950 年到 1990 年全球的二氧化硫排放量增加了约 1 倍,目前已超过 1.5 亿吨/年。全球氮氧化物的排放量也接近 1 亿吨/年。世界各国中,美国的二氧化硫年排放量和氮氧化物排放量都是最高的,中国的二氧化硫排放量次之。近年来世界的二氧化硫排放量上升趋缓,原因是各国大气污染防治法的严格促使大气污染控制技术越来越多的采用,如热电厂的烟气脱硫和除尘装置。

中国是燃煤大国,煤炭在能源消耗中占了 70%,因而我国的大气污染主要是燃煤造成的。我国生产的煤炭,平均含硫份约为 1.1%。由于一直未加以严格控制,致使我国在工业化水平还不算高的现在就形成了严重的大气污染状况。目前我国二氧化硫排放量已达 1 800 多万吨。二氧化硫排放引起的酸雨污染不断扩大,已从 20 世纪 80 年代初期的西南局部地区扩展到长江以南大部分城市和乡村,并向北方发展。

酸雨与我们的海洋也是密切相关的,因为形成酸雨的这些酸性物质在海—气间进行着重要的迁移转化,海洋的吸收与释放是重要的一环。许多酸雨城市濒临海洋,正是海洋性潮湿气候提供了产生酸雨的温床。

有机物污染

2005 年岁末国内外发生了两件惊心动魄的污染事件,一件是中国吉林化学公司某车间发生爆炸,事故产生的主要污染物苯、苯胺和硝基苯等有机物进入松花江,并顺流而下,直接危及沿岸居民的饮食用水,这次事件甚至波及了我们的邻国俄罗斯。另一件是英国伦敦郊区邦斯菲尔德发生油库爆炸,引发欧洲近年来最大生态灾难,油库爆炸形成的毒云和黑雨严重影响伦敦和英国东南部地区广大居民的身体健康。它们的共同点——有机物污染一定让你感到震撼了吧!

其实,海洋中的日益严重的有机物污染也早已是我们关注的对象。当你看到油轮原油泄露使大片海水被油膜覆盖,致使海洋生物的大量死亡时,你一定惊叹于人类活动给海洋带来的污染。石油类是世界海洋中最普遍存在的污染物之一,也是海洋污染防治最早关注的对象。这类物质有原油和由原油加工成的许多产品,如汽油、柴油等,这类污染物引起的主要后果是:轻度污染会影响海产品的质量,重度污染会引起海洋生物的大量死亡。

95

有机氯、有机磷农药和多氯联苯等人工合成物质,在环境中和石油一样是不易降解的一类污染物。对生态危害很大、并在地球上扩散最广的是持久性有机污染物(POP),最具代表性的是多氯联苯和滴滴涕。这类化学污染物从人类的工业和农业活动中释放,已广泛进入了空气、土地、河流和海洋。由于这类污染物能被海洋中微小的浮游生物吸收并积累,从而将其浓缩上百万倍。海中的鱼吃下这些浮游生物,又能将其浓缩,于是浓度增大到上千万倍。当大型海洋动物吞食了这些鱼之后,会使污染毒素的浓缩系数增加到上亿倍。这是因为污染毒素聚集在动物的脂肪里而很难通过躯体排出体外。通过食物链,这些毒素对海洋生态系统产生了强烈的干扰,比如多氯联苯的作用之一就是损害生殖系统。有人认为多氯联苯是导致波罗的海海豹出生率下降 $60\%\sim80\%$ 的罪魁祸首。这些毒素也引起人健康方面的严重问题。几年前科学家发现,生活在北极地区的因纽特人的母乳里含有高浓度的多氯联苯,而鲸、海豹等海生动物正是因纽特人主要的蛋白质来源。当这些动物现在携带了很高的污染毒素时,因纽特人的生活不再安全。持久性有机污染物已成为目前全世界关注的重大环境问题之一。

有机物污染还包括生活污水中的食物残渣、洗涤剂、粪便、化肥的残存液、工业排出的纤维素、油脂等。这些物质进入海洋中,会使海水营养成分过剩,加快海水中某些生物的急剧繁殖,直接危害鱼虾蟹贝的生存。城市生活污水、食品工业和造纸工业的废水、废渣等均富含有机物质,过量排入海洋,在其分解过程中要大量消耗海水中的氧气,导致水质恶化、海洋生物窒息死亡,甚至局部海区变成"死海"。

通常可用化学耗氧量(COD)和生化需氧量(BOD)来衡量有机物污染。在中国沿海主要有机物污染源有 150 多处。每年入海的有机物以 COD 计,达 700 多万吨。其中流入东海的约占 50%,其余分别流入渤、黄、南海。

给人类带来无限麻烦的海洋重金属污染

20 世纪 50 年代初,日本九州岛有个人口仅有 4 万居民的小镇——水俣镇。几年中先后有 10 000 余人患上了口齿不清,面目发呆,手脚发抖,精神失常病症。这些病人后来久治不愈,全身弯曲,悲惨地死去了。你能想象出是什么样的恶魔引发了如此惨烈的后果吗?还有一种叫做"哎唷病"的怪病。发病后全身疼痛难忍,大腿痉挛,走起路来左晃右摆,骨骼老化,甚至稍有碰撞就会引起骨折,病情严重者可被折磨致死。后经查明这些是金属汞和镉污染造成的,即世界著名的水俣病和骨痛病。

随着工农业生产的发展,重金属的用途越来越多,需要量日益增加,对海洋造成的污染也日益严重。由于人类活动将重金属导入海洋而造成的污染称为海洋重金属污染。目前污染海洋的重金属元素主要有 Hg、Cd、Pb、Zn、Cr、Cu 等。

海洋重金属既有天然的来源,又有人为的来源。天然来源包括地壳岩石风化、海底火山喷发和陆地水土流失,将大量的重金属通过河流、大气和直接注入海中,构成海洋重金属的本底值。人为来源主要是工业污水、矿山废水的排放及重金属农药的流失,煤和石油在燃烧中释放出的重金属经大气的搬运进入海洋。据估计,全世界每年由于矿物燃烧而进入海洋中的汞有 3 000 多吨。此外,含汞的矿渣和矿浆,也将一部分汞释入海洋。由此,全世界每年因人类活动而进入海洋中的汞达 1 万吨左右,与目前世界汞的年产量相当。自从 1924 年开始使用四乙基铅作为汽油抗爆剂以来,大气中铅的浓度急速增高。通过大气输送是铅污染海洋的重要途径,经气溶胶带入开阔大洋中的铅、锌、镉、汞和硒较陆地输入总量还多 50%。

各种化学形态或存在形式的重金属,在进入环境或生态系统后就会存留、积累和迁移,造成危害。如随废水排出的重金属,即使浓度小,也可在藻类和底泥中积累,被鱼和贝的体表吸附,沿着食物链浓缩,从而造成公害。重金属对生物体的危害程度,不仅与金属的性质、浓度和存在形式有关,而且也取决于生物的种类和发育阶段。对生物体的危害一般是:Hg>Pb>Cd>Zn>Cu;有机汞高于无机汞;六价铬高于三价铬;一般海洋生物的种苗和幼体对重金属污染较之成体更为敏感。日本的水俣病,就是因为废水中含有汞,在经生物作用变成有机汞后造成的;地表铅浓度的提高致使近代人体内铅的吸收量比原始人增加了约 100 倍,损害了人体健康。

重金属污染具有以下特点:① 水体中的某些重金属可在微生物作用下转化为毒性更强的金属化合物,如汞的甲基化作用就是其中典型的例子;② 生物从环境中摄取重金属可以经过食物链的生物放大作用,在较高级生物体内成千万倍地富集起来,然后通过食物进入人体,在人体的某些器官中

积蓄起来造成慢性中毒,危害人体健康;③ 在天然水体中只要有微量重金属即可产生毒性效应,重金属产生毒性的范围一般在 1～10 毫克/升之间,毒性较强的金属如汞、镉等产生毒性的质量浓度范围在 0.001～0.01 毫克/升之间。

重金属污染所造成的海洋生态环境破坏以及对人类构成的危险越来越引起国际上的重视。海域受到重金属污染后治理困难,应以预防为主。控制污染源、改进生产工艺、防止重金属流失、回收三废中的重金属以及切实执行有关环境保护法规,经常对海域进行监测和监视,是防止海域受污染的几项重要措施。

环境类灾害

“航海家的地狱”——好望角

好望角是非洲的一个标志,几乎是每一个非洲旅游爱好者必到的地方。当地有俗语称:到南非不到开普敦,等于没来过南非;到开普敦不到好望角,等于没到开普敦。这就如同中国北京的长城,是旅游必到的胜地。但在航海史上,好望角却有一个曾用名——“风暴角”。

好望角位于福尔斯湾西岸,临近大西洋和印度洋的分界线处,也是强劲的西风急流活动最频繁的区域,惊涛骇浪长年不断。自迪亚士发现好望角以来,这里就以特有的巨浪闻名于世。据海洋学家统计,这一海区 10 多米高的海浪屡见不鲜,发生 6～7 米高的海浪每年有 110 天,其余时间的浪高一般也在 2 米以上。好望角不仅是一个“风暴角”,还是一个“多难角”,从万吨级远洋货轮到数十万吨级的大型油轮都曾在此失事,其罪魁祸首就是这一海区奇特的巨浪。1968 年 6 月,一艘名叫“世界荣誉”号的巨型油轮装载着 4.9 万吨原油驶入好望角时,遭到了波高 20 米的狂浪袭击,巨浪就像折断一根木棍一样把油轮折成两段后沉没了。据 20 世纪 70 年代以来的不完全统计,在好望角海区失事的万吨级航船已有 11 艘之多。

好望角为什么有那么大的巨浪呢？水文气象学家探索了多年,终于揭开了其中的奥秘。好望角巨浪的生成除了与大气环流特征有关外,还与当地海况及地理环境有着密切关系。好望角正好处在盛行西风带上,西风带的特点是西风的风力很强,11级大风可谓家常便饭,这样的气象条件是形成好望角巨浪的外部原因。同时好望角接近南纬40°,而南纬40°至南极圈是一个围绕地球一周的大水圈,广阔的海区无疑是好望角巨浪生成的另一个原因。此外,在辽阔的海域,海流突然遇到好望角陆地的侧向阻挡作用,也是巨浪形成的重要原因。因此,西方国家常把南半球的盛行西风带称为"咆哮西风带",而把好望角的航线比作"鬼门关"。

水俣病

日本熊本县水俣湾外围的"不知火海"是被九州本土和天草诸岛围起来的内海,那里海产丰富,是渔民们赖以生存的主要渔场。水俣镇是水俣湾东部的一个小镇,有4万多人居住,周围的村庄还居住着1万多农民和渔民。"不知火海"丰富的渔产使小镇格外兴旺。

1956年,水俣湾附近发现了一种奇怪的病。这种病症最初出现在猫身上,被称为"猫舞蹈症"。病猫步态不稳,抽搐、麻痹,甚至跳海死去,被称为"自杀猫"。随后不久,当地也发现了患这种病症的人。患者由于脑中枢神经和末梢神经被侵害,轻者步履蹒跚,口齿不清,狂躁不安,重者精神失常,身体弯曲并高声尖叫,直至死亡。得病者283人,死亡60人。当时这种病由于病因不明以地名命名,称为"水俣病"。

"水俣病"的出现在当地引起了恐慌。日本熊本大学医学院的科学家根据实验找到了发生水俣病的原因——人们食用了富含甲基汞的海产品,他们在海产品和水俣湾的底泥中都发现了剧毒的化学物质——甲基汞。水俣湾中为什么会出现这种剧毒呢?答案就是建在水俣湾附近的一家氮工厂。从1925年起,这里建起了氮肥工厂,把没有经过任何处理的废水排放到水俣湾中。排放的废水中含有大量的汞,海洋生物对它又有较大的富集作用,然后转化成甲基汞。这种剧毒物质只要有挖耳勺的一半大小就可以致死,湾内海水由于污水的排放被严重污染,水俣湾里的海产品也因此被严重污染了。这些被污染的鱼虾通过食物链侵害人体的脑部和身体其他部分。进入脑部的甲基汞会使脑萎缩,侵害神经细胞,破坏掌握身体平衡的小脑和知觉系统。据统计,有数十万人食用了水俣湾中被甲基汞污染的鱼虾,中毒人数有2 000多。

"水俣病"危害了当地人的健康和家庭幸福,当地经济也受到沉重的打击。更可悲的是,由于甲基汞污染,水俣湾的鱼虾不能再捕捞食用,当地渔民的生活失去了依赖,很多家庭陷于贫困之中。水俣病事件被列为世界八大环境公害事件之一。

黑色灾难

石油对海洋生物的危害相当大。据测算,1吨石油进入海洋后,就会使12平方千米的海面覆盖一层油膜,这些油膜会阻碍大气与海水之间的交换,干扰海洋生物的摄食、繁殖、生长。石油对鱼卵和幼鱼的杀伤力很大,海水含油量在0.1毫克/升时,孵出的鱼苗大都有缺陷,只能活1~2天。如果海水中的石油污染物在鱼、虾、贝类、藻类体内积蓄起来,不但会使其带有一种臭味,降低食用价值,而且会使长期食用的人患病。由此看来,一旦有大量的石油流入大海,就将发生一场"黑色灾难"。

2002年11月13日在西班牙西北部加利西亚省海域搁浅并发生燃料油泄漏的巴哈马籍油轮"威望号"在19日断裂成两半,随后逐渐沉入大海。这艘船上共装有7.7万吨燃料油,油污面积达300平方千米。生态学家称这可能是世界上最严重的燃油泄露事件之一。在"威望"号触礁遇险的西班牙加利西亚省海域,生态环境遭到了严重的污染,几十万只鸟受到威胁,其中包括一些稀有的海雀科鸟类。在污染最严重的海域,泄漏的燃油有38.1厘米厚,一眼看去海面上一片黑,偶尔还可以在海滩上看到几只垂死的鸟。由于数十万只鸟类都在事发海域过冬,生态学家担心燃油的泄漏将会对当地的生态环境造成毁灭性打击,一些珍贵物种可能会从此不复存在。清理油污耗时6个月,并耗资4 205万美元。

在20世纪90年代以前,中国人还只是在电视的国际新闻中看到漏油事故,但现在这种事故在中国海域也是时有发生。2004年12月7日21时35分,两艘集装箱船在珠江口海域相撞,泄漏燃油1 200吨,这成为中国有史以来最大的一起溢油事故,发生事故的水域被严重污染。2011年6月,美国康菲公司与中海油合作开发的蓬莱19-3油田发生溢油事故,形成了长13千米、宽约100~150米的油带,使周围海域840平方千米的1类水质海水目前下降到了劣4类。

海水入侵警报已拉响

海水入侵是指人为超量开采地下水,引起地下水位大幅度下降,破坏了海水与淡水系统之间的水动力平衡,导致海水向陆地淡水含水层运移,咸、淡水界面向陆地方向移动的现象。海水入侵使灌溉地下水水质变咸,土壤盐渍化,灌溉机井报废,导致水田面积减少,旱田面积增加,农田保浇面积减少,荒地面积增加。最严重的会导致工厂、村镇整体搬迁,海水入侵区成为不毛之地。

据国家海洋局监测结果显示,辽东湾和莱州湾滨海地区海水入侵面积大、盐渍化程度高。辽东湾北部及两侧的滨海地区,海水入侵的面积已超过4 000平方千米,其中严重入侵区的面积为1 500平方千米。莱州湾海水入侵面积已达2 500平方千米,其中严重入侵面积为1 000平方千米。2012年,中国沿海监测到的最大海水入侵距离和最大重度入侵距离均为32.10千米,出现在山东寿光。大连是中国受海水入侵最严重的城市之一。2011年大连市海水入侵面积为653.0平方千米(不包括长海、交流岛、长兴岛等沿海岛屿),占大连行政区域面积的5.2%,海水入侵纵向最大入侵深度达10千米。

面对危机,各个地区都已开展一场"海水阻截战"。大连市已在旅顺口区的三涧堡、龙河、龙王塘建成三座地下帷幕坝,在海与陆地之间根据地形地貌设置一条水泥隔断,修筑方法是向地下深处灌注水泥浆,水泥浆凝固后在地底形成一道人工挡水墙,它不仅可以阻挡海水从地下渗入陆地,还可以拦截经地下流入大海的淡水。山东烟台则大力兴建黄水河、外夹河等"地下水库",拦蓄地下潜流,提高地下水位,防治海水浸染的地表以下水利工程。"地下水库"的主体工程是一道地下拦水坝,坝基下达不透水岩层,坝长约数千米。潍坊北部海水入侵与土壤盐渍化监测体系建设项目将新设35个点监测海水入侵,新设50个点监测土壤盐渍化,进一步优化海水入侵和土壤盐渍化监测方案,并研究海水入侵和土壤盐渍化数据标准,建立监测数据库与评价综合数据库。

渤海会变成中国的"死海"吗

"渤海三千里,泥沙几万重",这是唐代著名诗人骆宾王笔下的渤海景象。但是现在的渤海与几百年前所见的渤海相比,早已是判若两处。掩藏在经济腾飞背后的渤海之殇逐渐被摆在了公众面前——渤海正在走向"死海""臭海"的边缘。

渤海是一个近乎封闭的内海,其湾口窄,内径大,海水交换持续时间长,自净能力差。专家估计,渤海海水交换一次大约需 16 年,容量有限。与此同时,注入渤海的辽河、海河、黄河的污染程度在中国七大水系中却常年居第一、第二和第四,对渤海的污染可想而知。据相关调查,渤海的污染比例已经从 2005 年的 14% 上升到了 2010 年的 22%。目前渤海海水中 I 类和 II 类海水只占 55.1%,也就是说,渤海有将近一半的海水已经遭受了污染。伴随着水质的恶化,昔日的渤海渔场已经闹起了"鱼荒"。天津市渤海水产研究所发布的"渤海湾渔业资源与环境生态现状调查与评估"项目报告显示,渤海渔业资源已经从过去的 95 种减少到目前的 75 种,野生牙鲆、河豚等鱼类已彻底绝迹。

破坏渤海环境的原因很多,人类活动违规是最大的因素。首先,来自陆地的污染是渤海污染的主要源头。2009 年入渤海主要河流水功能区水质达标率仅为 32.57%,2010 年渤海陆源入海污染物的化学需氧量入海总量达 300 万吨以上。其次,大规模的围海造地、环海公路建设、盐田和养殖池塘修建等开发活动,也使渤海大量的滨海湿地永久丧失了其作为地球之肾的调节功能。迄今为止,渤海围填海面积已近 400 平方千米。再次,渤海沿岸河流入海径流量总体减少,直接导致了渤海盐度升高与河口生态环境改变,从而使渤海逐渐失去了鱼类产卵场的天然优势。渤海在 2008 年 8 月的低盐区面积比 2004 年同期减少了 70%。河流入海径流量的减少,究其根本原因在于最近几年沿河地区经济发展迅速,生产生活水量与以前相比有了大量提高。此外,海水养殖业的大面积开发也加剧了渤海水质的恶化。

生物类灾害

我国的赤潮灾害

在我国，最早记录在案的赤潮发生于 1933 年，当年在浙江省的台州、石浦一带沿岸海域出现了由夜光藻和骨条藻形成的赤潮，造成贝类的大量死亡。随着我国沿海工业化进程的加速，以及沿海地区人口的不断增加，通过河流及人工排污渠道输入沿岸海域的各类物质随之不断增加，为赤潮的形成创造了诸多有利条件。因此，赤潮的发生频率呈逐年升高的趋势，发生区域也由南向北不断扩大，同时，危害较重的赤潮时有发生。

2004 年 5 月 2 日，我国浙江中南部海域出现赤潮，到 5 月 10 日已发展为最长 200 千米、最宽 100 千米的特大赤潮。特大赤潮区域范围从舟山桃花岛东侧到南麂列岛一带海域，赤潮生物种类为东海原甲藻，细胞密度约为 1 000 万个/升。特别是台州鱼山岛以南海域赤潮呈不间断的成片状，以北则呈断续的条块状，发现了有毒的亚历山大藻，细胞密度达 10 万个/升。

有关资料显示，目前我国赤潮灾害日趋频繁，面积日渐增大。2011 年我国沿海共发生赤潮 55 次，累计面积 6 076 平方千米。2012 年共发生赤潮 73 次，12 次造成灾害，直接经济损失 20.15 亿元。其中，福建省赤潮灾害直接经济损失最大，为 20.11 亿元。

毛蚶大闹上海滩

1987 年 10 月 3 日，上海市发生食物中毒事件，大约 200 多人因食用毛蚶而上吐下泻。1988 年 1 月初，上海市又发现大批腹泻病人，仅一个月内，上海 36 家医院收治的此类病人达到 10 245 人。这些患者同时又是甲型肝炎的感染者，其中 87%～90% 的患者食用过毛蚶。一时间，上海人"谈蚶色变"。1 月 6 日上海市工商局和卫生局采取联合行动严禁毛蚶在市区销售，并没收和销毁了"带菌"毛蚶，从根本上切断了传播途径，但为时已晚。1 月上旬全市已发现 20 多名因食毛蚶而发生的急性甲型肝炎病例，预示一场甲型肝炎的爆发可能性。1 月 19 日起全市甲型肝炎病例数急剧上升，整个流行波持续约 30 天。1 月 20 日、1 月 25 日及 2 月 1 日先后引起三个发病高峰,共发生病例 292 301 例,死亡 11 例。由食用贝类引起这样大规模的甲肝爆发实属史无前例。

就在上海甲肝流行的同一年,江苏、浙江、山东三省也爆发了甲肝,引起这些地区甲肝爆发的原因,同样主要是来自于吕泗海区小庙洪一带的毛蚶。在启东县,肝炎患者很多,此地居民又习惯把粪便和污水直接排到海中,这就造成大面积的污染。

毛蚶是一种海洋瓣鳃类软体动物,贝壳较厚,壳上突起的纵线像瓦垄,所以又俗称为"瓦垄子"。毛蚶体内富集甲肝病毒,1999 年又从吕泗海区捕捞到的毛蚶中再度检出甲肝病毒,在宁波饲养了一段时间的启东毛蚶和在吕泗海区捕捞到的毛蚶,产地取证结果均分离培养出甲肝病毒。是由于甲肝病毒在毛蚶体内长期携带,还是毛蚶生长的海区受到甲肝病毒持续污染所致尚难定论。但可以肯定的是,毛蚶的甲肝病毒是生活污水和工业污水对海洋环境的污染所造成。当前我国海洋环境污染相当严重,每年直接排入近海的工业和生活污水就有 66 亿吨。

总而言之,上海毛蚶闹事只是一个小小的警告,人类制造的污染,在残害海洋生物之后,最终还是残害人类自己。如果人类的污染持续下去,自然界将会有更严重的报复。人类只有首先善待海洋,才会有真正的美食。

绿潮

绿潮是海洋大型藻爆发性生长聚集形成的藻华现象。全世界现有大型海藻 6 500 多种,其中有几十种可形成绿潮。我国沿海分布有十几种,2008 年在青岛海域形成绿潮灾害的绿潮藻为浒苔,另外我们所熟知的可以形成绿潮的生物还包括石莼等。

自 2006 年起,黄海浒苔绿潮已经连续四年爆发,敲响了黄海近海生态环境恶化的警钟,说明沿岸人类的经济活动已经让黄海生态环境脆弱不堪。浒苔爆发之际,成片的浒苔被海浪带到岸边堆积成山,昔日的阳光浴场被浒苔彻底吞噬,严重威胁沿岸旅游业和海水养殖业。

通常情况下浒苔爆发是很少发生的,往往还没轮到它长,有害藻华就先行发生了。但是,浒苔有一种本领,可以分泌一些特殊的化学物质,阻止藻华生物的繁殖,加上进入胶州湾及附近海域的碳、氮、磷等营养物不断增加而形成的富营养化现象,又逢青岛持续降雨,使海水中盐度降低,以及水温比较适宜(低于25℃),从而导致浒苔绿潮发生。

浒苔的爆发性增殖会对水体及生物产生显著影响:水体中营养盐迅速耗尽,藻体衰竭,大量死亡,腐败变质,水底变黑发臭,水质恶化,引发养殖生物患病或死亡。大量繁殖的浒苔还能遮蔽阳光,影响底栖藻类的生长;死亡的浒苔也会消耗海水中的氧气。另外,浒苔还可以分泌一些化学物质,对其他海洋生物造成不利影响。

浒苔事件对山东沿海黄海海域的养殖业造成了很大损失,影响的主要方式包括浒苔发生时的影响和腐烂后对水质和底质的破坏。受浒苔影响的养殖方式包括海参和鲍鱼围堰养殖等、扇贝、牡蛎、紫菜的筏式养殖,滩涂贝类养殖等。对围堰养殖影响较重的地区为山东从胶南到乳山沿海,尤其是海参养殖,使2006~2008年投放的苗种和即将收获的成参全军覆没。对围堰养殖的影响主要是因为浒苔随海浪不断涌进养殖池内,数量过大,无法及时打捞,最终腐烂导致鲍鱼和海参全部死亡。黄海浒苔绿潮同时可以导致滩涂贝类的产量大量减少。以乳山海域为例,在正常年份,乳山宫家岛菲律宾蛤仔的产量为15 000~22 500千克/公顷,浒苔影响后的产量仅为1 500~2 250千克/公顷;而在日照刘家湾某养殖场滩涂养殖四角蛤蜊13.3公顷,往年生产四角蛤蜊200吨左右,2008年仅产出50吨。浒苔腐烂产生的影响可持续2个多月。

2008年的浒苔爆发对海洋环境、景观、生态服务功能和沿海社会经济产生了严重影响,在全国造成直接经济损失13.22亿元,山东的损失高达12.88亿元。其危害主要表现在两个方面:第一,浒苔覆盖面积太大,影响了沿岸景观和海水浴场的使用,影响帆船等海上运动赛事。第二,堆积在海滨和沙滩上的浒苔腐烂,会产生污水和臭气,对环境造成不小的威胁,尤其对旅游业影响巨大。

"白潮"——水母旺发

近50多年来,我国近海生态系统在多重压力胁迫下发生了很大的变化。海洋生态灾害发生的频率与种类不断增加,除有害赤潮、绿潮外,水母灾害

也非常严重。值得注意的是,我国近海暴发的水母并不是人们经常食用的海蜇(水母的一种),而是利用价值极低或者根本不具备利用价值的沙海蜇、海月水母和白色霞水母等(图3-2)。水母灾害严重危害了海洋生态系统的服务功能,为我国近海生态系统的健康状况敲响了警钟。

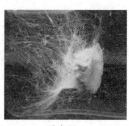

沙海蜇　　　　　　　海月水母　　　　　　　霞水母

图 3-2　引发黄海海域水母旺发的主要原因种

在海洋生态灾害中,水母的问题应该引起高度重视。水母在海洋生态系统中处于"盲端"地位,很少有生物能够以水母为食,但水母却能够摄食大量的浮游动物,与鱼类争夺食物;不仅如此,水母还能够通过身体的刺细胞系统,杀死大部分它们所碰触到的小型生物,包括鱼类的卵和幼体,导致海水中其他生物的大量死亡。由于水母在海洋生态系统中的特殊地位,一旦水母成为海洋生态系统中的主导生物,整个海洋生态系统的结构和功能将会发生根本性的改变,导致海洋生态系统食物链结构改变,从而导致海洋渔业资源受到毁灭性破坏,对其他生物资源也产生连带影响。同时,海水中的毒素、有毒生物和低氧区等将会变得越来越严重,给整个海洋生态系统造成巨大灾难,给食物安全、海洋经济、人类健康和社会稳定带来严重后果(图3-3)。

图 3-3　2007年烟台港出现水母旺发,密密麻麻,场面壮观

2009年7月,胶州湾畔的某发电公司海水泵房取水口涌进了大量的海

月水母,严重堵塞海水循环泵的过滤网,发电机组循环水系统随时有停工的可能,直接影响青岛市三分之一的工业和居民用电及部分企业的用热。

海星灾害

海星(star fish 或 sea star)属棘皮动物门海星纲,是海滨最常见的棘皮动物,外形似五角星,亦称星鱼,西方也称轮星鱼。海星的体型大小不一,小到 2.5 厘米、大到 90 厘米。体色也不尽相同,几乎每只都有差别,最多的颜色有橘黄色、红色、紫色、黄色和青色等。海星是一种典型的底栖生物,它的主要捕食对象是一些行动较迟缓的海洋动物,如贝类、海胆、螃蟹和海葵等。海星摄食时可将胃翻出体外,直接附到摄取的食物上,行口外消化。此摄食习性为海星所特有,从而扩大了它食物的来源,这主要包括两类:一是大而无法吞下或本身具有完好保护的(如具有坚硬外壳的贝类)食物,二是一些基质表面的细菌膜或呈薄壳状的有机物。

海星的爆发性增殖会吞噬大量的底栖生物,严重影响养殖业以及生态系统的平衡和稳定。

自 2006 年以来,黄海沿海地区突发大量海星(图 3-9),密度高达 300 个/平方米,高峰期每天在 0.2~0.33 公顷海域内能拣捕到海星 500 多千克。海星主要集中在青岛的崂山、胶州湾、唐岛湾和胶南海域,疯狂地摄食鲍鱼、菲律宾蛤仔、扇贝等养殖经济贝类。据估算,一个海星每天能吃掉十几只扇贝,食量惊人,给贝类养殖业造成巨大的经济损失。

图 3-4　海盘车

仅 2006 年胶南地区因海星灾害导致鲍鱼养殖损失就高达 4 000 余万元;2007 年仅青岛一水产养殖公司的杂色蛤养殖因海星吞食损失就高达 3 000 余万元;自 2007 年 3 月份开始,在胶州湾养殖的 1.07 万公顷菲律宾蛤仔有 60% 遭到海星侵害,受灾率达 70%~80%,部分海区高达 90%,养殖户损失惨重。

青岛近海海星爆发的主要原因有以下几方面:首先是近年来近海海洋生态系统的结构发生明显变化,近海海星的天敌生物种类和数量锐减,为海星的存活率迅速增长提供了可能;其次,山东近海海水养殖业的迅猛发展,为海星的掠食性入侵提供了基础;再者,在各个方面的共同努力下,青岛近海水域的水质有逐渐趋好,更适合海星的生存。还有一点也是比较重要的一点,就是一直以来对海星侵害养殖生物没有引起足够重视,即便发现有该现象,也没有及时清除,以致泛滥成灾。

"海底蝗虫"——海胆

海胆别名刺锅子、海刺猬,属棘皮动物门海胆纲,体呈球形、半球形、心形或盘状,体表具棘刺。是海洋里一种古老的生物,主要以海底藻类生物为食。海胆味道鲜美,营养丰富。近代中医药认为"海胆性味咸平,有软坚散结、化痰消肿的功用"。据了解,我国有 100 多种海胆,常见的如马粪海胆、紫海胆、心形海胆、刻肋海胆等。青岛近海可见和市场里卖的一般是马粪海胆和紫海胆(图 3-5,图 3-6)。

图 3-5　马粪海胆

图 3-6　紫海胆

2012 年 12 月 5 日下午,山东省青岛市黄岛区高峪海域赶海的居民发现海边的礁石缝隙内突然出现了很多海胆,这是 20 多来年罕见的。他们还听附近的养殖户说,最近几天养殖池内的海胆更多,现在很多养殖户每天都雇"蛙人"到养殖池内清理海胆,短短的 20 分钟就能从养殖池内捞出 25 千克海胆。这些海胆就像蝗虫一样,来势凶猛,海胆所过之处,海草就被一扫而光,并且将人工投喂的海带等饵料也吃个精光。养殖户干脆将其称作"海底蝗虫"。海草是海参、鲍鱼等底栖生物的饵料,在夏秋季节开始腐烂,冬季开始发芽,现时海底的海草刚开始发出嫩芽,也正是海参鲍鱼生长的活跃期。海胆在这个季节入侵,将发芽的海草和投喂的饵料都给吃光了,不仅海参、鲍鱼没有了食物,而且海底生物的食物链也被海胆破坏了。这些海胆严重威胁到了海参和鲍鱼的"正常生活"。为什么海胆能对海参、鲍鱼的养殖构成这么大的威胁呢？因为，海胆和海参、鲍鱼都是底栖生物，生活规律完全一致，其差别就在于海胆的适应性、生长速度等都快于海参和鲍鱼，这样一来海参和鲍鱼自然争不过海胆，导致养殖产量锐减。

真的是消失多年的海胆又出现了？是什么原因让海胆来到青岛海边？专家认为吸引海胆出现是因为这里的食物丰富。大面积海胆聚集的情况，说明海水存在一定程度的富营养化，而富营养化一般与大面积海产养殖有关。据资料显示，去年在青岛薛家岛也曾出现过一次海胆潮，但是很快就消失了，这也从一个侧面反映了海胆潮的出现与它们的觅食习惯有关。海胆的入侵性比较强，它与其他养殖海产生物争食，对于搞海产养殖的人来说，海胆虽然美味却不是善客。

地质类灾害

什么是海底地滑

印度洋大海啸给印度尼西亚、斯里兰卡、印度、泰国等国造成了重大人员伤亡和财产损失。海洋学家和地质学家经过研究后发现，不仅是地震、海底火山喷发、海床塌陷、岩石坠海、行星撞地球，海底地滑也是海啸的重要成因。研究海啸成因的英国南安普敦大学海洋中心的研究成果证实了这一理论。

海底地滑是海底斜坡上固结沉淀物受重力作用，发生崩塌滑坡、泥石流或活动沙坡等所引起的较急速的物质移动现象。

1998年，巴布亚新几内亚外海地震引发的海啸使2 000人丧生，1万余人无家可归。这次地震震级只有里氏7.1级，但它引起了海底地滑，随后形成的14米高的海啸波浪直冲沿海岸边。

在2004年底的印度洋大地震中，震中地区海底发生了规模巨大的地滑，滑动的一整块海床有100米高、2千米长。

那么，海底地滑产生的原因究竟如何呢？有些是属于沉积物内在的物质因素，如含水状态下超负荷的影响，沉积物中天然气产生的高压，黏土物质的含量等。有些则是诱发地滑的外因条件，如地壳变动、地震、海湾、天然气水合物等的影响。

谁在"吞食"三角洲

从远古时代开始,三角洲地区就被视为是最适合人类居住的"宝地"。这里土地肥沃,有良好的农耕区,而且往往是石油、天然气等资源十分丰富的地区。世界上比较著名的三角洲很多,主要有尼罗河三角洲、密西西比河三角洲、多瑙河三角洲、湄公河三角洲、恒河三角洲以及我国的珠江三角形、长江三角洲、黄河三角洲等。

尼罗河三角洲的面积达 2.4 万平方千米,占埃及国土面积的 4%,而且拥有埃及 2/3 的良田。由于这里自然条件优越,埃及有 94% 的人口集中于此。20 世纪 70 年代以前,尼罗河三角洲的工农业发展速度很快,成为一颗镶嵌在尼罗河上的明珠。1976 年,埃及政府投巨资在尼罗河上修建阿斯旺大坝,并建起了水电站,为埃及工农业发展提供了充足的电力。但是,令人意想不到的是,大坝的修建给尼罗河三角洲带来了不可忽视的负面影响。阿斯旺大坝建成后,尼罗河入海流量大幅度减小,流入海洋的泥沙量也大大减少,致使海水倒灌,吞食了大片土地,三角洲日益萎缩。统计数字显示,20世纪 70 年代,拉希德河口的海水平均每年向陆地推进 140 米,1979 年竟达1 000 米。10 年间共推进了 3 000 米,吃掉 13 平方千米的土地。1956 年,拉希德灯塔距离海岸 1 100 米,然而到了 1982 年,短短的 26 年间,这个灯塔已经被海水全部淹没了。专家预计,如果再不采取措施,拉希德市和埃布吉尔市都将被地中海淹没。

位于山东省境内的黄河三角洲,是目前我国和世界各大河三角洲中海陆变迁最为活跃的地区。自 1996 年至 2004 年,黄河三角洲的陆地面积蚀退68.2 平方千米,平均每年有 7.2 平方千米的土地被海洋"吞食"。造成黄河三角洲海岸线蚀退的主要原因是三角洲泥沙造陆新增土地面积小于蚀退面积。近年来黄河来水量的逐年减少甚至断流,到达黄河口的泥沙过少,三角洲造陆功能正在衰减,而渤海湾海洋动力对三角洲海岸的影响使北部沿岸正不断受到侵蚀,其侵蚀作用开始已大于泥沙的造陆作用。

"地球之肾"的功能正在减弱

湿地包括沼泽、湿草甸、湖泊、河流以及洪泛平原、河口三角洲、滩涂等,与森林、海洋并称为地球三大生态系统。它是富饶的物种基因库,陆地上的天然水库,众多动、植物的生命之地。湿地还具有调节气候、弱化洪涝、保证地下水供应等重要作用,因此,人们将湿地称为"地球之肾"。

湿地的作用体现在许多方面。湿地使附近地区的气温变幅较小,且源源不断地为大气提供充沛的水分,增加大气湿度,调节降水。有人计算,仅湿地中沼泽的植物每年就向大气层释放 1.6 亿吨氧气。随着社会的发展,地下水位下降的趋势明显,而湿地水源充足,可源源不断地补给地下水。最引人注目的是湿地物种十分丰富。我国的湿地植物有 2 760 种,动物有 1 500 种左右。在我国湿地生活的鸟类占全国鸟类总数 1/3 左右。国家一级保护的珍稀鸟类约有一半在湿地生活。

但是在 20 世纪长达几十年的时间内,由于经济落后、认识错误等原因,我国的湿地资源遭到了巨大破坏,人们也为此付出了惨重的代价。盲目围垦和过度开发造成天然湿地面积削减、功能下降,而湿地的缩减和破坏,又造成生态灾害日益频繁。近 40 年来我国已有 50% 的濒海滩涂不复存在,全国近 1 000 个天然湖泊消失,三江平原 78% 的天然沼泽退化;湿地生物资源和水资源过度利用,造成湿地生物多样性衰退,威胁生态系统的平衡;海岸带湿地开发秩序混乱,布局不合理,近岸海域的污染和赤潮等使海岸生态系统遭受破坏,生物多样性下降;湿地污染严重,水质不断恶化,全国大型河流 61% 的河段因被污染失去了饮用水的功能,东部地区湖泊、河流的污染和富营养化已成为公害;大江、大河上游水源涵养林遭到过度采伐,导致水土流失加剧,河流含沙量增加,河床、湖底淤积,湿地面积不断缩小,长江中游河湖的快速淤积与天然湿地的过度开垦,直接对调蓄防洪带来很大的隐患。

灾害防治

能否用化学的手段修复污染的环境

由于人为因素使环境的构成或状态发生变化,环境素质下降,从而扰乱和破坏了生态系统和人们的正常生活和生产条件,即造成环境污染。造成环境污染的因素有物理、化学和生物三方面,其中因化学物质引起的占

80％～90％。因此环境污染的修复当然也离不了化学手段。

海洋面积辽阔,储水量巨大,因而长期以来是地球上最稳定的生态系统。然而近几十年,随着世界工业的发展,海洋的污染也日趋严重,海洋已成为"废弃物之乡",使局部海域环境发生了很大变化,并有继续扩展的趋势。海洋环境污染包括石油污染、有毒有害化学物质污染、放射性污染、固体垃圾污染、有机物污染以及海水中缺氧等。近几年,对受污染环境修复技术的研究在国际社会受到广泛重视,在我国也开始引起关注。随着我国经济的进一步发展,城市化进程的加速,对过去污染现场的修复会有广泛而紧迫的需求。受污染环境的污染形成机理和修复研究,即研究复合污染物在海洋多界面环境体系中的迁移转化行为、生态风险和复合效应机理,从形成机理上找到阻断污染的切入口;围绕受污染水体、沉积物的修复问题,开展相关理论基础和技术开发的研究。受污染环境的修复是一门新兴技术,蕴涵着复杂的科学技术问题,而采用化学修复是一项十分有效的手段。环境污染控制与修复化学,包括化学原理、化学过程和工程应用,如污染物的萃取分离化学、絮凝化学、吸附过程、环境电化学等。

处理海上突发性的石油污染,通常是将物理、化学、生物处理方法联合使用。当发生海上溢油事故时,先用"围油栏"将漂浮在海面上的浮油围堵起来,防止继续扩散和漂流。然后,再用抽水泵尽量将浮油吸到回收船上。对于无法回收的部分再用分散剂、消油剂类的化学试剂将继续分散成极微小的微粒,使其完全溶解或凝结后沉降到海底,或通过海洋微生物和细菌的作用将其全部分解掉。至于像重金属、农药、污水、放射性类的污染,它们都直接同海水混溶为一体,至今还没有十分有效的方法进行处理。

重归碧海——海洋生态修复

海洋生态修复是指对海洋生态系统停止人为干扰,以减轻负荷压力,依靠生态系统的自我调节能力与自组织能力,使其向有序的方向进行演化,或者辅以人工措施,使遭到破坏的海洋生态系统逐步恢复,向良性循环方向发展。海洋生态修复是一种新的理念,是保持人与自然和谐相处的具体体现,也是海洋事业科学发展的重要举措。

建设人工鱼礁、实施近海增殖放流、栽培大型海藻等方式,对海洋生态修复有重要作用。人工鱼礁是指人们为了诱集并捕捞鱼类,保护、增殖鱼类等渔业资源,改善水域环境,进行休闲渔业活动等而有意识地设置于预定水域的构造物。2012 年,福建莆田市南日岛人工鱼礁建设工程动工,拟浇筑钢筋混凝土礁体 3 种,共计 320 个。礁体投放后,形成天然的保护区和禁渔区,为海洋生物提供安居场所。通过增殖放流的方式,以人工补充生物资源,能真正改善生物的种群结构,同时也能够维护生物的多样性,加快渔业的可持续发展。对于富营养化严重的海域,栽培大型海藻对其进行生物修复是比较有效的方法,因为大型海藻能够吸收固定水体中的碳、氮、磷等营养物质,使水体保持较低的营养盐状态。

2013 年,国家海洋局公布《国家海洋事业发展"十二五"规划》,要加大海洋生态保护和修复力度,建设海岸带蓝色生态屏障,恢复海洋生态功能,提高海洋生态承载力。保护与修复滨海湿地、盐沼、红树林、珊瑚礁和海草床等重要海洋生态系统。加强海洋生态修复技术研究,实施海洋生态修复工程,建设 25 处海洋生物资源修复区,开展 35 处滨海湿地生态修复,新增滩涂湿地植被面积 200 平方千米,其中种植红树林 100 平方千米,恢复芦苇湿地100 平方千米。在广东大亚湾及雷州半岛、广西涠洲岛、海南周边及西沙等海域开展珊瑚礁人工繁育和生态修复。

海洋修复技术

世界原油总产量每年约为 30 亿吨,其中 1/3 要经过海洋运输。据估计,近年来,每年约有百万吨的石油烃类物因泄漏、沿海炼油工厂污水排放、大气污染物的沉降等原因进入海洋中,且污染状况呈逐年严重的态势。因此,防范治理海上石油的污染成为海洋环境保护中的重要任务。

在石油污染治理经历的几十年里,物理和化学处理曾是最重要的技术。当海上溢油事故发生以后,一是建立油障(围油栏),将溢油海面封闭起来,使用撇油机、吸油带、拖油网等将油膜清除;二是投入吸附材料,将漂浮在海面上的大量油污吸附。吸附材料可以是海绵状聚合物或天然材料(如椰子壳、稻草等);三是使用化学分散剂;四是在海上条件允许的情况下采用燃烧法处理海上油污,效率较高,但容易造成二次污染;五是海岸带的污染可用高压水枪清洗。

自20世纪90年代以来,由于生物修复技术的发展和研究成果所展示的生物技术的生命力,使生物修复技术在石油污染治理方面逐渐成为核心技术,成为当今石油污染去除的主要途径。生物修复是指生物催化降解环境污染物,减少或最终消除环境污染的受控或自发过程。在生物降解基础上研究发展起来的生物修复在于提高石油降解速率,最终将石油污染物转化为无毒性的终产物。微生物修复石油污染主要有两种形式:一是加入具有高效降解能力的菌株;二是改变环境,促进微生物代谢能力。目前主要有三种方法:

(1)接种石油降解菌。通过生物改良的超级细菌能够高效去除石油污染物。但实践表明,接种石油降解菌效果并不明显,这是因为海洋中存在的土著微生物常常会影响接种微生物的活动。

(2)使用分散剂。分散剂即表面活性剂,可以增加细菌对石油的利用性。为减少活性剂的污染性,在实际应用中经常利用微生物产生的表面活性剂来加速石油的降解。

(3)使用氮、磷营养盐。在海洋出现溢油后,石油降解菌会大量繁殖,急需氧和营养盐的供应,投入氮、磷营养盐是最简单有效的方法。

海洋石油污染物的微生物降解是一个复杂的过程,目前仍然存在一些问题,如见效慢、受污染物物理化学性质及环境因子影响较大,研究困难且费用较高,以及毒性和安全性等问题,这些都是急待改进的地方。

运筹帷幄,决胜千里——海风、海浪、海雾的预报

有史以来,地球上已有数百万艘船舶沉没于风、浪、雾之中。"前事不忘,后事之师",正是这些巨大而沉痛的代价,使得人们不断去探求和寻找海上风、浪、雾的规律。许多国家都十分重视对它们的生成机制和预报方法的研究,以期提高对灾害性天气预报的准确率。

随着1957年第一颗人造地球卫星的升空,人类开始了太空探测地球风云的新时代。卫星用于监视全球风云,弥补了占地球表面积71%的海洋观测空白。利用气象卫星,人们能够提前发现台风,并能准确地测定它的位置、强度,进而确定它的移向、移速和发展变化,以便提醒人们及时进行预防准备。

世界上最早的海浪预报是美国在1944年发布的为军事应用的海浪预报。现在,利用沿岸海洋站、浮标测量和海洋动力环境卫星测得的海浪资料,获得当天海上海浪实况,再结合已掌握的未来海上风场条件,预报台就可以应用海浪预报方法计算海浪波高,再根据不同海区海洋状况、影响海浪的各种因素和经验进行综合分析、修正,以得出最佳预报结论。

对于海雾,目前是利用天气学方法来预测的。此方法是寻求各要素与海雾生消的关系,结合天气形势的发展来预测海雾,把海雾作为天气现象来对待,研究与海雾有关的风向、风速、降水、蒸发、气温、湿度、水温、海流和空气稳定度等要素的作用及其相互关系。

凭借气象卫星探测海洋上空的特殊气象和使用计算机进行数据处理,人类可以对一些未知气象进行很好的判断,随着新技术的广泛运用,人类对灾害性天气的预报也将进入一个新的阶段。

全球海洋观测系统(GOOS)

合理利用海洋资源和减轻海洋灾害的危害对所有沿海国家都有重要意义。世界上有关国际组织以及经济发达的海洋国家,如美国、澳大利亚等国,都很重视对海洋的保护和开发。

在此背景下,联合国教科文组织政府间海洋学委员会(简称海委会)发起组建了迄今全球性最大、综合性最强的海洋观测系统——全球海洋观测系统(GOOS),它是世界气象组织全球气候观测计划(GCOS)的重要组成部分。

该系统将在现有各专业观测系统(如全球海洋站综合观测系统、全球海平面观测系统等)的基础上,通过发展高新技术(如卫星、声学监测等)进一步提高和完善监测手段,为海洋预报和研究、海洋资源的合理开发和保护、控制海洋污染、制定海洋和海岸带综合开发和整治规划等提供长期和系统的资料。

中国、日本、韩国、俄罗斯等国于1994年率先发起建设东北亚海洋观测系统(NEAR-GOOS)作为国际GOOS的一部分。我国在国家海洋环境预报中心建立了实时资料数据库,在国家海洋信息资料中心建立了延时资料数据库,有关资料可通过互联网交换。

目前,欧洲也成立了欧洲海洋观测系统(EURO-GOOS),美国和加拿大建立了美加 GOOS。此外,在一些地区还召开了 GOOS 研讨会。GOOS 已成为海委会今后一个时期内乃至下一个世纪的重点计划。

全球海洋观测网(ARGO)

"Argo"在英汉字典中解释为"杰森(Jason)求取金羊毛所乘之船"。传说黑海岸边,有一件由凶猛的毒龙日夜看守着的稀世之宝——金羊毛。多少勇士,为了得到它而踏上了艰险的不归之路。公元前 1303 年,英雄杰森乘着 Argo 船,在大海上历尽了千难万险,最后凭着勇敢和智慧,得到了金羊毛。

现在,人类为寻求新的目标重新组建了 ARGO。不过在现代 ARGO 指的不是英雄之船,而是英文"Array for Real-time Geostrophic Oceanography"的缩写,其中文含义为"地转海洋学实时观测阵"——全球海洋观测网。它是在 1998 年由美国等国家的大气、海洋科学家首倡,沿海各国积极响应,并得到了国际海委会认可的一个计划。我国已于 2001 年 10 月正式加入这个计划的组织和实施,中国气象局和中国科学院等部门及下属研究机构共同参与了此项工作。

它的建立目的在于快速、准确、大范围收集全球海洋上与气候有关的各种要素及其变化,来提高气候预报的精度,及时对海洋灾害进行预警和防御。

ARGO 计划将在全球各大洋投放 3 000 个卫星跟踪浮标,每投放一个浮标就相当于在洋面上建起一个无人值守的海洋观测站。浮标的设计寿命为 3~5 年,最大测量深度为 2 000 米,浮标每隔 10 天就自动"潜"入 0~2 000 米水深,通过浮标内的高科技传感器,快速、准确地收集海水温度、盐度等资料。之后,浮标自动通过因特网每隔 24 小时传回实时的水文资料,气象部门将这些数据收集之后,结合卫星云图,能准确地进行天气预报及黑潮、赤潮预报,能更有效地防御全球日益严重的气候灾害(如飓风、龙卷风、冰暴、洪水和干旱等)给人类带来的威胁。截至 2009 年 2 月底,在全球海洋上维持正常工作的 Argo 剖面浮标数量已经达到了 3 325 个,正以前所未有的规模和速度,源源不断地为国际社会提供全球海洋深达 2 000 米的温、盐度剖面资料和海流资料。每年提供的深海大洋观测剖面在 10 万条以上,是船基测量历年总剖面数的 20 倍之多。

这个覆盖近海、深海和远洋的全球海洋观测网,于 2006 年建成,它就如同是一张覆盖在海洋上的天网,时时刻刻收集来自海洋的信息,将成为人类战胜海洋灾害的有力武器。

海上遇险救助组织

茫茫大海中发生海难向谁求救呢?在以前,人们只能是听天由命,没有丝毫办法。第二次世界大战过后,随着国际海运事业快速发展,迫切需要有一个世界性组织,来协调各国间的有关航海救助一事。

1948 年在日内瓦召开的国际会议上成立了"政府间海事协商组织",总部设在伦敦,现改名为国际海事组织(IMO)。它是联合国处理海上安全事务和发展海运技术方面的专门机构之一。主要任务是协调政府间在航海技术上的合作,并为此举行国际会议。这个组织还制定了海上安全条约、带有约束力的国际公约和规则,以保障人们在海洋上的安全。其中 1974 年签订的《国际海上人命安全公约》和 1979 年签订的《国际海上搜寻救助公约》就是国际海事组织制订的关于海上安全方面的两个重要公约。

我国的海上救助事业也日益发展壮大。1986 年我国政府核准了《1979年国际海上搜寻救助公约》。2004 年,国务院又批准印发了《国家海上搜救应急预案》,为实施海上应急反应提供了重要依据。最早的全国性的救助机构是成立于 1974 年的全国海上安全指挥部,1989 年改为中国海上搜救中心。各省市相继成立了的搜救中心、分中心,承担海上搜救的组织、指挥、预警、培训等职能,形成了覆盖我国沿海及内河通航水域的完整搜救体系,整体搜救能力和搜救力量日益强大。

现在,我国的海上救助工作充分利用高新技术,实现了数字化、信息化,同时应用先进的全球定位系统、报警系统、通讯系统,基本实现了海上遇险与安全通信的"全方位覆盖、全天候运行",搜救成功率得到大幅度提高。2012 年全年共接报、处置险情 1954 起,组织、协调船艇 7 316 艘次、飞机 352架次参加海上搜救行动,成功搜救海上遇险船舶 1 508 艘、人员 16 392 人,搜救成功率达 96.7%。

SOS 与全球海上遇险安全系统

长期以来,人们在海上遇险,就使用"SOS"呼救信号,许多遇险者因此而获救。"SOS"是 1906 年由 29 个国家在德国柏林举行的第一次国际无线电会议上,确定的海上遇险救助信号。它在摩尔斯无线电报的信号中特征突出,既有利于抗干扰,又容易引起电台收听员的注意。

最早运用"SOS"呼救信号获得营救的是美国"共和"号轮船,这艘船在 1909 年 1 月安装了无线电报系统。当时它满载货物和 800 名移民,在离美国东海岸不远处与意大利轮船"佛罗里达"号相撞。船上及时发出"SOS"信号,半小时后,在邻近水域的"波罗的海"号轮船首先赶到事故现场,抢救了两条船上全部的 1 700 多人。从此,"SOS"信号名声大振。100 年来,"SOS"信号系统的应用,使数以万计的遇难船只和数以百万计的落难者得以安全脱险。

1979 年,国际海事组织提出建立新的全球海上遇险安全系统。这种系统利用卫星和地面的数据通信设备与海上遇难船只建立通信渠道,提供救援支持。该系统于 1999 年 2 月 1 日投入全面实施。它的国际呼救系统设备功能先进,当你呼叫"GMDSS"时,地球上所有地方都可以听到并与之迅速进行通讯联络,进行紧急救援工作。即使是遇到突发事故,只要一按电钮,所有关于事故发生及位置数据将自动通报救援机关。如果船舶发生爆炸或沉没,遇难船只会自动启动发射装置,向卫星发送遇险信息,示位标也能自动漂浮在水面,为营救船指示方位。这比过去采用 SOS 一分钟显示 80 个文字的莫尔斯电信设备要快速、准确、方便得多。它还可以提供航海数据、主辅机设备运行状况、船舶装卸货计划、港口及上级公司指令、医疗咨询、旅游服务、旅客私人电话等服务。

四、海洋开发新技术

海洋生物技术

海水珍珠养殖

你知道美丽的珍珠是怎样形成的吗？珍珠是由珍珠贝类外套膜表皮细胞产生的珍珠囊分泌壳角蛋白，以及碳酸钙沉淀结晶而形成的。有天然珍珠和养殖珍珠、海水珍珠和淡水珍珠、有核珍珠和无核珍珠之分。天然珍珠是天然形成的，它是由于外套膜上皮细胞受到外来刺激或病理变化，局部陷入外套膜内部的结缔组织中形成珍珠囊，并且围绕异物或刺激源等核心，分泌珍珠质而形成。天然珍珠一般都是无核珍珠，颗粒较小，通常只能作为药用。养殖珍珠是人们依据天然珍珠形成的原理，运用外套膜体内组织培养方法，用珍珠贝培育而成。海水养殖珍珠几乎都是有核珍珠。用于培育海水珍珠的珍珠贝主要有合浦珠母贝、大珠母贝（白蝶贝）、珠母贝（黑蝶贝）等。其中合浦珠母贝是世界最主要的育珠母贝，世界上绝大多数的海水养殖珍珠是由它培育而成的。大珠母贝（白蝶贝）可培育出大型珍珠。珠母贝（黑蝶贝）能够培育出珍贵的黑珍珠（所谓黑珍珠是指色泽完全是黑色的珍珠），天然黑珍珠的形成是由于这种贝具有富集环境水域中锰离子的能力，并在珍珠形成过程中形成黑色锰氧化物参与在珍珠的结晶中所致。世界上黑珍珠数量稀少，价格非常昂贵。

海水珍珠养殖一般包括母贝准备、插核手术、手术贝休养和育珠期等几个阶段。

母贝准备时，一是选择生殖腺发育不良或已经产过卵的贝，因为生殖腺

的空虚对于提高手术贝的成活率、育珠贝的成珠率和珍珠贝的质量,尤其是珍珠的形状等都有利。二是在插核前要适当抑制它们的活动,降低其生理机能。这样能够提高手术时的自然开口率,从而便于拴口和插核。

在插核手术前,先要制作外套膜小片,用于切取外套膜小片的贝通常是与手术贝同种、同龄(2龄贝为宜)、珍珠层呈白色的健康幼贝。应在外套膜腹缘切取,以切成2毫米×2毫米小块为宜。为促进移植外套膜小片迅速分裂生长形成珍珠,常采用不同药物(如三磷腺苷、卵磷脂、多种氨基酸等)处理小片。

插核手术技术是养殖珍珠最为关键的技术,除去插核者本身的技术水平外,插核的位置、手术的方法以及插核的时间的选择都是至关重要的。插核位置一般选择在内脏团的两个外套膜处,一个位于肠管弯曲部与缩足肌之间,另一个在泄殖孔上侧。合适的插核时间一般在上半年的3～5月和下半年的10～11月,这样可避免插核后2个月的珍珠生长期恰逢高温或低温生长休止期。

手术贝插核后一般需要吊养在水池中或在平静海区休养1个月左右,这样便于手术贝恢复健康,继续保持低活力,防止脱核,提高成珠率。

休养期后,育珠贝进入常规管养。育珠期养殖方法与母贝养殖方法基本相同。

生物传感器

传感器是一种信号识别与处理系统。例如电视的遥控器是物理传感器,pH电极是化学传感器,生物传感器则是由固定化酶(或组织、细胞、细胞器等)与适当的化学信号换能器件组成的生物电化学系统,用于微量物质的检测。

传感器由接收器和转换器构成。接收器是信号识别系统,生物体本身就具有出色的分子识别能力,例如舌的味蕾可在瞬间识别酸、甜、苦、辣味。转换器就是信号处理系统,把一种信号转化为另一种信号,例如话筒是一种转换器,能将声波转换成电信号,扩音器又能将这种电信号转换成声音。人的感官如眼睛也是一种转换器,能把光能的信号转换成神经脉冲。生物传感器中的转换器是将化学信号转换为电信号,通过测定电流、电位或阻抗变化来完成转换器的功能。

生物传感器将生命组织成分与电化学技术偶联在一起,构成了生物电化学。生物传感器的发展是与生物反应器技术的成熟相互联系的。由于生物反应器中的微量化学物质需要在未经处理或迅速处理后进行简单快速的测量,这种测定的灵敏性、特异性都是现有的物理传感器和化学传感器所无法完成的。而生物传感器则能够完成这种微量化学物质的检测。生物传感器的原理如图 4-1 所示。

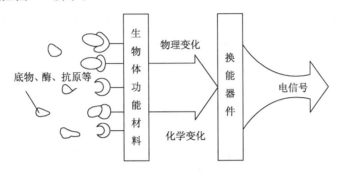

图 4-1 生物传感器原理示意图

根据传感器的应用,生物传感器又可分为酶传感器、微生物传感器、组织传感器和免疫传感器。根据换能器的差异,生物传感器又可分为电极型传感器、热测量型传感器、发光计测型传感器和半导体传感器。例如酶传感器具有酶的底物选择性、电化学分析简单迅速等优点。如果用活体微生物取代酶装在电极上,效果比酶传感器更好,因为微生物体内含有复合酶体系和辅酶能量再生系统。利用微生物的生理功能制得的生物传感器称为微生物传感器。

生物传感器不仅可用于生物反应器的工艺与技术参数控制,还可以用于开发较高灵敏度和精确度的检测试剂盒,用于环境污染物的批量检测、海水养殖业的病害检测,也可以方便地了解海水养殖生物的生存状态,因此它的应用前景十分广阔。

海藻植物生长剂

海藻植物生长剂是指从海洋藻类中提取的能够促进作物生长、增加产量、减少病虫害、增加作物抗寒能力的一类农用海藻液体喷洒肥料,也被称为海藻液体肥或海藻肥。用于制备海藻植物生长剂的海藻主要是生长于海洋中的大型经济藻类,如巨藻、马尾藻、海带等。海藻是生长在海洋中的低等光合营养植物,是海洋有机物的原始生产者,它除含有陆地植物所需要的营养成分外,还含有许多陆地植物不可比拟的碘、钾、镁、锰、钛等微量元素,以及海藻多糖、甘露醇等。海藻中所含的微量元素和矿物质在藻体内是以有机态存在,不易发生氧化作用,其效应和被植物吸收的能力比无机矿物元素好得多,所以对植物生长有较好的作用。海藻中的特殊成分——海藻多糖不仅能螯合重金属离子,而且能增加土壤的透气性和聚结能力,使土壤不易被风、水等侵蚀或流失。另外,海藻中还含有种类繁多的维生素、生长素和含氮化合物等。

远古时,人们将海藻晒干后粉碎,直接与土壤混合;或者是直接埋于地下腐烂或晒干烧灰,这样做的结果是:海藻中的大量有机成分被破坏,无机氮含量大大下降,仅能作为无机钾肥使用。1950年海藻植物生长剂首次被应用于农业,但对其作用机制有很多争论,直到生物检测证明,海藻中含有高水平的类植物激素(如细胞激动素、甜菜碱和赤霉素等)之后,才确认是内源激素在海藻植物生长剂中担任了重要角色。这些活性物质参与植物体内有机和无机物质的运输,强化了作物对营养物质的吸收和代谢。

海藻植物生长剂是天然的有机肥料,与生长环境有良好的相容性,使用后对土壤、环境及作物无不良影响,且价格便宜,使用方便,具有明显的植物生长调节作用。在贫瘠的土地上使用效果更佳。因此,海藻生长剂在发达国家已被迅速产业化。

制备海藻植物生长剂,首先要确定目标海藻。因为海藻中的活性物质含量不仅与海藻的种类有关,而且与海藻的生长海域、生长季节、海水的温度、海水的深度及藻体的部位有关。代谢较旺盛的部位,活性物质富集能力较强。制备的方法主要有酸和碱提取法、中性水解法、机械破碎提取法和酶解法等。其中以机械破碎提取法效果较好,能有效地防止活性成分的损失。

我国海藻资源十分丰富,海藻植物生长剂的研究、开发和应用前景非常广阔。

人工皮肤

人的皮肤,是由外层的表皮和其下的真皮组成。因为意外事故导致的皮肤烧伤、烫伤及皮肤溃疡等皮肤损坏,一旦伤及真皮就会完全失去再生的可能。特别是较大面积的损伤,如果得不到及时有效的覆盖与治疗,轻则患处疤痕增生,重则细菌感染、组织溃烂,进一步损伤血管、肌腱及淋巴组织等,直至危及生命。为了减轻病人的痛苦,加快伤口的愈合,最好的办法是对损伤较重的部位首先用无菌材料覆盖,然后进行植皮。皮肤创面的覆盖材料,可分为合成材料和生物材料两类。机体和合成材料的亲和性差,排异反应强,相比之下机体和生物材料的亲和性强,排异性小,有较大的应用价值。过去曾采用新鲜的猪、羊和狗等动物皮肤作为生物材料;目前含有胶原的冷冻干猪皮,仍被作为皮肤创伤的覆盖材料,但制作和保存较复杂。因此,长期以来人们一直梦想有朝一日能制造出用于皮肤创伤面覆盖的人工皮肤,用于治疗皮肤创伤,使之再生。

原本作为垃圾丢弃的蟹、虾等甲壳动物的外骨骼,经清洗、干燥、粉碎,用酸、碱处理后,再经脱钙和去蛋白质后就变成高纯净的脱乙酰甲壳素,又称脱乙酰壳多糖,经高溶解性处理后,可获得 2% 左右的壳聚糖溶液,经铺膜、固化及真空干燥处理,可获得厚度约 20 微米的薄膜,再在膜上打孔、消毒及无菌包装,即可制得用于临床皮肤创面覆盖的材料——人工皮肤。这种材料与创面流出的血清蛋白具有较高的亲和性,不影响创面正常细胞的增殖,而且有助于表皮组织的形成,能促进伤口更快地愈合,且具有镇痛、无过敏排斥反应等特点。但也存在不少缺点,如需添加高级一元醇、高级脂肪酸、稀酸等作为助剂,不溶于水;与伤口贴附不够紧密;特别对深层次创伤、顽固性溃疡效果较差,治疗后易留疤痕。因此,开发一种以水为溶剂、与人体皮肤 pH 值接近、能与创口贴附紧密、治疗后不留疤痕的皮肤修复材料是人们迫切的希望。

1998 年中国海洋大学研究人员经多年努力,初步研究开发出一种具有上述特点的修复材料。这种材料可直接涂于创面,数分钟后自动脱水成半透膜;对浸出液多的创面,可用粉剂材料涂于伤口,吸水后自动成膜。这种材料有效地克服了以往人工皮膜材料与创口贴附不紧的缺点。临床实验证明,它不仅能够促进创面愈合,而且能有效地抑制疤痕产生。对局部深层次皮肤组织损伤、顽固性皮肤溃疡残余创面、化学烧伤创面均具有良好的修复效果,是一种性能极优良的人工皮肤修复材料。

蟹、虾壳也能做衣服

在 2001 年举办的海洋科技博览会上，亮相了一种由青岛即发集团开发的以甲壳为主要原料的内衣产品。这些甲壳质内衣外观看起来与普通内衣没有差别，但其主要原料是甲壳质。甲壳质是一种线型氨基多糖高分子物质，广泛存在于节肢动物和昆虫的外壳及菌类的细胞壁中，在虾、蟹甲壳中含量较高（含量为 10％～30％）。甲壳质在自然界中生成量仅次于纤维素，估计仅海洋生物的年合成量可达千万吨，是一种仅次于纤维素的蕴藏量极为丰富的有机再生资源，是 21 世纪重要的纺织纤维材料。原本坚硬的虾、蟹甲壳经清洗、干燥、粉碎，用酸、碱处理脱去钙和蛋白质后，可获得灰分在 0.29％以下的高纯度甲壳质粉，再经高溶解处理及脱乙烯化后，可得到甲壳胺溶液，然后让甲壳胺溶液经微孔流入丁醇或异丙醇溶液中，凝固后，便可获得细长的纤维。

甲壳质或甲壳胺纤维具有无毒、无味、耐碱、耐热和耐腐蚀等特性。甲壳质纤维是自然界唯一带正电荷的动物纤维，对危害人体健康的大肠杆菌、金黄色葡萄球菌、白色念珠菌等有较强的抑制作用，有害菌不能在其纤维上存活，从根本上消除了有害菌的滋生源和由细菌产生的异味。甲壳质纤维还具有较好的生物活性和生物兼容性，对人体有较好的养护作用。

此外，甲壳质纤维是一种可降解的环保型纤维，废弃后可被微生物分解，不会污染环境，完全符合人类绿色、环保、安全的着装需求。

三倍体牡蛎

牡蛎是一种鲜美的海产品，但在夏季产卵后，肥满度和鲜味都会下降，原因是牡蛎在生长过程中将能量物质都用于性腺的发育。如何使牡蛎全年保持肥满鲜美？现代染色体操作技术——"人工诱导三倍体牡蛎"解决了这一问题。

自然界进行有性生殖的生物体大多是二倍体，即包含了两个染色体组。一组来自父亲，一组来自母亲。含有三倍以上染色体组的生物称为多倍体生物。自然界存在的多倍体在植物中比较普遍，而在动物则较为罕见，仅存在于某些雌雄同体或单性生殖的动物中。自 20 世纪 80 年代以来，在水产动物特别是海洋贝类人工诱导多倍体的研究取得了较大的进展。

贝类多倍体诱导,主要集中在三倍体和四倍体,这主要是因为三倍体生物具有生长快、个体大、肉质好等特点,而且由于三倍体具有三套染色体,在形成配子的减数分裂时,染色体联合不平衡会导致三倍体的高度不育,所以三倍体个体无需将能量用于性腺发育,而全部用于生长,故可全年保持个体肥满和味道鲜美。目前普遍采用的人工诱导贝类三倍体的方法是抑制第二极体的释放,诱发三倍体。三倍体形成的机理如图 4-2 所示。

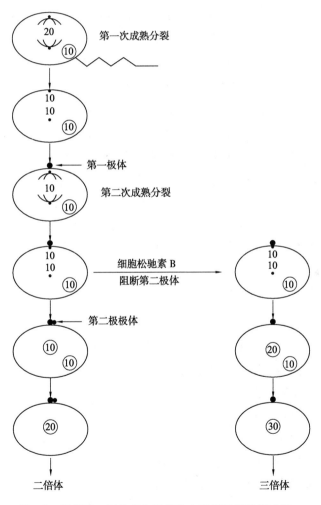

图 4-2　抑制第二极体产生三倍体太平洋牡蛎的模式图

抑制第二极体的方法有：

（1）物理方法：如水静压法、温度休克法。前者是对受精卵施以200～250千克/平方厘米的压力，后者是以极限高温（30～38℃）或低温（0～8℃）处理受精卵。

（2）化学方法：是以一定浓度的化学试剂处理受精卵。常用的化学试剂有细胞松弛素B、二甲氨基嘌呤和咖啡因等。

上述两种方法都能抑制第二极体的排出，产生三倍体。物理方法中以低温休克法诱导为最好，具有操作简单、成本低廉、对胚胎发育影响较小等优点，适合大规模生产。采用二甲氨基嘌呤的化学方法，具有低毒、且易溶于水的优点，其诱导效果可以与细胞松弛素B相媲美，是目前被认为能替代易造成环境污染和致癌的细胞松弛素B的新型诱导剂。

四倍体具有四套染色体组，减数分裂过程中可以形成联会配对，具有正常繁育的可能。四倍体与三倍体杂交可产生100％的三倍体，能够克服通过物理、化学方法诱导三倍体所带来的存活率低、诱导率低和污染环境等一系列缺点，从而更加安全、简便、高效地获得三倍体。

美国于1983年开始已将三倍体太平洋牡蛎用于商业性生产，市场占有率达到30％～50％。我国三倍体太平洋牡蛎的研究和中试已经完成，预计近年可实现产业化生产，到时全年都可吃到鲜美可口的牡蛎了。

"超级鱼"

鱼类，肉质鲜美，营养丰富，深受消费者喜爱。而一些名贵的经济鱼类，如牙鲆、真鲷、半滑舌鳎、石板鱼、鳗鱼等更受人们青睐。随着经济的发展和人民生活水平的提高，天然捕捞已不能满足目前的需求。开展人工养殖已成为当前增加高品质经济鱼类产量的主要手段。然而，一般海水鱼的养成周期均需1年以上，显然增加了养殖成本和风险。如何高产稳产、降低养殖成本及风险，已成为当今养殖业急需解决的问题。研究表明：将一定量的天然高等动物或鱼的生长激素引入鱼体内，能加速鱼类的生长发育和蛋白质的合成，增加抗病能力。其中以鱼类生长激素对鱼的生长最为明显。然而，正常鱼体内生长激素含量甚微，鱼血中生长激素的含量仅为20微克/立方分米，不可能从鱼体中大量提取获得。鱼类生长激素是一种由200多个氨基酸组成的蛋白质,用化学合成法在实际生产中也行不通。而利用基因工程方法,也就是从鱼的脑下垂体中克隆出生长激素基因,然后将这种基因转入微生物体内,利用工厂化发酵技术大量培养含这种基因的工程菌,再从工程菌的产物中提取纯化这种生长激素。目前已有鲑鱼、鳗鱼、金枪鱼、虹鳟和黄鳍鲷等鱼的鱼类生长激素基因被克隆和表达(运用重组 DNA 技术测得鱼类生长激素的 DNA 序列,并在大肠杆菌、酵母或昆虫细胞中进行重组表达),并将其作为添加剂加入鱼类饲料中。用这种饲料养鱼,可获得生长周期短、个大味美的"超级鱼",这无疑会产生巨大的经济效益。近年来全国沿海地区已普遍开展大面积的海上网箱养殖、滩涂围养和工厂化高密度养殖,养殖品种也多达十几个。鱼类生长基因工程开发产品必定有广阔的市场。

另外,科学家们还利用转基因动物技术,将生长激素基因整合到鱼的基因组中,培育出能快速生长的生长激素转基因鱼。这种鱼能合成比普通鱼多的生长激素,从而生长发育的速度要比普通鱼类快得多。

能治病的毒素——河豚毒素

河豚的种类很多,其肉味鲜美,但若处理不当,食后易中毒,故有"拼死吃河豚"的说法。河豚所含的毒素在其体内的分布是有差异的,以卵巢、肝脏、脾脏、血液等含量最多。冬春季节是河豚的产卵季节。此时,河豚的肉味最鲜美,但含的毒素也最高。河豚毒素是最早发现并加以研究的海洋生物毒素。从上世纪初人们就对其进行了研究,1975 年最终确定河豚毒素的结构;1977 年首次完成全人工合成。最早认为河豚毒素来源于河豚体内,后来在海星、红藻、章鱼等一些生物体内也发现了河豚毒素,因而认为它来源于藻类,最后研究人员又从含有河豚毒素的叉珊瑚、毒蟹、河豚等生物体内分离出一些细菌,经培养后检测到有河豚毒素及其类似物,进而证明河豚毒素是由含毒生物的共生菌所产生。随着科学技术的进步,令人恐惧的河豚毒素已步入了药学殿堂,并且在治疗人类疾病方面发挥着越来越重要的作用。河豚毒素在医疗上可以用于治疗癌症。"新生油"是从河豚肝脏中提取的抗癌药物,用于治疗鼻咽癌、食道癌、胃癌、结肠癌等,疗效很好。河豚可以用于镇痛,对癌症疼痛、外科手术后的疼痛、胃溃疡引起的疼痛,河豚毒素制剂均有良好的止痛作用。使用河豚毒素的好处是用量极少(只需 3 微克),

止痛时间长，又没有成瘾性。特别是穴位注射，作用快、效果明显，可以作为成瘾性镇痛药吗啡和哌替啶的良好替代品。河豚毒素还可以止喘、镇痉、止痒。河豚毒素可以治疗哮喘、百日咳。对治疗胃肠道痉挛和破伤风痉挛有特效。河豚毒素对细菌有强烈的杀伤作用。从河豚精巢提取的毒素，对痢疾杆菌、伤寒杆菌、葡萄球菌、链球菌、霍乱弧菌均有抑制作用，而且可以防治流感。目前，在国际市场上，河豚毒素结晶每克已经高达 17 万美元。

对虾病毒病的检测技术

1974 年，自 Couch 在墨西哥湾的桃红对虾中发现首例对虾病毒以来，迄今为止已发现近 20 种对虾病毒。1993 年我国虾病爆发流行，引起养殖虾大面积死亡，经济损失惨重。研究表明主要病因是一种新的没有包涵体的 C 型杆状病毒。该病毒能够感染斑节对虾、日本对虾、中国对虾、长毛对虾、墨吉对虾等我国所有人工养殖的对虾种类。被感染的对虾在头胸内表面有肉眼可见的不透明白斑。病虾肝胰腺肿大发白。该病毒被称为对虾白斑杆状病毒。由于这种病毒感染性强，发病快，死亡率高，至今尚无有效药物治疗，因而近期的解决办法主要是进行病原的早期检测与快速诊断。通常虾病毒的检测方法有组织病理学、血清免疫学及分子生物学等方法。组织病理学方法包括光学显微镜观察和电镜观察。但病理学检测耗时长，早期诊断困难。免疫学方法主要是采用酶联免疫反应法，后又结合荧光技术，使灵敏度有所提高，目前主要缺点是特异性较低，检出率不如分子生物学法高。分子生物学法主要有核酸杂交法和多聚酶链式反应（PCR）法。即从纯化的病毒粒子中提取核酸，进行克隆，筛选具有专一性的克隆片段，标记或者设计引物对，便可以与组织中提取的核酸杂交或做 PCR，就可检测是否存在相应病毒。PCR 技术灵敏度要比核酸杂交高得多，因而在实际检测中越来越多地采用 PCR 技术。随着对对虾白斑杆状病毒分子生物学研究的不断深入，现已推出了由 PCR 技术转化的特异性好、灵敏度高、更加快捷方便的对虾病毒检测试剂盒。

褐藻多糖药物

海带、巨藻、马尾藻、裙带菜等褐藻中存在大量的多糖物质，即褐藻多糖,主要是指褐藻胶,此外还有褐藻糖胶、褐藻淀粉(海带淀粉)等。褐藻胶是褐藻细胞间多糖,主要指褐藻酸及其盐类。褐藻酸在海带科海藻中含量较高,一般含量为 $20\%\sim25\%$。在其他褐藻中含量也十分丰富。将褐藻洗净后,加入热碱水搅烂,用水稀释后,去除残渣后就可以得到一种分散均匀的溶解胶体,这种胶体就是褐藻酸钠。如果将胶体用酸处理,就会得到凝胶褐藻酸。褐藻酸钠和褐藻酸统称为褐藻胶。褐藻酸钠是褐藻类植物富含的一种可以药用的成分。褐藻胶是安全有效的止血药。用褐藻胶制成的止血纱布,用于压迫和包扎大动脉出血,几分钟后,就能有效止血。褐藻胶制成的各种药物,如止血粉、止血海绵等在外科中应用十分普遍。褐藻酸钠可以制成良好的血浆代用品。当由于大量失血、大面积烫伤、剧烈呕吐等原因引起血液循环量降低、产生休克而需要输血时,用褐藻酸钠制成的羧甲淀粉,用于补充血容量和维持血压,不但疗效显著,而且还有迅速排除体内毒素的作用。褐藻酸钠能减少人类消化道对放射性物质——锶的吸收。放射性锶对人体危害很大,半衰期长达 28 年,主要积存在骨骼中,易引起白血病和骨癌。褐藻胶具有降低血清胆固醇、血液中甘油三酯和血糖的作用。褐藻胶还是镶牙时使用的良好模材。到医院镶牙的病人先要咬牙模,医院里常用的一种藻酸盐印模材,就是以褐藻胶为原料制成的。褐藻糖胶和褐藻淀粉具有抗凝血、降血脂的作用。

我国在海藻多糖药物研究和开发方面取得了一系列成果,有些成果已达到国际先进水平。例如我国以褐藻胶为原料,经分子修饰,研制出多种具有不同疗效的海藻多糖药物。中国海洋大学海洋药物研究所在中国工程院院士管华诗教授带领下研制的藻酸双酯钠(PSS)和甘糖脂等是较成功的范例。

海上石油污染的生物降解技术——"超级嗜油工程菌"

石油是远古年代未能进行降解的有机物质积累,经地质变迁而形成的、离开了生态圈的天然有机质,人类的活动使其重新进入生态圈。在开采、运输和使用过程中极易引起环境污染。石油污染主要发生在海洋。据统计,每年通过各种渠道泄入海洋的石油和石油产品,约占全世界石油总产量的

0.5％。由于航运而排入海洋的石油污染物达 160 万～200 万吨,其中 1/3
左右是油轮在海上发生事故导致石油泄漏造成的。我国海上各种溢油事故
每年约发生几百起,沿海地区有的海域海水含油量已超过国家规定的海水
水质标准2～8倍,石油污染呈逐年上升趋势。石油污染会带来严重的后果。
因为石油的各种成分大多具有毒性,同时它还会破坏生物的正常生活环境,
造成生物机能障碍。石油在海水中形成的油膜,会影响海洋与大气气体交
换。污染区内的甲壳类和鱼类会受到伤害,海鸟也难以幸免。因为原油能
损害羽毛的功能,使其游泳和飞翔能力降低,最后冻饿而死。黏度大的石油
能堵塞水生动物的呼吸和进水系统,使之窒息死亡。石油污染还会使水产
品品质下降,造成经济损失。石油中还含有多种具有致癌性的环芳烃,经食
物链富集和传递,危及人类健康。所以,为了保护海洋生态环境,发生石油
污染后,必须迅速消除。传统上,石油溢出的处理大多采用物理或化学方
法,如用围油缆阻挡石油扩散、用抽吸机吸油、用水栅和撇沫器刮油等;或喷
洒化学清除剂加速原油分解。但这些方法的效果都不太理想。

在自然界净化石油污染的综合因素中,微生物降解起着重要作用。但
是,海洋中天然存在的能分解原油的微生物数量较少,并且不是一种微生物
可以完成原油所有石油烃的分解,需要多种微生物协同作用。如果能培养
出一种微生物,具有上述多种微生物的功能直接分解原油,消除石油污染就
简单多了。美国科学家 Chkrabarty 采用生物技术,以铜绿色假单胞菌
(Pseudomonas Aeruginosa)作为受体,将恶臭假单胞菌(Pseudomonas Putida)
等携带的具分解原油烃各成分功能的多种质粒转入其中,构成了带有多种
质粒的"超级嗜油工程菌"。这种菌具有降解原油大多数石油烃的能力,并
且可以通过发酵工程大量培养,用于海上溢油处理,其清除油污的能力比天
然微生物高得多。美国环保局在阿拉斯加因石油泄露而被污染的海湾采用
"超级嗜油工程菌"降解修复方法,取得了较好的效果。

海洋微生物溶菌酶及其应用

溶菌酶是一种专门作用于微生物细胞壁的水解酶,又称细胞壁溶解酶。
1922 年英国人 Fleming 首次在人的鼻黏液和眼泪中发现存在有溶解细菌细
胞壁的酶,并将其命名为溶菌酶。1937 年,Abraham 和 Robinson 从鸡卵清

中最先提取分离出溶菌酶晶体。此后,人们在动物、植物和微生物中都发现了溶菌酶的存在。从此揭开了溶菌酶的研究历史篇章。

中国水产科学院黄海水产研究所酶工程研究室的研究人员,在国家海洋"863"计划"海洋新型酶的产业化研究"的支持下,从东海海泥中筛选到一种产溶菌酶的海洋细菌——侧孢短芽孢杆菌S-12-86,并通过对溶菌酶产生菌发酵条件的优化,完成了生产性中试,即将投入商品性生产。

海洋微生物具有适应海洋的特殊性环境(低温、高压、低营养和高盐)的特性,海洋微生物产生的海洋溶菌酶与陆生动、植物及微生物来源的溶菌酶比较具有独特的优势,例如,其最适作用温度较低,热稳定性和pH稳定性较好,溶菌谱广泛,对格兰氏阳性菌(金黄色葡萄球菌、溶壁微球菌等)、格兰氏阴性菌(大肠杆菌、铜绿假单孢菌等)和真菌都有不同程度的抑菌作用。而一般动、植物和微生物的溶菌酶不能同时对金黄色葡萄球菌和大肠杆菌或铜绿假单孢菌都有作用。该海洋微生物溶菌酶,除具有一般溶菌酶在医疗上的抗菌、抗病毒、止血消肿及加快组织恢复等作用,在食品工业中用作防腐及生物工程中制备微生物原生质体的工具酶的功能外,在海水养殖业病害防治方面也有独到作用。自1945年磺胺药成功地应用于治疗鳟鱼疖疮病以来,氨苄西林、氯霉素、土霉素等相继在水产养殖中应用。目前,在我国水产养殖中,化学药品、抗生素和激素的大量使用及滥用的弊端也日益显露出来,不仅危害人民身体健康、污染环境,而且影响产品出口,制约我国水产养殖业的发展。经试验,在养殖大菱鲆的饲料中添加少量(0.03%)海洋微生物溶菌酶,试验组比对照组增重率、存活率、饲料效率和肥满度均有较大提高。在中国对虾养殖中应用,也有增强免疫力、血清杀菌活力和存活率的作用。海洋微生物溶菌酶是一种应用性强、性能优、无毒副作用、无残留的"绿色制剂",具有广泛的应用空间和良好的市场前景。

"绿色杀虫剂"——沙蚕毒素

沙蚕是一种无脊椎动物,全球有1万多种,我国近海有800多种。沙蚕体似蠕虫,身体由很多体节组成。沙蚕栖居泥沙中,绝大多数生活在海洋中。沙蚕营养丰富,粗蛋白约占干重的67%,含有18种必需氨基酸,尤以谷氨酸的含量最高。在我国北方,沙蚕多用作海水养殖鱼、虾的饵料,对鱼虾的增重和促成熟效果显著。沙蚕也是一种很好的海洋钓饵,是我国出口的水产品种之一。我国福建、台湾、海南岛、广东等沿海地区常用它煮粥喂养幼儿。沙蚕也是良好的补益强壮药,所以有"海洋里的冬虫夏草"的美称。

从索沙蚕科的异足索沙蚕可以提取一种毒性很强的毒素,叫做沙蚕毒素。这种毒素对鳞翅目、等翅目、双翅目等多种害虫,都有极强烈的触杀和胃毒作用,可以用来制造杀虫剂。由于沙蚕毒素是沙蚕体内的自然成分,容易分解,没有残毒,所以使用后不会像化学农药那样引起环境污染。因而沙蚕毒素的提取物,被称为当今世界上优良的"绿色杀虫剂"。20世纪80年代国际上畅销的杀虫剂"巴丹",就是日本武田药厂根据沙蚕毒素的结构而合成的。我国生产的农药"杀螟丹",就是沙蚕毒素的衍生物,它能有效地杀死害虫,对螟虫的杀伤力最明显。

全雌鱼

有些鱼类雌雄生长差别很大,例如牙鲆的雌鱼比雄鱼长得快,同样条件下,雌性比雄性的二龄鱼重 16％,三龄鱼重 28％,四龄鱼重 50％。有些鱼的鱼卵具有较高的商品价值,如鲑鱼卵和鳇鱼卵。因此,培育全雌的牙鲆、鲑鱼和鳇鱼,在水产养殖业中具有极重要的意义。如何能培养出全雌的鱼呢?大家知道雄鱼的性染色体为 XY,它产生两种精子:一种精子具 Y 性染色体,另一种具 X 染色体。雌鱼的性染色体为 XX,所产的卵子都具有 X 性染色体。一般在没有受精的情况下,卵子是不会发育的。如果卵子依靠自己的细胞核发育成个体,这种生殖行为称雌核发育。它与孤雌生殖、杂种发育不同,雌核发育需要同种或异种鱼的精子进入卵内,不过这些精子只起激动卵子使它开始发育的作用,遗传物质不参与卵子的发育,胚胎发育完全是在雌核控制下进行的。因此得到的后代全部是母性性状,其基因型与母本相同或略有差异。

自然界也有雌核发育的鱼类存在,像俄罗斯西部和我国黑龙江流域的银鲫的某些种群,它们就是以雌核发育的方式繁殖后代。天然雌核发育具有重要的意义,因为在单一雌体存在的条件下,群体就可得以繁殖和发展。

用实验手段也能诱发动物卵子雌核发育,方法有:① 杂交,即用远缘种的精子激活卵子;② 射线处理,即用一定剂量的射线照射精子,使精子的染色体失活而不损伤其受精能力,从而诱发雌核发育。精子只起激活作用,不参与鱼卵胚胎的发育,获得的是单倍体胚胎。只含有单倍的染色体组,其器官发生一般都异常,绝大多数幼鱼在出膜前或出膜后不久就死亡。要使胚胎正常发育,必须进行特殊处理,使雌核发育的卵子染色体二倍化。雌核发育的卵子染色体二倍化有两条途径:① 用温度休克等方法抑制第二极体放出;② 用水静压法等抑制第一次卵裂。经上述处理后得到的雌核发育二倍体均含有两条 X 染色体,在遗传表型上均为雌性。若将这种二倍体鱼苗在一定阶段内用雄性激素处理,使其转变为功能上的雄鱼,其遗传型仍为 XX,成熟后其所产精子都含 X 性染色体,与正常的雌鱼(XX)交配所产的后代全为雌鱼,即全雌鱼(图 4-3)。

① 雄鱼 XY(♀♂)　　　② 二倍化及　　　③ 交配

失活精子激活　　　　　雄性激素处理

雌鱼(XX)→卵子(X)→雌核发育单倍体→→功能雄鱼(XX)X 正常雌鱼(XX)→全雌鱼(XX)

图 4-3　全雌鱼培育过程示意图

全雄鱼

罗非鱼是联合国粮农组织推荐的一种生长快、产量高的优良品种。如用海水养殖罗非鱼,无淤泥味,味道比淡水养殖的鱼更鲜美。罗非鱼雄鱼比雌鱼长得快且大,由于其繁殖快,在一个养殖季节里能繁殖好几代。雌鱼长不大,但同样消耗饵料,增加养殖成本。通过性别控制培育全雄罗非鱼,是一种高效、增产的有效途径。

全雄鱼与全雌鱼不同,全雄鱼是靠雄核发育来诱导的。精子有两种:含 X 性染色体的精子和含 Y 性染色体的精子。雄核发育与雌核发育不同,它是使卵子失活(方法同精子失活),失活的卵子与具有 X 性染色体的精子受精后,再经二倍化处理成为带有 XX 性染色体的雌鱼,而失活的卵子与具有 Y 性染色体的精子受精后,再经二倍化处理成为具有 YY 性染色体而自然界不存在的超雄鱼。其 YY 性染色体的超雄鱼成熟后与正常雌鱼交配产生的子一代全部是雄鱼(XY),即全雄鱼(图 4-4)。

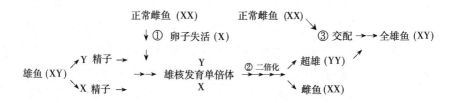

图 4-4　全雄鱼培育过程示意图

海洋化学技术

防止金属被海水啃掉的方法——海洋防腐

说起金属腐蚀,大家不难想到,如果将一个废铁盒放在室外,经过长时间的风吹、日晒、雨淋,你就会发现,铁盒的表面会生锈,并逐渐开始腐烂,最后被一块一块地分解、烂掉。这就是一种典型的金属腐蚀现象。引起金属腐蚀的因素很多,若在干燥空气、无盐河水和浑浊海水这三种不同情况下比较,哪一种条件下金属腐蚀的速度最快呢? 试验结果表明:在干燥空气中的金属受腐蚀的很少,在无盐河水中金属腐蚀也较慢,腐蚀速度最快的就数浑浊海水了。

随着世界经济的发展,海洋产业已经起到越来越重要的作用,海洋腐蚀与防护研究工作也越来越重要。据统计,世界上每年因腐蚀而造成的损失占国民经济生产总值(GDP)的 $2‰\sim4‰$,它比因火灾、风灾、水灾和地震等自然灾害所造成损失的总和还要大。而海水又是一种强电解质溶液,海洋环境是一种特定的极为复杂的腐蚀环境。海上大桥、海洋平台、海底电缆、海港码头、船舶等海洋工程设备的安全和正常运行,必须进行高效的防腐,才能得到可靠的保证。图 4-5 为海水中的裸钢桩在工作 11 年后的腐蚀情况。

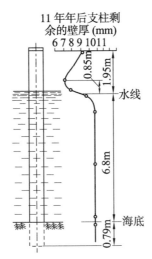

图 4-5　在海中工作了 11 年后铁桩柱受破坏的情况

在受海水冲击作用较强的地方,即浪溅区,是海洋腐蚀最严重的地方。对于海洋工程构件在这些区域的防腐方法,目前国内以防腐涂层为主,延伸到水下的部分,还可以利用阴极保护措施。但是这些措施对于这一腐蚀最严重部位的防腐还远远不足。因而海洋工程结构件在浪溅区的防腐研究及应用已成为一个急需解决的课题。

在国外发达国家,海洋浪溅区的防腐问题已得到了空前广泛的关注。特别是跨海大桥桥桩等海上柱桩、桥梁的悬索、港口码头的基桩以及海上石油平台桩腿的浪溅区防腐,已经得到了深入的研究探讨。现在公认的最成熟的防腐方法之一是防腐套包缚方案。据国外资料介绍,在美国、英国、日本等发达国家,越来越多的海上大桥、港口码头及海洋石油平台桩腿的浪溅区防腐均采用了防腐套技术,尤其在其他的防腐措施失败以后,无不最后采用该技术。该技术防腐效果非常优异,安装简单,防腐寿命特长,综合防腐成本低,得到了广泛的认可,其应用技术已经非常成熟,是海洋工程浪溅区防腐方案的首选。

用、防结合的核电站防护技术

辐射存在于整个宇宙空间。辐射防护是研究保护人类和其他生物种群免受或少受辐射危害的应用性学科。辐射分为电离辐射和非电离辐射两类。α射线、β射线、γ射线、X射线、质子和中子等属于电离辐射,而红外线、紫外线、微波和激光则属于非电离辐射。在核能领域,人们主要关心的是电离辐射可能对健康产生的影响及其防护措施。通常将电离辐射简称为辐射或辐射照射。核能应用领域的辐射来源于核能产生装置(如核电站)在运行过程中产生的各种放射性核素。

人们在对辐射产生危害的机理进行大量研究的基础上,建立了有效的辐射防护体系,并不断加以发展和完善。目前,国际上要求任何伴有辐射的实践所带来的利益应当大于其可能产生的危害,在综合考虑社会和经济等因素之后,将辐射危害保持在合理可行、尽量低的水平上,为了保证社会的每个成员都不会受到不合理的辐射,规定了个人剂量限值。国际基本安全标准规定公众受照射的个人剂量限值为 1 毫希/年,而受职业照射的个人剂量限值为 20 毫希/年。

核能发电是目前核能和平利用的最主要的方式。在正常运行情况下,核电站对周围公众产生的辐射剂量远远低于天然的辐射水平。在我国,国家核安全法规要求核电站在正常运行状况下对周围居民产生的年辐射剂量不得超过 0.25 毫希,而核电站实际产生的辐射剂量远远低于这个限值。大量的研究和调查数据表明,核电站对公众健康的影响远远小于人们日常生活中所经常遇到的一些健康风险,例如吸烟和空气污染等等。因此,核电站在正常运行情况下的环境安全性已被人们所广泛接受。那么,核能释放的辐射是通过什么方式被屏蔽到这么低的水平呢?

核电安全的核心在于防止反应堆中的放射性裂变产物泄漏到周围的环境,为此,一般采取多层次纵深防御的安全原则。为了防止反应堆堆芯中的放射性裂变产物的外泄,在工程上设置有适当的实体屏障。核电站一般都有 3 道安全屏障,即燃料元件包壳、一回路压力边界和安全壳。

为了在万一发生严重事故、大量放射性物质泄漏到外部环境的情况下,能够保障周围公众的健康与安全,核电站还必须制订应急响应计划,并做好相应的应急响应准备工作。随着研究的深入和运行经验的不断积累,核电站的运行安全水平将不断提高,而未来的先进核电站将具有更高的安全水平。

一箭三雕——海水淡化、核电站和海水综合利用相结合

随着社会的发展,陆地上的资源已越来越不能满足人们的长期需要,节约资源、提高资源利用率引起人们的广泛关注。将海水淡化与核电站和海水综合利用结合起来,是一种可以充分提高资源利用率、最大限度地节约资源的好方法。

核电站在工作过程中,需要大量的冷却水来维持设备的正常运转,这些冷却水一般是海水。海水在冷却管道的过程中被加热,可以利用多级闪蒸蒸馏法将该部分海水淡化为可饮用的淡水。该方法是根据水的沸点随着压力的降低而降低的原理,将已经被加热的海水引到一个压力较低的设备中,海水便很快蒸发变成蒸汽,蒸汽急速离开海水通过冷凝被接收下来,而盐则留在液体中。这种过程是连续的,也就是说在一组蒸馏设备中有很多隔室,在这些隔室中海水的温度由高至低逐步降低,并且各个隔室中的压力也是相应逐步减小的,那么海水便会在各个隔室中沸腾、蒸发,变成蒸汽,冷却后的冷凝水就变成了所需要的淡水,被冷凝器吸收的热能又可以用来加热新进入的海水。每个隔室中剩下的海水,其含盐量从小到大逐渐增高,最后变成浓盐水排出室外,具体情况如图 4-6 所示。这些高浓度海水含有天然海水中含有的全部盐类,可以从这些高浓度海水中提取各种各样的化学元素,例如食盐、镁砂、钾元素等与人们生活有密切关系的物质。从浓缩海水中提取物质,比天然海水要容易得多,能耗也要小得多。如此,既得到了电能,又可以得到淡水,还可以从"废水"中得到各种各样的宝贝,真是"一举三得"的好事。

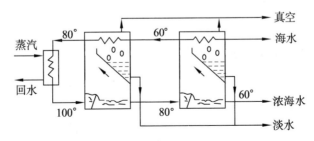

图 4-6　多级闪蒸原理

国家工业的基础——盐化工技术

盐是化学工业的重要原料,可制成氯气、金属钠、纯碱、烧碱和盐酸等。以盐为原料的盐化工产业,主要用来生产纯碱和氯碱及延伸产品。受成本的限制,盐制金属钠并未得到快速发展。

纯碱的主要下游产品为硼砂(四硼酸钠)、红矾钠、氧化铝、合成洗涤剂、日用玻璃制品、肥皂、平板玻璃、硅酸钠(包括偏硅酸钠)、合成洗衣粉、三聚磷酸钠等。

无机氯产品主要有液氯、盐酸、氯化钡、氯磺酸、漂粉精、次氯酸钠、三氯化铁、三氯化铝等 10 余个品种。

近年来比较重视高科技精细化工氯产品的开发,如高分子化合物及氯化聚合物(聚氯乙烯、氯化橡胶、聚偏二氯乙烯及其共聚物、氯化聚乙烯、氯化聚丙烯)、环氧化合物(环氧氯丙烷)、光气系列产品(光气、双光气、三光气)、甲烷氯化物(一氯甲烷、二氯甲烷、三氯甲烷、四氯化碳)、含氯中间体(氯苯和硝基氯苯、氯乙酸、氯化苄、氯乙酰氯、氯化亚砜)等。

氯碱工业与石油和天然气工业有着相互依存的关系。氯碱化工与石油化工相结合是市场竞争规律的体现,氯碱化工以石油化工为依托,石油化工发展以氯碱化工为方向,相互融合,相互促进,向大型集中化发展。

目前,我国的盐化工企业已经有 300 家左右,世界上的盐化工厂更是不可胜数。盐化工作为国家的支柱产业,将会得到更大的发展。

海洋地质调查技术

如何为古老的地球定年龄

地球年龄接近 46 亿年,月球也与之相同。这是怎么得来的? 在这漫长的地质历史过程中,地球经历了无数次的构造和造山运动,演变成了现在的状态。那么,我们是如何知道地球、月球的年龄,如何知道构造运动发生的时间呢? 这就要借助于同位素测年技术。

居里夫妇在 1898 年就提出了利用矿物中元素的放射性衰变规律来测定

矿物形成年龄的设想。直至 20 世纪 70 年代,计算机应用技术和高精度质谱分析技术的快速发展,才使矿物年龄的测定方法趋于成熟,地球形成的年代也逐渐为人类所知。

元素同位素是指原子序数相同但质量数不同的核素,它们属于同一种元素,在元素周期表中占据同一个位置。自然界中的同位素按其原子核的稳定性可分为放射性同位素(不稳定的)和稳定同位素(稳定的)两大类。放射性同位素的原子核是不稳定的,它能发生"衰变"——不间断地、自发地放出各种射线(α 射线、β 射线、γ 射线),直至衰变成另一种稳定同位素。我们正是利用放射性同位素这一特点来测年的。

放射性同位素衰变前的原子核叫母体核素,产生的新原子核叫子体核素。在放射性同位素衰变过程中,放射性母体核素的数目衰减到原有数目的一半所需要的时间叫做半衰期。半衰期是放射性同位素的一个特定常数,它一般不随外界物理条件或元素所处化学状态的变化而改变,并且不同的放射性同位素的半衰期也是不一样的。所以利用矿物中特定的放射性元素,测定其母体核素与子体核素的比率,就可以根据它的半衰期得出矿物的形成时间,进而得到星球的年龄。

如何确定你在地球上的具体位置——定位技术

郑和七下西洋,是世界航海史上的伟大创举。数万人的船队远航,与大海波涛、明岛暗礁及变化万千的恶劣气候搏斗,必须准确地知道船舶的地理位置和航向。那么,这样大的船队航行,靠什么来知道自己的位置呢? 又是如何知道自己的航行方向呢? 这就是古代的天文定位导航技术(即观测恒星高度来确定地理纬度),所用的测量工具叫做牵星板。

如今传统的一些海上导航技术和定位设备(如指南针、罗盘、牵星板等)已被广泛应用的人造卫星高精度导航定位系统取代。当前卫星导航定位系统主要有全球定位系统(GPS)、全球导航卫星系统(GLONASS)和定于 2008年实现的伽利略系统(Galileo)。

(1) 全球定位系统 GPS(Global Positioning System):GPS 是美国国防部组织研制、部署和控制的军民两用导航定位卫星系统,也是目前应用最为广泛的导航定位系统。自 20 世纪 70 年代开始研制,1994 年全面建成。

GPS主要由三大部分组成:控制部分、空间部分、用户部分。控制部分由主控站(负责管理、协调整个地面控制系统的工作)、地面天线、监测站和通讯辅助系统组成;用户部分由GPS接收机和卫星天线组成;空间部分由24颗卫星组成,分布在6个轨道平面上,轨道高度20 180千米,卫星运行周期约12小时,使得在任意时刻、在地面上的任意一点都可以同时观测到4颗以上的卫星,由于卫星的位置精确可知,通过测量卫星到接收机的距离,即可得知观测点的经纬度和高程。

(2) 全球导航卫星系统(GLONASS):俄罗斯在1982年发射了第一颗GLONASS(Global Navigation Satellite System)卫星,在1995年完成了GLONASS卫星网。GLONASS系统建成之后由于国防和航天经费严重不足,补网卫星不能及时发射,目前该系统不能满足最低导航定位要求。

(3) 伽利略系统(Galileo):虽然美国的GPS系统免费开放,但美国出于自身战略利益的考虑,往往降低他国的使用精度,有时甚至干脆予以关闭,使得盟友们也不得不看美国的脸色行事。为了摆脱受制于人的困境,欧洲于2002年开始实施"伽利略"计划,计划在5年内完成"伽利略"卫星导航系统的部署工作,2008年全部建成并投入运营。据称,"伽利略"卫星导航系统定位精度要比GPS精确10倍。有关专家说:"如今的GPS只能找到街道,而'伽利略'卫星导航系统却能找到车库之门。"我国将以平等地位与欧盟15个国家一同参与此项合作。

(4) 北斗卫星导航系统(CNSS):我国结合自身国情,从"九五"开始立项,研究北斗导航系统。合理提出我国卫星导航系统分三步走的战略:第一步建立实验系统,为国家积累经验技术,培养人才,为下一步研究打下基础;第二步为2010年底发射10余颗卫星,实现卫星导航网络覆盖距太区域;第三步则计划在2020年左右,北斗卫星导航系统将形成全球覆盖能力。为此我国科技工作者做了大量研究工作,而与欧洲伽利略计划合作的经历,更坚定了我国建设完全自主的卫星导航定位系统的决心。经过二十余年的研究与建设,该系统于2011年10月完成全面测试,具备了向我国大部分地区提供初始服务的条件,2012年为亚太地区用户提供服务。北斗系统遵循开放性、自主性、兼容性、渐进性等建设原则,如今已成功应用于测绘、电信、水利、渔业、交通运输、森林防火、减灾救灾和公共安全等诸多领域,产生显著的经济效益和社会效益。

在水下是如何定位的——水声定位

当前大多海洋工程,如海洋油气开发、深海矿藏资源调查、海底光缆管线路由调查与维护等,需要对水下仪器进行导航定位,如水下遥控机器人ROV、电视抓斗、海底土工原位测试仪、声呐系统和海底摄像系统的水下拖鱼等。此时,由于海水对卫星信号的阻挡,为地表提供定位服务的GPS等定位系统就无能为力了,那么我们是怎样实现水下定位的呢?

可采用水声定位系统来实现水下定位。水声定位系统有三种工作形式:长基线水声定位、短基线水声定位和超短基线水声定位。

(1)长基线定位系统(LBL):需要在海底布设3个以上的基点,组成海底定位基阵,基点之间的距离在几百米到几千米之间,工作船(或被测目标)一般位于基阵之内,通过测量应答器与各基点之间相对位置来确定应答器的坐标。长基线系统的优点是定位精度与水深无关,对大面积的调查区域可得到非常高的相对定位精度;缺点是系统复杂,操作繁琐,数量巨大的定位基阵,费用昂贵,也需要长时间布设和收回海底定位基阵。

(2)短基线定位系统(SBL):与长基线定位系统所不同的是定位基点是安装在船底的。3个以上的基点在船底构成基阵,这些基点之间的距离仅有几米到几十米,故称短基线系统。通过测量声波在应答器与基点之间的传播时间来确定斜距,再通过测定声波的相位差来确定方位(垂直和水平角度),进而推算出应答器的坐标。短基线定位系统的优点是系统组成简单,便于操作;缺点是需要在船底布置3个以上的发射接收器,这就对船只提出了更高的要求,整个系统需要做大量的校准工作。

(3)超短基线定位系统(USBL):与短基线定位系统一样定位基线是布置在船底的,只是它的基线长度更短些,基点是集中做在一个阵列上的,同样是通过测时、测相技术来确定应答器的空间位置。超短基线的优点是整个系统的构成简单,操作方便;缺点同样是需要做大量的校准工作,绝对定位精度主要依赖于外围传感器等。

另外还有组合定位系统。组合定位系统有多种形式,组合系统的最大优点是选取不同系统的优势,提高定位精度,扩大应用范围,但是组合系统

的设备组成和操作也变得更为复杂,组合系统一般是为用户的特殊需要定制,目前应用较多的是超短基线/长基线组合系统和超短基线/短基线组合系统。

地震勘探及其在石油探测中的应用

在陆地资源日渐枯竭的今天,向海洋取宝已经迫在眉睫。尽管在茫茫无际的海水下埋藏着巨量的石油、天然气资源,可我们看不见摸不到,如何才能找到它们,为我们的生产、生活服务呢? 这就需要我们首先想方设法来探测这些沉睡在海底的宝藏。

目前,我们在海上勘探石油和天然气主要采用海洋地震的方法,海洋重力勘探、海洋磁力勘探和测深等其他地球物理方法仅仅起到辅助和配合作用。这里所说的地震和自然界发生的地震完全是两码事,那么什么是地震勘探呢?

地震勘探是利用地震波在海底地层中的传播规律,来研究海底以下的地质构造,寻找油气田。在进行地震勘探时,勘探船通过一种人工震源在水中激发,释放地震波,地震波遇到海底内部不同的岩层会产生强弱不同的反射,通过拖在船后在水中一定深度的检波系统,依次记录下反射回来的地震波的时间和强度,对它们进行分析处理,就可以得到海底下几十米乃至几千米深的地层构造和岩性等资料,再通过分析、判断就能对石油和天然气进行远景评估了。

地震探测系统主要由三部分组成:震源系统、接收系统和数据采集系统。最初用炸药作震源,后来人们发明了其他种类的震源,如压电换能器、电磁脉冲震源、电火花震源、气枪震源等。由高精度的电子元件组成的接收系统,将接收到的微小震动转换为电信号输出到数据采集系统中,最终被记录下来。

自1936年美国首次在海洋中开展地震探测以来,海洋地震探测经历了近70年的不断发展和进步,目前已经成为海底勘查应用最广、成效最高的地球物理探测技术。

如何解除水雷的威胁——磁力

水雷是一种不引人注意、成本低廉但又非常有效的水下攻击武器。战争中水雷对抵御侵略、反抗霸权主义起到了不可磨灭的作用,但是战争结束之后海洋中遗留的成千上万枚没有引爆的水雷对我们今天的船舶航行构成了巨大的威胁,成为航海人的一个噩梦。那么如何才能解除这个航海噩梦呢?

海洋磁力测量技术的出现使我们看到了希望!

海洋磁力测量是测定海上地磁要素的工作。通常是将磁力测量仪(简称磁力仪)探头放置于海水中采集海洋区域的地磁场强度数据,将观测值减去正常磁场值(测量区背景磁场强度),再作地磁日变校正后就得到了磁异常(特殊目标)的位置。

海洋磁力测量成果有多方面的用途:

首先,对磁异常的分析,有助于阐明区域地质特征,如断裂带展布、火山岩体的位置等。磁力测量的详细成果,可用于编制海底地质图。世界各大洋地区内的磁异常,都呈条带状分布于大洋中脊两侧,由此磁力测量可以用于研究大洋盆地的形成和演化历史。同样磁力测量也是寻找铁磁性矿物的重要手段。

其次,在海道测量中,磁力测量可用于扫测沉船等铁质航行障碍物,探测海底管道和电缆等。

其三,在军事上,海洋磁测在发现海底各种掩埋、废弃的铁磁性物质等方面非常有效,如战争时期遗留在海底的炸弹、水雷、沉没的舰船和海底管线,甚至水下考古发现等。由于潜艇的潜航和反潜技术以及水雷的布设与探测技术与认识地磁场的关系十分密切,使得海洋地磁勘查在军事方面的应用也凸显其重要性。

另外,用各地的磁差值和年变值编成磁差图或标入航海图,是船舶航行时用磁罗经导航不可缺少的资料。

因此,现在越来越多的国家都把海洋磁力测量作为海洋测量的重要内容。

海底深度是怎么测量的——测深技术

在陆地上,大家可以领略到喜马拉雅山的宏伟,雅鲁藏布江大峡谷的深邃和亚马逊平原的辽阔;在海底,同样有雄伟的高山,深邃的峡谷和辽阔的平原,但由于海水覆盖,它们长期不为人所知。在人类文明高度发展的今天,水下地形测量技术的应用,海底地形的神秘面纱才逐步被揭开。

水深是航船安全最大的问题。最初水手们是使用测深绳测量水深,效率极低。20 世纪 30 年代初,单波束回声测深仪的问世替代了传统的测深绳,标志着海洋测深技术发生了根本变革。到六七十年代,多波束回声测深仪的开发与利用,是海底声学探测技术发展的又一个里程碑。随着科学技术的发展,又出现了机载激光测深、卫星遥感测深、电磁测深等测量方法。

单波束测深仪是如何测得水深的呢?大家知道声波吧,在水面下发射声波,声波向下传播遇到海底就会产生反射,将声波从发射到发射波被接受到的时间段(声波在水中传播的时间)乘以区域水体声波的传播速度,即可换算出水深。回声测深仪可以在船只航行时快速而准确地获得航船下连续的水深数据,已成为水深测量的主要仪器。

多波束也是利用声波反射原理来测量水深的。与单波束不同的是,多波束测深系统能在与航迹垂直的平面内一次发射几十甚至上百个波束,再由接收换能器接收由海底返回的声波,从而能够测出一条以船舶航线为轴线的,具有一定宽度(水深值的 7 倍左右)的全覆盖水深条带。

需要说明的是,由于潮汐使海平面做周期性的升降运动,水深测量就是在这个不断变化的海面上进行的,为了正确描绘海底地形,必须人为规定一个水深零米面——基准面,对所测水深值必须进行相对于该面的潮汐改正。在我们国家,规定青岛近海多年的平均海平面为测量基准面,该面被称为1985 国家高程基准面。另外各个省市为了测量工作的方便,也多有自己规定的基准面。

如何"透视"海底之下——浅剖

如果我们走到山崖下,或站在河岸的陡壁旁,可以看到岩石是一层叠着一层堆积起来的,这层层重叠的岩石叫做"地层"。海底岩石和泥沙同样具有这种成层的地层结构。某些地层内蕴藏着丰富的石油和天然气资源,而某些地层结构对海洋工程建设有极大的潜在危害。那么,我们用什么办法探测海底的地层结构,使我们趋利避害呢?

浅地层剖面仪是探测海底浅地层结构、海底沉积特征和海底表层矿产分布的重要工具。它的工作原理与多波束测深仪和测扫声呐相似,其区别在于浅地层剖面仪的发射频率较低,声波的穿透能力较强,能够有效地穿透海底数十米深的地层。在探测船走航过程中,设置在船上或拖体上的发射换能器向水下垂直发射声波,声波抵达海底时,一部分反射回来,还有一部分继续向地层深处传播,遇到更深层界面又都有部分声波被反射,由于这些反射界面的特性和深度不同,在船上接收到回波信号的时间和强度也不同,通过对回波信号的放大和过滤等处理后,送入记录器,就可以在记录纸上清晰地描绘出地层的剖面结构。

实际上,在 20 世纪 40 年代就出现了最原始的海底剖面仪,60～70 年代出现商品设备。由于当时技术条件的限制,地层探测结果只能绘在记录纸带上,不能长期保存。90 年代以来,随着电子和计算机技术的快速发展,数字信号处理、海量数据存储和电子自动成图等技术得以实现,促进新型剖面测量系统的问世。现在,浅地层剖面仪已广泛应用于海洋地质调查、港口建设、航道疏浚、海底管线布设、海上石油平台建设及军事等方面。

"水下千里眼"是怎样"看"到海底的——侧扫声呐

万顷碧波下是肉眼看不到的海底,那么有什么办法来"观察"海底吗?被称为"水下千里眼"的侧扫声呐就是用来解决这个问题的。

侧扫声呐属于声呐的一种,最初发明的侧扫声呐主要用在军事方面。直到 20 世纪 80 年代后期,随着海洋开发事业的迅速发展,侧扫声呐才广泛地应用到民事方面,现在已成为广泛应用的海底成像技术,而且是海洋科学调查中必不可少的仪器装备。侧扫声呐系统的应用主要有以下几个方面:探测海底地形,可以测绘出海底地貌、沉积物分布;对水下工程设施、输油管道、海底电缆进行监视和定位;搜寻沉船、飞机等;探测矿产,如石油、金属矿物等;探测鱼群,有利于渔业的发展等等。

侧扫声呐由拖在水中的拖鱼、线缆和船上的处理器三部分组成。其工作原理为:由随船行进的拖鱼产生两束与船行进方向垂直的扇形声束,声波碰到海底或礁石、沉船等物体就被反射回来,反射回来的信号由接收系统接收,然后被处理器以图像的形式显示并记录反射信号。与其他海底探测技术相比,侧扫声呐系统具有形象直观、分辨率高和覆盖范围大等优点,它能清楚反映海底状况,包括目标物的位置、高度等,故又称为"海底地貌仪"。

怎样给古老的地球量体温——古气温

现代气温的高低可以从温度计上读出来,那么一千年、一万年以前的气温呢? 某地质历史时期的气温呢? 我们能不能像读温度计那样"读"出来?

以往,人们利用地层中的化石大概地判断某地质历史时期气温的高低:如果地层中含有珊瑚化石,那么此地层形成的环境一定是温暖的,因为珊瑚在寒冷的环境中是无法存活的;如果地层中含有仙女木植物化石,那么此地层形成的环境一定是寒冷的,因为仙女木只能生长在苦寒之地。

用上述方法只能粗略地估计气温的高低,而同位素分馏方法可让我们确切得到当时的温度。同位素分馏是指在一系统中,某元素的同位素以不同的比值分配到两种物质或物相中的现象。以氧同位素分馏为例,我们用单位物质中^{18}O和^{16}O的原子数之比表示该物质的氧同位素比值,其中^{18}O要比^{16}O重一些,同位素的质量差会造成不同物质间的同位素分馏,重量较小的^{16}O更容易流失,重量较大的^{18}O会随沉积物保存下来。当同位素交换反应达到平衡时,共生矿物对或矿物与水之间的同位素分馏与温度有一定关系。这样,只要测得矿物中氧同位素的分馏系数,就可以反推当时的温度。有了这种方法,准确测得千、万年前的温度就不再是难事了。

陆地上的资源耗尽之后人类将何去何从——深海资源

有很多古老的神话故事,形象地描述着大海的底部蕴藏着无穷无尽的黄金、白银及各种各样闪闪发光的珍珠、宝石。这是在科学技术还不发达的时代,人们对深邃莫测的海底的一种猜想和向往。

直到第二次世界大战以后,随着科学技术的进步,人们才真正有目的地对包括深海大洋在内的整个海洋,进行地质和地球物理探测,渐渐地了解到海底的一些情况。尤其是近年来,世界人口急剧增长,陆地资源日渐枯竭,世界各国(特别是沿海国家)纷纷把目光投向海底矿产资源,掀起了海底矿产资源勘测的热潮。

大洋资源主要包括以下五种:

(1) 多金属结核:是形如土豆的结核状软矿物体,暗褐色,直径一般为

3～7厘米,富含锰、铁、镍、钴、铜等几十种元素。分布在世界大洋底部水深3 500～6 000米海底表层。据科学家们分析估计,世界洋底多金属结核资源为3万亿吨,仅太平洋就达1.7万亿吨。

(2)富钴结壳:是生长在海底岩石或岩屑表面的富含锰、铁、钴等战略矿产的结壳状自生沉积物,金属壳厚1～6厘米,最厚可达15厘米,主要分布于水深1 000～3 000米的海山、海台及海岭的顶部和斜坡上。据不完全统计,在太平洋西部火山构造隆起带,富钴结壳矿床潜在资源量达10亿吨,钴金属含量达百万吨,结壳因其孔隙率高可做空气清洁材料,具有重要的经济价值,因此成为继多金属结核之后各发达国家竞相争夺的对象。

(3)热液硫化物:主要出现在2 000多米水深的大洋中脊和断裂活动带上,是一种含有铜、锌、铅、金、银等多种元素的重要矿产资源,具有良好的开发远景。

(4)"天然气水合物":又被称为"可燃冰",资源总量约等于世界煤炭、石油、天然气的总储量的2倍,是一种潜力极大的新型能源。

(5)深海生物资源:深海海底蕴藏着丰富的生物资源,它们依靠地热在高温和黑暗的环境下靠化合作用维持生命。对深海生物资源的研究至少将从三个方面对人类科学和生活产生重要影响:一是丰富和发展对生命形式的认识,促使生物学家更深刻地去研究、理解生命的起源和进化,为人类探索地球以外星球的生命存在形式提供理论和依据;二是新型药用活性物质以及各种极端条件工业用酶的开发和应用;三是研究细胞在各种极端条件下的调节适应机制,帮助设计提高人类、动物和植物抵御疾病、适应环境能力的方法。这些带给我们的都将是一种全新的概念。

就在各国竞相开赴大洋、抢占先机的时候,中国也在实施着自己的计划。向大洋挺进,维护自己应有的权益。相信在不久的将来,随着海底矿产资源奥秘的进一步揭开,一个大力开发海底矿产资源的高潮一定会到来。

怎样取得海底样品——取样器

先进的海洋探测仪器能使我们了解海底地形起伏状况和海底地层结构,然而要想全面了解海底,仅仅用这些手段是不够的,有时候需要对海底沉积物或矿产等做更进一步的研究。可是由于海水的阻挡,使得200米以下的海底一片漆黑,而且海水产生的巨大压力能轻易地将人体压得粉碎,怎样才能从神秘的海底取出样品呢? 为了适应海洋地质研究的需要,各种各样的取样器便应运而生了。

在各种取样器中,最简单的是拖网,船航行时,将海底的岩石样品拖入一个铁质的网状容器内;再就是抓斗,可以抓取某一个特定地点的样品,不仅是岩石、砂、泥,甚至一些海底的生物也可以一起抓上来。然而以上两种还是远不能满足我们科学研究的需要,人们又设计出其他更加精密、更加有利于科学研究的取样仪器,如箱式取样器和柱状取样器。箱式取样器一般呈方形或长方形,靠铅锤打入海底的沉积物中,由闭合铲将样品封闭在取样器中,样品与在海底时相比变化不大,保存了更多海底的信息。柱状取样器,顾名思义,取样器为柱状,取上来的样品是一个长柱,其主要由岩心管、钻头、重锤等推进装置组成,取样管内套有衬管,可以使取上来的样品不受外部条件的干扰。

借助这些取样器取得海底样品后,送入实验室进行分析,获得更多海底信息。

能在海底随心所欲取到我们想要的东西吗——电视抓斗

在海洋研究过程中,常需要从海底捞取某种特定样品以供分析,而海底物质种类较多鱼龙混杂,造成取样的极大盲目性,取样器往往取不到我们想要的东西。试想想在茫茫的海底要取得一种特定的样品,而又不知道样品的确切位置,那真有"海底捞针"的感觉。为此,科学家们给取样器装上了"眼睛",即研制了电视抓斗。

电视抓斗是我国自行研制的深海可视采样系统,是将机械抓斗和电视摄像、照明、传输、遥控装置结合起来。该装置包含创新性抓斗机构设计、深水液压动力系统、深水视觉与远程载波通信、深水设备状态监测与甲板监视等关键技术,是一套现代化海底可视采样系统,也是我国未来海洋矿产资源勘查迫切需求的设备。它能把海底"看"得一清二楚,并将拍摄到的海底图像同步传输到实验室里,实验室里的考察人员利用电视抓斗的"眼睛",分辨、挑选海底样品,一旦发现想要的东西,就操纵电视抓斗,将样品从深海抓到船上。有了这个电视抓斗,考察人员从深海取样就不再"摸黑"了。

海洋钻探——在海洋中钻井有什么用

现今,海上钻井数量和钻井深度是一个国家钻井技术水平的综合反映。可你知道为什么要在海上钻井吗? 在海上钻井有什么用呢? 又有哪些钻井方法呢?

首先,在海底油气勘探中,海上钻井是必不可少的技术手段,它是在海上物探的基础上进行的,是对海底石油和天然气情况的详查,通过对钻井取芯的分析,可搞清地层的岩性和油层的厚度情况。其次,在进行海洋施工之前,也必须通过钻井确定其工程地基的稳定性。另外,在地球环境演变过程中,在不同环境下留下了各种各样的"历史档案",只有通过钻探取样才能"提取"出这些"档案",来研究区域演变历史。

由于海上作业的环境条件与陆上完全不同,所以海上钻井技术难度大、投资多。在海上钻井必须建造高出海面、置于海底的各种钻井平台,把钻机装在平台上进行钻探,称为固定式钻井平台。若在海上采用漂浮式的钻井装置,即为活动式钻井平台。目前,世界海洋钻井多采用活动式钻井装置。这类钻井装置既能保证钻井时的平稳性,又具有易移动且能适应各种水深的优点。

深海沉积是保存得最完整的地球历史档案,其研究意义越来越引起科学家的重视。先前的油气钻井技术已不能满足大洋钻探的需要,获取大洋沉积物样品需要更先进的钻探技术。目前,各国正在加强合作研究,努力发展大洋钻探技术。2003 年,新的"综合大洋钻探计划(IODP)"正式开始,我国也已作为参与成员的身份加入。

什么是载人深潜器

千百年来,古今中外的探险家一直在探索下到海洋深处的办法,潜水技术就是水下作业的一种重要手段。人们研制深潜器最初只是为了深海探险,到 20 世纪 70 年代以后,人们才热衷于用深潜器为科学研究和海洋开发服务,深潜器的商业和科学应用也掀起了一个高潮。随着海洋开发的需要,载人深潜技术已经成为一项专门技术,可应用于水下考察、海底勘探、海底采矿、打捞救生、水下施工、军事侦察等。

以海洋科学研究为目的的载人深潜器，使用特殊的抗压材料作壳体，不仅要求它能承受得住极大的压力，还要求它的渗水率极低，否则深潜器就会沉入海底。在高压环境下，耐高水压的动态密封技术是深潜器的一项关键技术，深潜器上的任何一个密封的电气设备、连接线缆和插件都不能有丝毫渗漏，否则会导致整个部件甚至整个电控系统的毁灭。深潜器上装配有世界最尖端的海洋探测仪器和设备，能够对海底进行全方位的探测，还安装有机械手和各种取样器，便于人们在海底考察时随时采集样品。计算机技术的应用对深潜器起到控制和监测的功能，有效地减轻了驾驶员的工作负荷。深潜器上还装有水声定位系统，所以无论它在何处，都能由随行的考察船监测到，而且能知道所考察地点的确切位置。在海底工作，即使最先进的深潜器也不能保证绝对的安全，所以深潜器还会有一个逃生系统。所以，一个先进的载人深潜器集人类深海探索科技精华于一身，是应人类对深海探索的需要而诞生的。

向深海进军是大势所趋，我国为能成为一个海洋强国，正做着不懈的努力，我国已研制成功能深潜 7 000 米以上的"蛟龙号"载人潜水器，能探测海洋 99％的海底。成为继美国、日本、法国、俄罗斯之后第五个掌握深潜技术的国家。

什么是水下机器人

水下机器人是一种不载人的遥控深潜器，可在载人深潜器所不能到达的深度与不安全的环境下进行作业。

水下机器人由执行系统传感系统和计算机控制系统组成。执行系统包括进行海底考察的各种装备，如移动装置、机械手、采样器等。传感系统则是用来收集海洋环境和系统工作的一切信息的"感觉器官"。计算机系统则是用来处理和分析各种信息数据的综合系统。水下机器人是涉及多个学科的综合性很强的高新技术。

根据遥控方式的不同，水下机器人可以分为有缆（国际上通称 ROV）和无缆（国际上通称 AUV）两种类型。有缆水下机器人（ROV）通过电缆与考察船相连，同时通过电缆向水下机器人提供电力并对它进行控制。水下机器人可以在海底行走，其上安装有机械手，能模仿人的手臂运动，完成水下作业所需的动作。无缆水下机器人（AUV）是深潜器家族的后起之秀,分为声控式、自控式、混合式三种,由工作船发出遥控指令,对其实施遥控。无缆机器人和有缆机器人的结构、设备及作业能力相似,但因为无缆,所以活动范围更广,可是由于成本较高,遥控技术要求也很高,发展速度不快。

水下机器人不断向智能化发展。最初的水下机器人只能实现一些固定的动作,其程序都是预先设定好的。以后,水下机器人开始具有了自适应能力,其动作程序可以根据外界条件变化而改变。最新的水下机器人是一个完全独立的系统,具有人工智能的特点,可以适应环境变换动作,并积累与外界交互的经验,完成给定的作业指令。

目前,水下机器人已成为世界海洋高科技竞争的重要内容。随着海洋开发的迅速推进和海洋考察范围的扩大,世界上许多国家都非常重视水下机器人的发展。我国从20世纪70年代开始水下机器人的研制工作,在各方面都取得了长足进步。1995年研制成功的"CR-01"号无缆水下机器人,可在水下6 000米考察,使我国水下机器人技术水平跻身世界先进行列。

导弹靠什么提高命中精度

1988年9月27日,南太平洋某海域,我新型潜艇水下发射的弹道导弹轰然出水,直刺苍穹,精确命中预定目标。这正是海测兵取得的海洋重力测量成果,保障了的火箭飞行路线的准确性。

海洋重力测量鲜为人知,却关系重大。海洋重力场的微小差异,就能直接影响到战略导弹等远程武器的命中精度。试验表明,1毫伽(重力异常的单位)的重力误差,足以导致弹道导弹偏离目标1千米。

海洋重力测量是测量海区重力加速度的工作。海洋重力测量技术的进步,以及重力成果的广泛使用越来越证明海洋重力数据在大地测量学、地球科学、海洋科学、航天技术的研究和军事上的重要意义。

各种岩石和矿物的密度(质量)是不同的,根据万有引力定律,其引力也不相同。据此研究出重力测量仪器,测量地面上各个部位的地球引力(即重力),排除区域性引力(重力场)的影响,就可得出局部的重力差值,发现异常区,这一方法称作重力勘探。它就是利用岩石和矿物的密度与重力场值之间的内在联系来研究地下的地质构造。

海底具有许多不同密度的地层分界面,这种界面的起伏也会导致重力异常。因此,通过对各种重力异常的解释,包括对某些重力异常的分析和延拓,可以取得地球形状、地壳构造和沉积岩层中某些界面的资料,进而解决大地构造、区域地质方面的任务,为寻找矿产提供依据。

重力加速度还会影响航天器的飞行,因此,重力异常数据对保证航天和远程武器的发射是不可缺少的资料。

加强国防建设,必须重视海洋重力测量的重要作用!

给地球装上"千里眼"

"遥感(Remote Sensing)",顾名思义,就是遥远地感知,古代传说中的"千里眼""顺风耳"就具有这样的能力。人们通过研究,发现地球上每一个物体都在不停地吸收、发射和反射各种信息和能量,其中有一种人类已经认识到的形式——电磁波,并且发现不同物体的电磁波特性是不同的。遥感就是根据这个原理来探测地表物体对电磁波的反射和其发射的电磁波,从而提取这些物体的信息,完成远距离识别物体的。遥感仪器必须依赖于辐射(光、热)或波(电磁波、声波)把研究区域的有用信息传递到观测仪器。

自 20 世纪 60 年代初,气象卫星 Tiros-1 取得了若干海洋学信息后,随即掀开了从太空研究海洋的新思维。人类能在瞬间看到几百千米的洋面上水文、生物和化学的变化,这连最美丽的神话也望尘莫及。遥感技术与海洋学的结合给海洋研究开辟了一条新途径。后来的实践表明,海洋遥感这一手段具有广泛的用途和强大的生命力。今天,当我们从电视中收看天气预报时,可以看到我国上空整个卫星云图及云层的移动情况和未来几天里的天气变化。对航海、渔业、沿海工业布局、海洋资源利用和沿岸海洋工程起到保护和促进作用。目前的航天海洋遥感主要是结合在气象卫星上进行的。

在海洋学方面,运用气象卫星资料的领域非常宽广。连续的气象卫星红外云图和可见光云图,可以从波谱和温度信息中区分出不同波谱、不同温度的水团、水流位置、范围、界线和运移情况并推算出其运移速度,从而了解水团、涡旋的分布、洋流的变动等。在航海事业中,了解洋流变动是十分重要的,它不仅能确保航海安全,还可以节省燃料。海冰的研究也是许多国家关注的问题,在海冰区航行时,即使有破冰船也得尽量选择冰裂缝或薄弱地带,利用卫星云图就可实时选择航线。

从气象卫星红外云图上监测海冰和陆上冰雪区,一个突出的问题是正确而迅速地把冰雪与云层区分开来。由于气象卫星每天定时对地表上任何地点进行重复摄影或扫描,而云层是每天变化的,所以一般采用连续几天的图像进行对比来识别。

气象卫星对观测海流也是非常有效的。其实质是研究海洋表面温度分布状况。利用 VOAA 的红外云图,加上水流订正,可测海面温度,绘制大范围的海面温度图,精度可达 $1℃$。

此外,遥感在海洋资源的开发与利用、海洋环境污染监测、海岸带和海岛调查、渔业等方面也已取得了成功的应用。

海上原位测试技术

随着海洋资源的开发利用,人们海上活动越来越频繁,海洋工程建设越来越多。为保证海洋工程设施的安全稳定,我们必须确定其地基的工程性质。虽然我们可以通过室内实验来确定海洋土的工程特征,包括其粒度、容重、含水量等物理性质和渗透性、压缩性、剪切强度等力学性质,但室内实验需要从海底取上样品,并且在机械取样和搬运过程中无可避免的造成样品扰动、损坏,也就是使所测的力学指标"失真",这就无法为海洋工程建设提供准确的信息。为了克服室内实验的弱点,海上原位测试技术就应运而生了。

所谓原位测试,就是在所要调查的地区在尽可能不改变海洋土原状态的前提下直接进行野外工作,获得各项工程力学指标。海上原位测试的方法通常包括静力触探、十字板剪切试验、水气探测试验、压电试验、旁压试验和密度试验等。不同的原位测试方法具有各自的测试优势,因而对不同的测试要求选择有效的测试方法是非常必要的。

静力触探试验(CPT)是目前海上几乎任何一个场地工程地质调查的必要组成部分,静力触探试验是把锥尖和圆柱形贯入仪按恒定的速率推进到土中去,记录过程中的锥尖阻力和侧壁阻力,此方法可获得浅地层剖面的强度资料,并确定沉积物的抗剪强度,进行地层分层和直接用作工程设计参数。

十字板剪切试验常被用在非常软的海洋黏土上,在地下一定深度转动十字板头,通过数字设备读取板头所受的阻力扭矩以获得土体的抗剪强度。

水气探测试验也是非常重要的,因为水和气对工程地质性质的影响非常大,所用探测仪器通常为 BAT 探测器和深水探测器 DGP,它们与 CPT 试验类似,将探测装置推进到海底,取得的样品通常立即在船上分析。

其他原位测试也是可以利用的,但它们一般被用在土的特殊性能调查中。对于要求高的大型海上工程项目,应该综合使用各种海上原位测试方法。

海洋能的利用技术

能源是人类赖以生存发展的基础因素之一,人类历史上每一次巨大的飞跃无不与能源的开发利用有关,而一次次的全球危机也与能源紧密相连。从长远来看,石油和煤炭等化石能源总会耗尽,重视海洋能源开发是未雨绸缪。在浩瀚的海洋里,蕴藏着极为丰富的自然资源和巨大的可再生能源,据专家估计,全世界的海洋,每年波能总量约为 236 520 亿千瓦·小时,潮汐能约为 255 442 亿千瓦·小时,海流能约为 473 040 亿千瓦·小时,温差能约为 189 216 亿千瓦·小时,盐差能约为 245 980 亿千瓦·小时。此外,海面上的太阳能蕴藏量约为 756 864 亿千瓦·小时,风能约为 94 608～946 080 亿千瓦·小时,而它们是可再生的、无污染的能源。

潮汐发电

和其他海洋能利用相比,潮汐能利用是最成熟、最现实的。建设潮汐电站,先要建一道拦海大坝,把海湾与海洋隔开形成水库,厂房内安装水轮发电机组。在涨潮时将海水储存在水库内,以势能的形式保存,然后,在落潮时放出海水,利用高、低潮位之间的落差,推动水轮机旋转,带动发电机发电。从发电原理来说,潮汐发电和水力发电并无根本差别。从现在一些潮汐发电站的结构分析,它们有以下三种发电形式:

(1)单库单向电站:单水库潮汐电站是涨潮时使海水进入水库,落潮时利用水库与海面的潮差推动水轮发电机组发电,因此它不能连续发电。这种电站只有一个蓄水库,故建筑物和发电设备的结构较简单,投资也省。

（2）单库双向电站：利用水库的特殊设计和水闸的作用，既可涨潮时发电，又可在落潮时运行（图 4-7），只是在水库内外水位相同的平潮时（即水库内外水位相等）才不能发电。其发电时间和发电量都比单库单向电站多，这样就能比较充分地利用潮汐能量。20 世纪 80 年代，中国装机容量最大的潮汐电站——浙江省温岭县乐清湾江厦潮汐电站，位列世界第三，就是这种单库双向发电的类型（图 4-8）。

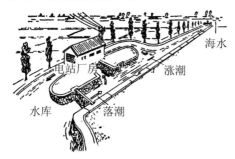

图 4-7　单库双向潮汐电站　　　　图 4-8　江厦潮汐能发电站

（3）双库双向电站：这种电站需要建造两个毗邻的水库，一个水库仅在涨潮时进水，另一个水库只在落潮时出水。这样一来，前一水库的水位便始终比后一水库的水位高，故前者称为上水库，后者称为下水库。水轮发电机组便放在两个水库之间的隔坝内。由于两个水库始终保持着水位差，所以水轮发电机便可以全日发电（图 4-9）。

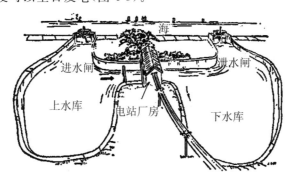

图 4-9　双库单向电站

20 世纪世界上最大的潮汐发电站，当推法国朗斯河口的潮汐发电工程，它代表着 20 世纪的先进水平。其发电量约占当时法国水力发电量的 1%，净发电为 544 千兆瓦·小时。

海流发电

不严格地说,海流就是海水的流动。这种流动包括月亮和太阳引起的周期性流动和风、密度等因素产生的非周期性流动两种。

海流发电和风力发电相似,几乎任何一个风力发电装置都可以改造成为海流能发电装置。现今应用比较广泛的海流发电设备基本分为以下 3 种:

(1) 水平轴式涡轮机发电:水平转子像船尾的螺旋桨,桨叶转动范围设计从 5 米到 33 米,可以旋转 180°,以适应涨落潮(图 4-10)。

图 4-10 自由流体动力发电系统 Verdant 发电机

(2) 垂直轴式涡轮机发电:它的装置完全浸没在水中,转向与水流方向无关,转矩高,因此在强流条件下不需要启动装置就可以自发运行(图 4 -11)。

图 4-11 Kobold 潮流发电机

(3) 振荡水翼式系统:属于可变叶片系统,由一个"水上飞机"组成,可以通过一个简单的装置根据来流改变它的攻角。引起支撑臂垂直震荡,轮流迫使液压缸延伸和收缩,从而产生了用于驱动发动机的高压油,进而产生电能。整个装置完全浸没在水下,并固定在海床上(图 4-12)。

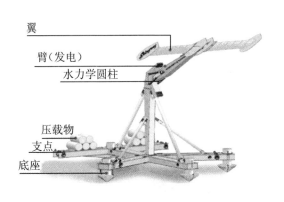

翼
臂(发电)
水力学圆柱
压载物
支点
底座

图 4-12　Stingray 潮流发电机

波浪发电

1910 年世界第一台波浪发电的杰作问世,获得了 1 千瓦电力输出,用于家庭室内照明。其基本原理为:上涌的波浪推动管道中空气运动,带动空气涡轮机旋转,涡轮机再带动发电机发出电来(图 4-13)。

空气涡机电　发电机
空气活塞室

图 4-13　岸边波浪发电示意图

总的说来,利用波能发电的装置如下一些分类:

按照提取能量内容来分有利用波浪的势能(垂直运动)、利用波浪的动能(水平摇摆运动)和利用波面起伏(即势能差)三种;按照发电装置位置来分有海上漂浮式、陆地坐底式和陆海联合式三种。

(1) 利用波浪的势能(垂直运动)发电:波浪带动浮标上下运动,起伏的浮标通过钢缆拉动线圈,使它在固定磁场(图 4-14 中"定子")中来回运动。

通过电磁感应,就可发出电来(图 4-14)。如果将这种发电装置布放成阵列(图 4-15),每个发电装置发出电力都先汇集到海底变电设备中,然后再传输的岸上。该发电机组排列间隔是 20×50 米(间距设定与海底的深度有关,目的防止缆绳缠绕)。预期 1 000 平方米安装 1 000 个发电单元。发电机设计寿命是 20 年。已有的单台发电机的发电能力 10～50 千瓦。

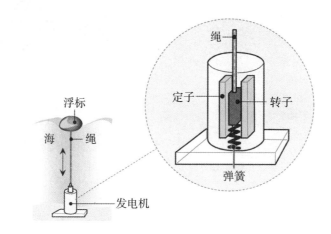

图 4-14　电磁感应发电基本原理

图 4-15　海底电厂和变电设备

(2) 利用波浪的动能(水平摇摆运动)发电:发电装置的下部锚定在海底,在波浪推动下可以绕枢轴前后摆动。然后拉动一个具有活塞的泵,最终将波浪的动能变成电能(图 4-16)。变成电能的途径有两个:一个是直接用高压水去驱动发电机发电;另一个是将高压水输送到岸上一个水力学系统中发电。

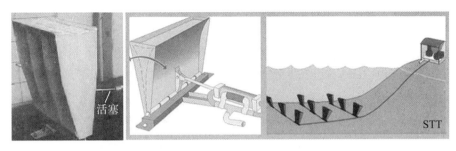

（a）Waveroll 在装配　　　　　　　　（b）海底工作示意图

图 4-16　AW 能源公司的 Waveroll 外形及工作

（3）利用波面起伏（即势能差）发电：前面所有发电装置，都是点源式提取波能，即波浪传播到发电装置的那个"点"上，能量才能被提取和转化，发电装置对"点"外波能是无能为力。而下面介绍的是利用多节的、浮动筏式设备，放在与海浪传播方向一致的水面，利用波形的高度不同，"挤压"水体去推动透平，带动发电机发电。"海蛇"的出现，将现在全球海浪发电的效率发挥到了极致（图 4-17）。自南安普敦大学的约翰·查普林（John Chaplin）设计的"巨蟒"，长约 200 米，直径达 7 米，平均可达到 1 兆瓦的功率。这意味着它 1 小时的工作，就可以满足数百个家庭生活用电的需要。

图 4-17　波浪发电机——"海蛇"号在海上

温差发电

射到海面上的太阳能，在海面上层就被迅速地吸收，温度升高，而下层温度显著低于表层：在低纬海域大洋水下 500 米深处的水温，基本变化在5～10℃之间，而在 3 000 米深处的水温则终年处在 1～2℃附近。人们可以利用低温水将某种物质变成液体，再利用表层高温水将这种液体的物质重新变成蒸汽,推动空气涡轮机旋转,带动发电机发电(图 4-18)。

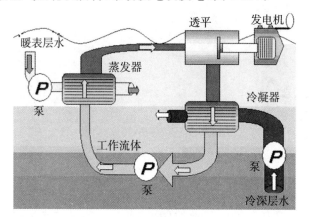

图 4-18　温差发电

目前,除去利用丙烷作为蒸发介质之外,有些学者还提出其他 12 种物质,但普遍认为最合适的是氨、丁烷和氟利昂等一些制冷剂,这些东西也都是低沸点的。

目前温差发电有封闭式循环和开放式循环两种。封闭式,就是将工作流体全部封闭、不能流失介质的一种持续发电方式;开放式循环发电,是海水在低压下(甚至真空)变成蒸汽,驱动涡轮机－发电机发电。然后用深层冷海水将蒸汽冷却,变成淡水,送入贮水池中供灌溉和饮用。开放式温差发电有很多优点:用海水作为工作流体,从而消除了氨水、氟利昂等有害流体对海洋环境的污染;封闭式循环的热交换器造价低而且效率高;能得到最可贵的淡水。我国有漫长的海岸线,特别是热带的南海有众多岛屿,这些岛屿缺水、缺电,利用温差发电,具有重要意义。其中西沙群岛发展温差发电是当务之急。

浓度差发电

在半渗透膜(这种膜可以让水分子通过,而不让盐分子通过)两边,一边放淡水,另一边是盐水,开始盐水面与淡水面相平。过了一会儿你就会发现,盐水面逐渐升高,淡水面逐渐降低。由此表明淡水分子通过半透膜进入盐水内了,从而产生一个静态压力。于是人们由此想到可以利用这个静态压力发电。

大洋海水具有 35‰的盐分,而近岸有众多河流入海,它们都是淡水。如果在淡水与海水之间也放一个半透膜,加上适当装置,根据理论计算:一直要升到大约 240 米为止,即大约相当于 24 个大气压时这种渗透才能停止。这个巨大压力差,变成水流就可以发出电来(图 4-19)。

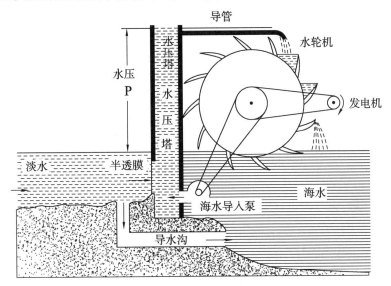

图 4-19　海水温差发电示意图

2009 年,挪威能源集团在江河入海口建一个海洋渗透能发电厂进行试验。发电能力 10kW,到现在已经运转 3 年。

风电产业

风在文学家的笔下,是个被人性化的词,赞美和诅咒都是它。风在气象学和资源学者的眼里,正像 2005 年世界气象组织技术委员会指出的:"从海上刮来的台风不仅具有败坏性,也会带来清洁的能源,造福人类。"如前几年的"龙王"台风给我国福建沿海人民造成重大生命财产损失;"卡特利娜"飓风夺走了美国数百人的生命,数万人无家可归,经济损失高达上千亿美元。但是如果人们能合理利用风力资源,其社会经济效益也是难以估量的。据国家气候中心估计,我国近海风能资源预计可达 7.5 亿千瓦,是陆上风能资源的 3 倍,其中我国东部沿岸风能密度为每平方米 50～100 瓦,浙江福建沿岸达 100～200 瓦。这是一笔多么丰富的资源啊!

随着全球经济发展,需求更多的电力,而传统的发电主要靠烧煤、燃油

161

为热源,因此在发电的同时,要排放出大量的二氧化碳和废气,污染了环境,而且二氧化碳造成的"温室效应",反过来又严重威胁着地球的生态环境,危及人类自身,所以联合国环发大会通过了"京都议定书",强烈呼吁世界各国,特别是发达国家要承诺减少二氧化碳排放,于是风能、太阳能等可再生资源在全世界范围受到重视,尤其近海风能更成为发达国家开发的重点。丹麦已是目前海上风电最发达的国家;英国新近由石油财团出巨资建设名曰"伦敦阵列"、装机容量达百万千瓦的大型风电场,其实它只是配置在泰晤士河口的滩面上,单机容量达兆瓦级的风力发电机组合,产出巨大电流并入电网。

我国是当今世界上经济发展最快的国家之一,对电力的强劲需求也是不言而喻的,尽管当前的总装机容量已达 5 亿千瓦,但仍经常出现季节性缺电,如何支撑 2020 年前实现国民经济翻两番对电力的需求呢? 向风力要电是重要出路,为此国家发改委已出台 2020 年实现 4 000 万千瓦风电装机容量的宏伟规划。这个规划刚出台,从目前发展趋势看极有可能突破规划值,关键在于加快大型风电设备制造与自主创新水平的提升。2005 年有媒体报导:"世界最大单体风电项目,已在江苏东台海域的辐射沙洲上启动建设,2008 年竣工后每年可提供 4.2 亿千瓦·时的清洁电能,并计划在 10～15 年内建成总装机容量达 600 万千瓦以上的特大风电场——亚洲绿色能源之都"。

中国资源综委会更乐观地估计:2020 年仅我国市场需求的大容量风机将超过 2.5 万台,其风电销售额超过 3 000 亿人民币,那时风电将超过核电成为我国第三大主力电源,再长一些时期,风电超越水电成为第二大主力电源也不是梦。是的,中国应该这样发展,因为我们别无选择!

图 4-20　风力发电

2005 年时,中国的风电还刚刚起步,在探索,是一个新兴产业的硕果。

162

因为我们的技术和规模都落后于丹麦、德国、美国等发达国家。但经过不到十年时间的发展,我国的风电装机容量已达 3 千万千瓦,成为世界最大的风力发电的国家。当然这样快速发展中,我们也存在输电等工程配套问题。但我们现在的生意已做到美国去了,中国的三一集团的风电工程甚至引起奥巴马的干预,公司甚至把美国总统告上法庭。这就是我们的祖国——世上无论哪个国家能办到的,我们只要想办,就一定能办到,而且做得更快、更好!

未来的新能源——"可燃冰"

目前全球的能源危机日益严重,陆地上的煤、石油、天然气三种主要能源日渐枯竭。一旦现有的资源耗尽,人类用什么来替代呢? 太阳能、核能或是其他类型的能源? 怎样解决即将面临的能源危机是科学家们一直苦苦思索的问题。

近 20 年间,科学家在海洋中发现了一种新型资源,那就是"可燃冰"。这种天然矿藏是现成的燃料,既不需要加工分解,也不需要转化,可以直接使用。从能源的角度看,每立方米"可燃冰"能分解释放 160～180 标准立方米的天然气。它在自然界分布非常广泛,世界上有 79 个国家和地区都发现了天然气水合物气藏。迄今为止,在世界各地的海洋及大陆地层中,已探明的"可燃冰"储量已相当于全球传统化石能源(煤、石油、天然气、油页岩等)储量的两倍以上。目前人们正在设法研究更好的采取方法,不久便可能成为一种丰富的能源。

什么是"可燃冰"呢? 它真有这样巨大的潜在能力吗?

所谓可燃冰,即天然气水合物(又叫固体甲烷),就是水和天然气(主要成分为甲烷)在中高压和低温条件下混合时产生的晶体物质,外貌极似冰雪,点火即可燃烧,故又称为"可燃冰"或者"气冰""固体瓦斯",是新型的能源。美国科学家在研究"可燃冰"的过程中发现,在探照灯下"可燃冰"泛着美丽的橙色,而更有意思的是在"可燃冰"的周围,生息着一些特有的蠕虫动物。

在什么条件下才能形成"可燃冰"呢? 专家认为,形成"可燃冰"最少要满足三方面条件:第一,温度不能太高。海底温度是 2～4℃,适合"可燃冰"

的形成,高于 20℃就分解。第二,压力要足够大。在 0℃时,只需要 30 个大气压就可形成"可燃冰",海深 300 米就可达到 30 个大气压,越深压力越大,"可燃冰"就越稳定。第三,要有甲烷气源。海底古生物尸体的沉积物被细菌分解会产生甲烷,在地球深处产生。在上述三方面条件都具备的情况下,天然气可在介质的空隙中和水生成"可燃冰",分散在海底岩层的空隙中。在常温常压下,"可燃冰"分解为甲烷和水。

虽然人们认识到了"可燃冰"作为能源的重要性,但世界上至今还没有安全可行的开采方案。为什么开采"可燃冰"这么困难?原因之一是天然"可燃冰"埋藏于海底的岩石中,和石油、天然气相比它不易开采和运输。更重要的原因是,"可燃冰"中存在两种温室气体甲烷和二氧化碳,其中甲烷的总量大致是大气中甲烷数量的 3 000 倍。作为短期温室气体,甲烷比二氧化碳所产生的温室效应要大得多。因此,"可燃冰"矿藏哪怕受到最小的破坏,甚至是自然的破坏,都足以导致甲烷气的大量散失。而这种气体进入大气,无疑会增加温室效应,进而使地球升温更快,一旦出了井喷事故,就会造成海水汽化,发生海啸。此外,"可燃冰"也可能是引起地质灾害的主要因素之一。"可燃冰"的形成和分解能够影响沉积物的强度,进而诱发海底滑坡等地质灾害的发生。由此可见,"可燃冰"作为未来新能源的同时也是一种危险的能源,它的开发利用就像一把"双刃剑",需要加以小心对待。

五、海洋生态系统

井然有序的海洋王国——海洋生态系统

如果你乘坐宇宙飞船在太空中俯瞰地球,就会发现地球表面大部分被蓝色的海洋所覆盖,人类居住的陆地,宛如漂浮在海洋中的一个个孤岛。海洋是地球生物圈的重要组成部分,也是其中最大的一个生态系统,这一生态系统由不同等级(或水平)的许多海洋生态亚系统组成。每一个海洋生态亚系统占有一定的空间,包含有一定的相互作用、相互依赖着的生物和非生物组分,主要通过能量流动和物质循环,保持着生物性与非生物性组分之间以及生物性组分之间的交流和平衡,并具有一定的系统特性。

海洋生态系统不仅在维持生物圈的稳态方面发挥着巨大作用,而且蕴藏着极为丰富的生物资源,与人类的生存和发展有着非常密切的关系。

海洋生态系统的非生命部分有:① 无机物质,如氧、氮、二氧化碳、水和各种无机盐等;② 有机化合物,包括蛋白质、糖类、脂类和腐殖质等;③ 气候因素,包括太阳辐射、气温、湿度、风和降雨等;④ 海洋特定环境因素,如水温、盐度、海水深度、潮汐、水团和不同海底底质类型等。

生态系统中的生命部分,以其在生态系统中的功能可划分为三大功能类群:生产者、消费者和分解者。

(1) 生产者:海洋生态系统中的生产者包括所有海洋中的自养生物(主要是藻类),这些生物可以通过光合作用把水和二氧化碳等无机物合成为碳水化合物、蛋白质和脂肪等有机化合物,把太阳光能转化为化学能,贮存在合成有机物中。

生产者通过光合作用不仅为本身的生存、生长和繁殖提供营养物质和能量,而且也为消费者和分解者提供唯一的能量来源。因此,生产者是生态系统中基本和最关键的生物成分,没有生产者就不会有消费者和分解者。太阳能只有通过生产者的光合作用才能源源不断地输入生态系统,然后再被其他生物所利用。

(2)消费者:消费者是指依靠动植物为食的动物。直接吃植物的动物叫植食动物,又叫一级消费者,如大多数海洋双壳类、钩虾、哲水蚤、鲍等;捕食动物的叫肉食动物,也叫二级消费者,如海蜇、箭虫、对虾和许多鱼类等;以后还有三级消费者(或叫二级肉食动物)、四级消费者(或叫三级肉食动物)。消费者也包括那些既吃植物也吃动物的杂食动物,如鲻科鱼类、只吃死的动植物残体的食碎屑者和寄生生物。

(3)分解者:分解者在任何生态系统中都是不可或缺的组成成分,主要是海洋微生物。它的基本功能是把动植物死亡后的残体分解为比较简单的化合物,最终分解为无机物,并把它们释放到环境中去,供生产者再吸收和利用。因此,分解过程对于物质循环和能量流动具有非常重要的意义。此外,还有一些以动植物残体和腐殖质为食的动物,在物质分解的总过程中发挥着不同程度的作用,如沙蚕、海蚯蚓和刺海参等,有人把这些动物称为大分解者,而把细菌和真菌称为小分解者。

大自然的"跷跷板"——生态平衡

生态系统具有物质循环、能量流动和信息流动三个重要的功能。在通常情况下(没有外力的剧烈干扰),生态系统平稳地行使着三个功能,并保持着生态系统结构的相对稳定状态,这就是生态平衡。生态平衡的最突出表现就是生态系统中的种群数量和规模相对平稳。但是生态平衡不是一成不变的,是一种动态平衡,它的各项指标,如生产量、生物的种类和数量,都不是固定在某一水平,而是在某个范围内变化。就像我们小时候玩的跷跷板,两边要上上下下才能维持这个游戏。生态平衡告诉我们:① 一个新的生态系统建立,要经过由简单到复杂的长期演替,最后形成相对稳定状态。相对稳定的生态系统,在物种种类和数量上保持相对稳定,能量的输入、输出大致相等,即系统中的能量流动和物质循环能在较长时间内保持平衡状态,环境资源能被最合理、最有效地利用。② 生态平衡是动态的,在环境梯度等剧烈变化时平衡就可能被打破。在生物进化和群落演替过程中就是不断打破旧的平衡,建立新的平衡的过程。因此,从生态平衡的含义给人类很多启示,告诫人类不要消极地看待生态平衡,而是发挥主观能动性,去维护适合人类需要的生态平衡(如建立自然保护区),或打破不符合自身要求的旧平衡,建立新平衡(如把沙漠改造成绿洲),使生态系统的结构更合理,功能更完善,效益更高。③ 生态系统在偏离稳定的时候,具有一定的内部调节能力重新达到平衡。当生态系统的某个要素出现功能异常时,系统就会作出相应的调节来抵消这种影响。生态系统中的能量流动和物质循环是以多种渠道进行着的,如果某一渠道受阻,其他渠道就会发挥补偿作用。如当污染物入侵时,生态系统就会通过自身的净化能力降低或消除污染,这就是系统自我调节的结果。

然而,这种调节能力不是万能的,是有限度的。一旦外力影响超出这个限度,生态平衡就会遭到破坏,我们的跷跷板也将不再平衡(图 5-1)。生态平衡被破坏的主要因素有两类:第一类是

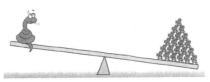

图 5-1　这样的跷跷板能平衡么?

自然的因素所带来的失调。例如,秘鲁近海由于每隔几年发生一次暖流入侵(厄尔尼诺现象),引起了鱼类的大量死亡,渔获量大幅度下降,并导致以鱼为食的海鸟因缺乏食物而大量死亡。海鸟减少后,鸟粪就大大减少,又使农业遭到损失(因为秘鲁沿岸的鸟粪是一种很重要的肥料来源)。另一类是人为因素,就是人类的干扰活动(如填海、石油开采等)对海洋生态系统造成的影响,甚至带来灾难性的危害,这是当前必须更加引起重视的一个问题。

因此,我们必须认识到人类赖以生存的自然界和生物圈是一个高度复杂的具有自我调节功能的生态系统,只有保持这个生态系统结构和功能的稳定,人类的生存和发展才有保障,我们的跷跷板游戏才能快乐地进行下去。

海洋也会自我调节吗——反馈机制和稳态

在我们自然界中,小到一个细胞的生命体,大到整个生态系统、生物圈,

它们的内在活动都各不相同,而且在同一个体或系统中的活动也是动态多变的,然而却又都处在动态的平衡状态,我们称之为"稳态"。它们之所以能保持"稳态",是由于每个体系内都有"反馈机制"的存在。海洋是一个有机的整体,在其自身的反馈机制的调节下保持着系统内活动的稳态。

稳态概念源于人体内环境的研究。1857 年法国生理学家贝尔纳(C. Bernard)首先提出"内环境恒定是机体自由与独立生存的首要条件"。1926 年美国生理学家坎农(W. B. Cannon)发展了内环境稳定的概念,指出内环境的稳定是依靠体内各种生理过程不断地调节来实现的,他将这种由调节反应所形成的稳定状态称为稳态(homeostasis)。现在稳态的概念突破了生理学范畴,人们认识到不仅人体的内环境存在稳态,各个层次的生命系统都存在稳态。在微观领域,细胞内的各种理化性质也是大致维持稳定的。在宏观领域,种群、群落、生态系统都存在稳态。

海洋生态系统的另一个普遍特性是存在反馈现象。当生态系统中某一成分发生变化的时候,它必然会引起其他成分出现一系列相应变化,这些变化最终又反过来影响最初发生变化的那种成分,这个过程就叫做反馈。反馈有两种类型,即负反馈和正反馈。

负反馈是比较常见的一种反馈,它的作用是能够使生态系统达到和保持平衡或稳态,反馈的结果是抑制和减弱最初发生变化的那种成分所发生的变化。例如,在海洋生态系统内,如果植食性贝类因为养殖而无限增加,海洋植物就会因为受到过度摄食而减少,海洋植物数量减少后,反过来就会抑制贝类生长,贝类就会因缺少食物引起单位产量下降或饥饿而死亡。

另一种反馈叫正反馈,正反馈是比较少见的,它的作用刚好与负反馈相反,即生态系统中某一成分的变化所引起的其他一系列的变化,反过来不是抑制而是加速最初发生变化成分的变化速度,因此正反馈的作用常常使生态系统远离平衡状态或稳态。例如,如果一个内海受到了污染,海区内的鱼类的数量就会因为死亡而减少,鱼体死亡腐烂后又会进一步加重污染并引起更多鱼类死亡。因此,由于正反馈的作用,污染会越来越重,鱼类的死亡速度也会越来越快。从这个例子中我们可以看出,正反馈往往具有极大的破坏作用,而且常常是爆发性的,所经历的时间也很短。

由于生态系统具有负反馈的自我调节机制,通常情况下生态系统会保持自身的生态平衡。

海洋中的食物从哪里来——生产力

海洋除了有减缓温室效应的功能之外,更提供了丰富的美味海鲜让人类日常食用。这些生物资源从哪里来呢? 原来在海洋上层有光亮的水体中,充满了个体小、数量大、且多样化的单细胞植物性浮游生物,在浅海水域还有大型的多细胞藻类,这些植物正是海洋生态系统食物链运转的动力来源,也是食物链传递流程中的基础,所以我们将这些植物性浮游生物称之为"生产者"。这些生产者的特征是会进行光合作用,利用水中的无机营养盐将无机碳转换成有机碳,因此我们将光合作用的过程称为"生产力"。海水中生产力的高低通常可代表植物性浮游生物生长速率的快慢,因此在有旺盛生产力的海域里,可以供应更多的鱼虾生长,进而有丰富的渔业资源。再者,植物性浮游生物除了扮演着食物链生产者的角色以外,它们还协助将大气二氧化碳输送进入海洋,更是功不可没。海洋学家就曾通过运算指出,如果海洋中的生产者都"罢工"的话,那大气二氧化碳的浓度就会从现在的370毫克/升上升到1 000毫克/升;相反,如果让它们的光合作用速率可以"全力冲刺"的话,那大气二氧化碳的浓度就会降至110毫克/升。由此可见研究海洋"生产力"的重要性。

海洋生物的生产力就是生物通过同化作用生产(或积累)有机物的能力,它主要包括两部分:

一是初级生产力,即自养生物通过光合作用或化学合成制造有机物的速率。初级生产力包括总初级生产力和净初级生产力。前者是指自养生物生产的总有机碳量;后者是总初级生产量扣除自养生物呼吸消耗掉的量。

二是次级生产力,即除生产者外的各级消费者直接或间接利用已经生产的有机物经同化吸收、转化为自身物质(表现为生长与繁殖)的速率,即消费者能量储蓄率。由于消费者只利用已经生产出来的食物,扣除部分呼吸损失,并被一个完整的过程转化为不同组织,因此,次级生产力不能分为"总"的和"净"的量。

海洋生产力代表着一种性能,水域的这种性能越高,它所能提供的生物产品也越多,因此海洋生物的生产量也就越高。海域生产力代表了海洋生态系统各营养级能量流动和物质循环的转换过程和生态效率。因此,海域生物生产力是海洋生态系统重要的功能之一,同时也是渔业资源开发利用、科学管理和提高生产的生物学基础。

正是由于海洋生产力的存在,才使我们能够欣赏到千奇百怪的海洋生物,品尝到美味可口的海产品,我们的生活才能更加丰富多彩。

肉眼看不见的链环——食物链和食物网

俗话说,大鱼吃小鱼,小鱼吃虾米,虾米吃烂泥。如果所有的虾米都消失了,大鱼也就不复存在。它们环环相扣,相互依赖。如果地球上这种相互依赖的关系遭到损坏,必将造成生态失衡,人类也会遭受灭顶之灾。

那究竟这种关系是靠什么来维持的呢?答案很简单,因为我们拥有一个肉眼看不见的链环——食物链和食物网。那食物链和食物网又到底是怎么一回事呢?以上面的谚语为例,从烂泥中的硅藻等有机物质开始,虾米通过取食这些有机物转化为自身物质和能量,虾米被小鱼所食,小鱼又被大鱼所食,最后,其他动物或人吃了大鱼,又把物质和能量转化到自己身上。这样在自然界生物群落中就形成了一个生物之间的食物关系,这种关系在生态学中被称为食物链(food chain)。当然,自然界中不仅仅只有一条或几条单纯的食物链,而是存在着许许多多不同的食物链,并且各个食物链并不是简单地相互孤立地存在着,而是彼此交织在一起,形成了错综复杂的食物网(food web)。

而组成食物链的主要有生产者、消费者和分解者。在海洋生态系统中,浮游植物制造的有机物不仅养活了自己,还为动物的生存提供了食物,因此,浮游植物是海洋生态系统中的生产者。动物直接或间接地以浮游植物为食,叫做消费者。真菌和细菌分解有机物,被称为分解者。在图 5-2 中,浮游植物是生产者,它们利用无机元素制造有机物,而浮游动物及虾、鱼等直接摄食海藻等浮游植物,它们都属于消费者,所有消费者所产生的有机碎屑和腐殖质又都被细菌和真菌等的分解者所分解成简单的化合物以被浮游植物吸收利用。生产者、消费者和分解者三者是相互依存、缺一不可的关系。而生态系统中的物质和能量就是沿着食物链和食物网流动的。

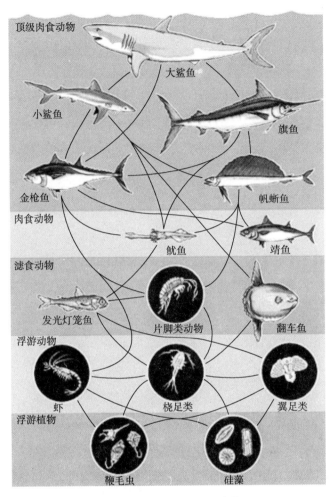

图 5-2　海洋中的食物链和食物网

　　"黄雀捕蝉,螳螂在后"不仅仅是一条谚语,更是对大千世界的活生生体现,揭示出了食物链和食物网的自然规律。而正是由于这个我们肉眼所看不到的链环的存在,才使生态系统变得稳定,使我们的生活更加美好。

冰雪中脆弱的食物链——南极食物链

　　所谓食物链,是指生物之间的弱肉强食、互相依存的食物关系。南极食物链(图 5-3)是自然界中一条脆弱的特殊食物链。最初一环是浮游植物,主要是硅藻,这和世界其他海洋的情形一样。浮游植物进行光合作用,利用太阳光把二氧化碳和水变成有机物,即把太阳能转变成化学能贮存起来。浮游植物是初级生产者,为其他消费者提供食物和能量。

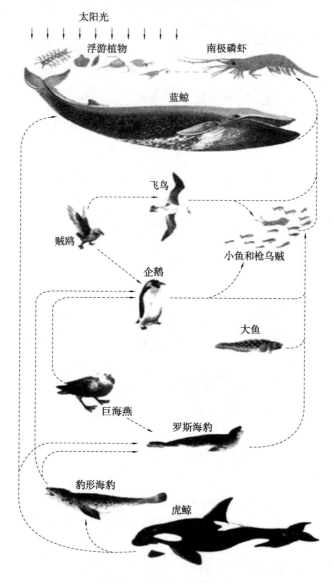

图 5-3　典型的南极食物链

食物链的第二个环节是浮游动物,在南大洋中主要是磷虾,它们以浮游植物为饵料。依靠浮游植物而生长繁殖的磷虾又是其他更高营养级生物

（如海豹、企鹅和鲸）的食物，它们是次级生产者。

南极到了夏天，几乎没有夜晚，漫长的南极昼，使海洋中大量的冰层不断融化，特别适合单细胞浮游植物硅藻等迅速繁殖，有时会使海水染成红褐色，以硅藻等为食的磷虾也随之发展起来。由于食物充足吸引了大量以磷虾为饵料的鲸、海豹、企鹅以及各种鱼类，使它们在这里流连忘返。人类可算作食物链中的最后一环，其中磷虾是南极食物链中最关键的一环。近年来，人们已不同程度地开发了南大洋的磷虾、鱼类、海豹和鲸等生物资源。由于人类对南极磷虾的过度捕捞和全球气温升高、南极海的冰雪融化，直接导致南极磷虾总量不断下降。鲸、鱼、海豹和企鹅等都因食物不足而面临着饥饿、死亡的危险，南极食物链已处于脆弱状态。因此，对南极食物链的保护是全世界每个人的责任和义务。

什么叫微食物网

海洋食物网的研究发现，浮游生物的自养和异养微小生物群之间，超微型（个体大小在 2 微米以下）和微型（个体大小为 2～20 微米）至小型生物之间，构成一类微型食物网，它在海洋生态系统的能量流动和物质循环中具有重要作用。

在海洋中数量巨大的异养细菌，不仅是有机物的分解者，而且也是有机颗粒物的重要生产者，它们能够利用海水中的大量溶解有机物（如糖类、氨基酸、脂肪酸等）及其本身种群生物量得到增长，被称为细菌的二次生产。这些异养的浮游细菌又能成为微型异养浮游动物（如鞭毛虫）的重要食物来源，后者又能被个体较大些的小型原生动物（如纤毛虫）所利用，而纤毛虫又是中型浮游动物（如桡足类）的食物来源。如此，从异养超微型细菌摄取海水中可溶性有机物起，经原生动物，再到桡足类形成了微食物环。

在海水中还存着大量的超微型和微型的自养原核和真核浮游生物，它们也能被上述摄食异养细菌的微型原生动物所利用，从而形成了上述的摄食关系。

海洋中的微型食物网既是一个相对独立并具有独特生态效率和快速营养更新等性质的食物网，又是海洋食物网中的有机组成部分。因为其主要的组成部分极其微小，有的甚至在显微镜下才能看到，从一定程度上揭示了显微镜下的摄食关系。通过微型食物网,使那些极其微细的浮游生物可以为更高营养级的海洋生物所利用,它们在海洋生态系统中的地位和作用是不可忽视的。

自然界中的金字塔——营养级和生态金字塔

食物链(食物网)是物种和物种之间的营养关系,这种关系错综复杂,无法用图解的方法完全表示,为了便于进行能量流动和物质循环的定量研究,生态学家提出了营养级的概念。一个营养级是指处于食物链某一环节上的所有生物物种的总和。因此营养级之间的关系是指一类生物和处于不同营养层次上另一类生物之间的关系。

在图 5-3 的海洋生物群落中,浮游植物首先固定了太阳能和制造有机物质,供本身和其他浮游动物利用,它们属第一营养级。第一性消费者浮游动物是第二营养级,小鱼和磷虾等都是食藻动物,处于同一营养级。须鲸吃磷虾,海豹吃小鱼,它们都是第二性消费者,占据第三营养级。吃大鱼的企鹅和吃海豹的虎鲸是第三性消费者,占第四营养级。还可以有第四性消费者和第五营养级。不同的生态系统往往具有不同数目的营养级,一般为 3~5 个营养级。在一个生态系统中,不同营养级的组合就是营养结构。

能量流动是生态系统的重要特征之一,在生态系统中,能流是单向的,通过各个营养级的能量是逐级减少的,减少的原因是:① 各营养级消费者不可能百分之百地利用前一营养级的生物量,总有一部分会自然死亡和被分解者所利用。② 各营养级的同化率也不是百分之百的,总有一部分变成排泄物而留于环境中,为分解者生物所利用。③ 各营养级生物要维持自身的生命活动,总要消耗一部分能量,这部分能量变成热能而耗散掉,这一点很重要。生物群落及在其中的各种生物之所以能维持有序的状态,就得依赖于这些能量的消耗。这就是说,生态系统要维持正常的功能,就必须有永恒不断的太阳能输入,用以平衡各营养级生物维持生命活动的消耗,如果这个输入中断,生态系统便会丧失功能。

由于能量流动在通过各营养级时会急剧地减少,所以食物链就不可能太长,生态系统中的营养级一般只有四五级,很少有超过六级的。

能量通过营养级逐级减少,如果把通过各营养级的能流量,由低到高画成图,就呈金字塔状,称为能量锥体或金字塔。同样,如果以生物量或个体数目来表示,就能得到生物量锥体和数量锥体。3类锥体合称为生态锥体,俗称生态金字塔。

一般说来,能量锥体最能保持金字塔形,而生物量锥体有时有倒置的情况。例如,海洋生态系统中,生产者(浮游植物)的个体很小,生活史很短,根据某一时刻调查的生物量,常低于浮游动物的生物量。这样,按上法绘制的生物量锥体就倒置过来。当然,这并不是说在生产者环节流过的能量要比在消费者环节流过的少,而是由于浮游植物个体小,代谢快,生命短,某一时刻的现存量反而要比浮游动物少,但一年中的总能量还是较浮游动物多。数量锥体倒置的情况就更多一些,如果消费者个体小而生产者个体大就会出现这种情况。同样,对于海洋中的寄生者来说,寄生者的数量也往往多于宿主,这样就会使锥体的这些环节倒置过来。但能量锥体则不可能出现倒置的情形。

也许没有埃及金字塔绚丽,也没有埃及金字塔著名,但自然界中的金字塔(能量锥体)绝对称得上是地球上历史最悠久的,并且发挥着巨大的作用,维持着海洋生态系统的持续发展。

海洋中的竞争——生态位原理

两个近缘种不能生活在相同地方的例子很多,这从达尔文时代起就引起了人们的注意。与此同时,达尔文认为,在某个种占有的生活场所内,有近缘种侵入时,则往往都是前者灭亡,并且认为这两个现象之间,有共同的机制在起作用。所谓共同机制,就是生存竞争在同一种内最激烈,其次是在同一属的近缘种之间,这就是生态位理论。

生态位是物种在生物群落中的功能作用和所处的位置。高斯认为,由于竞争的结果,两个相似的物种不能占有相同的生态位,而是以某种方式彼此取代,每个种在食性或其他方面有各自的特点。简言之,两个食性、居住场所完全相同的物种的个体数量不可能在同一地区的小生境中达到平衡。高斯以两种分类上和生态位很接近的草履虫——双小核草履虫和大草履虫进行竞争实验。两种草履虫单独培养时都增长良好,但是在混合培养时,两种草履虫开始都能增长,其中双小核草履虫增长较快。第16天以后,只有双小核草履虫存在,大草履虫则被排斥而死亡。

对于自然种群,符合竞争排斥原理的例子也很多。在太平洋的许多岛屿上都曾分布有缅鼠。后来,随着交通运输事业的发展,黑家鼠和褐家鼠也常随船只来到这些岛屿。由于"外来客"与"老住户"食性相近,彼此之间便出现激烈的竞争,结果竞争能力较差的缅鼠被排挤而发生灭绝。还有另一个著名的例子:当东美灰松鼠进入到英国后,原产在大不列颠岛及其周围大部分地区的栗松鼠由于竞争而灭绝。这些例子说明外来物种进入某地时,可能与当地生态位相似的物种发生竞争。

海洋中也存在这种竞争。有人曾研究过苏格兰岩岸两种藤壶的垂直分布,发现它们显然分布在两个不同的高度。小藤壶的成体都在平均小潮线以上,藤壶的成体则在此高度至平均大潮线下线之间。两种幼体虽然在同一区域营浮游生活,但他们选择的附着点却不同,也就是说它们的生态位有分化现象。

生态位分化的方式多种多样。常见的有栖息地分化、领域分化、食性分化、生理分化等。前面举的藤壶的例子就是栖息地的分化;北大西洋和北太平洋海岸各种海鸟,尽管它们食性几乎完全相同,但其觅食区域各有不同,这是领域分化;养鱼池中有的鱼类以浮游植物为主要食物,有的以浮游动物为主要食物,有的则以碎屑为主要食物,这就是食性的分化;海龟的大肠中有十几种尖尾虫,它们食性等完全相同,但对氧的需要和酸碱度的适应性不同,这就是生理分化。

生态位和生态位的分化使生态系统保持平衡,各物种在各自的生态位怡然自得地生活。

生物群落的沧桑变迁——生态演替

如果海洋火山突然爆发,把某个岛上所有动植物全部毁灭了,几年后又有新的绿色植物侵入这"荒芜之地",以致发展成为一个相对稳定的群落。这就是生态演替中的初级演替。如果演替是在前一个生态系统没有完全被消灭时发生的,那就是次级演替。

海洋与陆地相比处于相对稳定的状态,化学和生物学能够保持长久的稳定性,因此过去海洋学家比较不注意海洋的生态演替问题。近三十年来,环境污染越来越重,某些海洋环境的生态平衡被破坏,引起海洋学家的关注。

在沉积超过侵蚀和搬运速度的海岸,或上升海岸就可以看到生态演替现象。最初出现沼泽地,由于受潮汐影响,一些耐盐的草(如大米草)生长起来。随着海水浸没的减少,同时淡水冲洗作用的加强,随之出现了耐盐性小的植物种类,最初是草,然后是灌木乃至森林建立。同时引起了生态环境的进一步变化。

科学家为了研究海洋生物群落的生态演替,做了一个有趣的实验。他们研究了岩礁潮间带附着生物群落的生态演替。潮间带附着生物群落以藤壶、贻贝为优势种,实验开始将这些生物剥除,形成裸岩面。不久,细菌等微生物和单细胞藻类就覆盖了整个裸岩面。然后以这些微小生物为食的腹足类软体动物(如短滨螺)等就集中到这里来。这时的岩面对藤壶幼虫的定居非常合适,于是藤壶的幼虫就满满地定居在岩石上。而过去的软体动物优势种短滨螺等只好移到岩礁的更上部去了。由于在海面下的牡蛎和海葵的幼虫附着生长在藤壶的躯体上,这时随着它们的生长藤壶便被覆盖了。因此,海平面以下又没有了藤壶的落脚之地,它们仅在海平面以上那一层还残存一些。而在牡蛎和海葵的下层则生长着紫贻贝、贻贝等幼体,再更下层是鼠尾藻等藻类植物。生物们各自生长、各自占有生长基质便形成了以短滨螺-藤壶-牡蛎、海葵-紫贻贝、贻贝、鼠尾藻为顺序的带状结构。这样就完成了一次初级演替。

这个群落的沧桑变迁——从裸岩面恢复为原来的样子需要几年时间。在演替的过程中,先形成的优势种群为后来的生物种群提供了最基本的生活条件。

生物指挥棒——限制因子

生活在海洋中的所有生物都与其生存环境密切相关并相互影响。环境是指生物周围由许多因素共同组成并相互作用的系统。环境中对生物生存和生命活动没有影响的因素是不存在的,只是不同的环境因素对生物影响的重要性具有明显的差异。而且,环境因素之间又是相互影响和相互制约的。

尽管生物生存与生命活动等依靠其栖息环境中的各个环境因子及其综合作用,但是否存在一种或几种的环境因子起主导作用呢?答案是肯定的,其中有且必然有一种或少数几种环境因子是对生物生存和繁殖具有限制作用的因子。任何一种生态因子只要接近或超过生物的耐受范围,它就会成为这种生物的限制因子。不同的限制因子决定了海洋中不同的生物分布。

温度就是其中之一。根据对外界温度的适应范围,把海洋生物分为广温性和狭温性的种类。广温性种类多分布在沿岸海区;狭温性种类又分为喜冷性和喜热性两大类,前者常见于寒带水域,后者多为热带种类。像喜热种类珊瑚虫,这种腔肠动物只能在超过 20℃水温的条件下才能繁殖。因此,一般认为琉球群岛是珊瑚礁的北限。许多热带鱼类以及水母类也是喜热性动物。喜冷性种类栖息于高纬度,如飞马哲水蚤、鳟、白鲑。深海鱼类以及南极的企鹅和北极的海雀等也都是喜冷性动物。

光照强度对海洋生物的分布也具有重要的作用,光照强度随着水深的增加呈指数下降。由于沿岸海域透明度较低,光照随着水深降低更快。因此,初级生产者主要是浮游植物和光合微生物等,依靠光合作用,生产有机物,为无光带黑暗环境下生活的海洋动物提供了初级生产力。

如果一种生物对某一生态因子的耐受范围很广,而且这种因子又非常稳定,那么这种因子就不太可能成为限制因子;相反,如果一种生物对某一生态因子的耐受范围很窄,而且这种因子又易于变化,那么这种因子就很可能是一种限制因子。例如,氧气对陆生生物来说,数量多、含量稳定,因此一般不会成为限制因子(寄生生物、土壤生物和高山生物除外)。但是氧气在水体中的含量是有限的,而且经常发生波动,因此常常成为水生生物的限制因子。

必须指出的是,任何一种限制因子常常是随着另外一种或几种环境因子的变化而有所改变。对浮游植物来说,在特定的生态环境中,如果能够进行正常的生长与繁殖,除了需从环境中不断地获得营养物质外,还必须能适应环境因子的变化。

作为生物的指挥棒,限制因子对生物的生存与繁殖具有重要的作用,因此我们在研究生物的时候一定要注意抓住这个指挥棒的作用,指导我们探索自然。

生生不息的循环——生物地化循环

地球上天然生成的化学物质有 90 多种,其中生命所必需的物质只占 20 多种。那这些生命的必需物质在整个自然界的存在方式是如何的呢?经过科学家们不断的研究发现,这些物质通过名叫生物地球化学循环(简称生物地化循环)的途径,在生命物质与无生命物质之间往返循环。这些循环中,某些部分在转瞬间就可以完成,还有一些则必须跨越几百万年的光阴。

由于生态系统中的物质循环既涉及地球的化学组成又涉及地壳与海洋、河流以及其他水体之间各种元素的交换,所以,生态系统中的物质循环实际上也是生物地球化学循环。这些循环中有些化学物质与生态系统中生命的连续性关系重大,因此,它们是极其重要的。

生物地化循环不仅能在非生物成分间转移物质,而且能通过循环进入生物成分(食物链),在生态系统中的两大成分中循环。

从生态学观点来看,在海洋中最重要的是限制生长营养物质的循环速率。营养物质(如硝酸盐、铁、磷酸盐和可溶性硅)在海洋中的浓度很低,往往低于浮游植物生长最快时所需要的半饱和水平的一半,因此,会限制浮游植物的生产。

硅对浮游植物——硅藻、硅鞭藻和浮游动物——放射虫的主要限制作用是形成骨骼。硅的循环相对简单,它以无机形式存在,生物能利用可溶性硅制造它们的骨骼,而且这些骨骼又随着生物的死亡而被溶解。

各种物质在循环路线上都安排了不同的"停车点",这个"停车点"就是物质在生物或非生物环境间存在的一个或多个贮存场所,其贮存数量大大超过分布在生物体内的数量,这些贮存场所通常被称为库。物质循环实际上就是在库与库之间的转移。库与库的容量差异较大,而且物质在各个库中的滞留时间和流动(转移)的速率也各不相同。一般库容量大,物质在库中的滞留时间长,流动速率慢,多属于非生物成分,被称为贮存库。库容量小,物质在库中滞留时间短,流动速率快,被称为交换库,多属于生物部分,在生物体和周围的环境之间进行迅速的交换(如海洋生物体中的有机碳库和海水中的二氧化碳库)。

另外,物质在生态系统中库与库之间流动的速率称之为流通率,用单位时间、单位面积(或体积)通过的物质数量来表示。在一定时间内,物质的流通量与库存中营养物质总量之比称为周转率,周转率的倒数即为周转时间。周转率越快,周转时间就越短。以上可用下式表示:

$$周转率 = \frac{流通量}{库中营养物质总量}$$

$$周转时间=\frac{库中营养物质总量}{流通量}$$

通常情况是各个库之间的物质流动(输入和输出)总是处于平衡状态,否则,生态系统的功能就会发生障碍。

生物地化循环的动力来自能量,它既是保证和维持生命系统进行新陈代谢的基础,还在循环过程中将能量从一种形式转变为另一种形式,并成为能量流动的载体。如果不是这样,能量就会自由散失,生态系统将会不复存在。所以,生态系统中的物质循环和能量流动是紧密联系在一起的,缺一不可,不可分割。由于有了生物地球化学循环的存在,我们的地球才能处于一个平衡稳定的状态。

海洋中的重要循环——碳循环

对于生命来说,碳是最为重要的元素。虽然碳在海洋中从未被认为是一种限制性因素,但碳循环(图 5-4)在海洋生态系统的物质循环中具有举足轻重的作用。

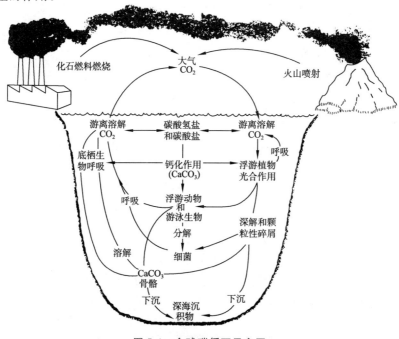

图 5-4 全球碳循环示意图

在海洋生态系统内,碳元素主要以二氧化碳形式存在。二氧化碳循环主要包括光合作用吸收二氧化碳以及呼吸作用和有机物质分解产生二氧化碳两个基本途径。生产者通过光合作用吸收二氧化碳转化为有机碳,同时固定了能量(同时也吸收氮、磷等多种营养元素,并逐渐转化为糖、脂肪和蛋白质储存在植物体内)。光合作用植物所固定的有机碳,一部分用于自身的呼吸作用(产生二氧化碳),其余的通过食植动物摄食后,经消化、合成,变成第二营养级的有机碳,然后沿着一个个营养级再消化、再合成而不断传递上去。每一个营养级吸收的有机碳,都有一部分用来构成该营养级的生物量,还有一部分用于呼吸而被消耗掉。也就是说,在这个过程中,某些有机碳由生物的呼吸作用而生成二氧化碳排入水中。因此,碳以二氧化碳的形式通过光合作用转变为碳水化合物,并放出氧气,供消费者所需要,并通过生物的呼吸作用释放出二氧化碳,又被植物所利用,这是循环的第一个途径。

同时,一部分有机碳沿着食物链不断向前传递,最后有机体死亡、分解、氧化成二氧化碳进入海水中,重新又被植物所利用,参加生态系统的再循环,这是循环的第二个途径。在这个过程中,一部分非生物性有机物(粪团、蜕皮等)和溶解有机代谢产物有可能被消费者利用,从而再进入食物链,另一部分直接分解为无机物。此外,有部分碳构成珊瑚礁基底或软体动物的贝壳和有孔虫尸体等成分埋入水底,暂时地离开了循环。

海洋中的生物对于碳循环和大气中二氧化碳的平衡具有三重的重要性。首先,由食物链所固定的二氧化碳量,取决于有多少新的硝酸盐进入真光层以支持光合成。其次,被永久埋到沉积物中的碳量取决于深水化学、生态学和沉积作用过程,特别是取决于使其溶解的和颗粒状的有机碳发生再循环的微生物环。第三,经过地质年代,海洋生物碳酸盐骨骼中所吸收的二氧化碳量已成为吸收二氧化碳的最大途径。

目前,由于人类活动使得排放到大气中的二氧化碳量增加,确定海洋能吸收多少二氧化碳以及有多少二氧化碳将在大气中积累起来而导致地球变暖,已变得愈加重要。

温室效应与海洋有何联系—— 海洋生物泵

19 世纪工业革命以来,人类开始大量地使用化石燃料,由此产生了大量的二氧化碳,排放到我们赖以生存的大气层中,使得二氧化碳浓度由工业革命前的 280 毫克/升,升到目前的 370 毫克/升。部分进入大气层的太阳辐射转化为热能,本可以借着热辐射离开地球,但大气中日益增加的二氧化碳却会吸收这些热辐射,使其无法返回太空,因而大气温度逐年升高。这个现象就是我们众所皆知的"温室效应",此效应造成全球变暖,同时也引发了如南极冰川的溶解、海平面的上升等现象,甚至造成了全球气候的变迁,足可称得上是危害人类持续生存的"头号杀手"。

你知道吗,海洋在调节温室效应上扮演着举足轻重的角色,它会将二氧化碳排放到大气,也会将二氧化碳吸收到水中。目前海洋帮我们吸收了30％以上的人为二氧化碳排放量,由此可见如果没有海洋的话,现今"温室效应"所导致的后果就不仅如此了。那么占全球面积 71％的海洋到底是如何减轻温室效应的呢? 这主要归功于海洋的生物泵作用。

什么是海洋生物泵呢? 海洋真光层里的浮游植物通过光合作用吸收二氧化碳,将其转化为有生命的颗粒有机碳,这些有机碳再通过食物链(网)逐渐转移到大型动物。未被利用的各级产品将会沉降和分解,各级动物产生的粪团等大量非生命颗粒有机碳也会沉降。生活在不同水层中的浮游动物,通过垂直洄游也构成了有机物由表层向深层的接力传递。因此,真光层内光合作用吸收二氧化碳就有一部分以颗粒有机碳形式离开真光层下降到海底。另一方面,光合作用产物的相当一部分是以可溶性有机物释放到海水中,各类生物的代谢活动也产生大量可溶解有机物。这些有机物部分被无机化再进入生物地化循环,其余的被异养微生物利用后通过微型食物网再进入主食物网,并可能成为较大的沉降颗粒。上述有机物生产、消费、传递、沉降和分解等一系列生物学过程,将碳从表层向深层的转移,就称为生物泵。此外,某些浮游动物(有孔虫、放射虫和浮游贝类等)的碳酸盐外壳和骨针在动物死亡之后也沉降到海底,称之为碳酸盐生物泵,它实质上也是一种生物泵。

那到底生物泵是怎么起作用的呢? 从海洋对大气二氧化碳的调节作用着眼,人们最关心的是上述碳在海洋中的垂直转移过程,如果没有这种转移,海洋是不可能对大气二氧化碳含量起调节作用的。虽然大气二氧化碳可能通过空气溶入而进入海洋表层,但其前提条件必须是大气中的二氧化碳分压大于表层海水的二氧化碳分压。如果没有生物泵的作用,大气和海洋表层的二氧化碳分压将很快平衡。另一方面,高纬度低温海水的下沉这一物理过程,虽然可以携带从大气中吸收的二氧化碳进入深层,但是,在赤道上升流区,海水会向大气释放二氧化碳,从长时间尺度和全球尺度讲,这一物理过程对二氧化碳的收支是平衡的。相反的,海洋生物泵的作用则可能使表层二氧化碳转变成颗粒有机碳并有相当部分下沉,通过这样的垂直转移过程,就可使海洋表层二氧化碳分压低于大气二氧化碳分压,从而使大气中的二氧化碳得以进入海洋,实现海洋对大气二氧化碳含量的调节作用。

生物泵对调节大气二氧化碳含量的作用和规模到底有多大,目前尚无一致的估计。但是,海洋生物泵对全球二氧化碳的调节作用已经得到科学界的认可。因此,科学家们正在努力采取措施以加速海洋生物泵的运转,从而解决全球变暖的国际问题。

海洋"预言家"——海洋生物

2004 年夏季,印度洋沿岸发生了海啸。海啸过后,在对其进行研究的过程中,科学家们发现了一个奇怪的现象,那就是没有出现大量死亡的海洋生物的尸体。难道是这些灵敏的动物感受到了灾难即将来临,逃之夭夭了吗?这个问题暂时还没有答案。

但是人们根据海洋生物的活动确实能够"预言"海洋的环境状况,海洋生物是海洋环境的"预言家"。近年来,中国、韩国和日本的渔业连年大受影响,渔船无法作业,捕获量持续下滑。究其原因,却是因为水母的大量繁殖。没有人喜欢这些水母,它们大肆捕食浮游生物,影响了鱼类的摄食,进而影响了海洋食物链,它们从不挑食,见什么吃什么,大量鱼卵被吃掉,鱼类数量急剧下降;它们堵塞水道,缠绕船的螺旋桨,损坏渔网。在科学家的眼中,它们是生态系统失衡的标志。

是什么原因导致水母大量繁殖呢?一些科学家将水母大量繁殖的原因归咎于环境污染。由于经济的发展,污水中大量的化学物质会使浮游生物疯长,它们大量消耗水中的溶解氧,造成"生命禁区"。但这种极度缺氧的生存环境,水母却非常适应。水母的繁殖能力相当强,因而"子孙满堂"。它一步步走过去,留下的脚印就可以诞生出一个个小小的生命力极强的"小继承人"，不大的海域连成一片，已经完全没有了鱼类生活过的痕迹，水里到处飘游着白色的水母（图5-5）。

还有科学家认为，水母大量繁殖与全球变暖有很大关系。全球变暖不仅导致各种极端气候现象的产生，也使生物界出现了一些"怪现象"。澳大利亚的一些海域，随着海水温度的升高，很多乌贼体

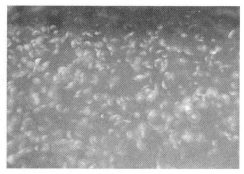

图 5-5　显微镜下的浮游植物

形变得异常巨大，而且生长速度不断加快。澳大利亚南极洲与南大洋研究所的科学家认为，目前提高了1℃的海水温度使幼年乌贼的体形增大了1倍。人们在塔斯马尼亚州海滩上发现的一只重达200千克的巨型乌贼，就足以证明这一点。这只乌贼体长约两米，需要4个人才能将其翻转过来。温暖的海水既增大了乌贼的"胃口"，又加快了它们的生长速度，使乌贼数量以惊人的速度膨胀。此外，许多海域的过度捕捞行为，为乌贼们"清除"了天敌，使得这些"庞然大物"们得以在这些区域"安逸"地生长繁殖。

人类的行为使得海洋中的生物组成已发生变化，如果继续发展下去，也许在不久的将来，人类将受到自然界的惩罚，我们应以此为戒，维持生态的平衡，保护海洋这片净土。

波涛底下的"同居密友"——共生的海洋生物

"结识新朋友，不忘老朋友"，这首歌唱出了我们的心声，人是需要朋友的，无法想象如果没有了朋友，我们的生活将是怎样。可你知道吗？海洋中的生物和我们一样，它们也需要朋友，而且，有很多还是"同居密友"呢。

有许多种虾（如霍氏滨虾、短腕滨虾等）与海葵共生；海胆虾竟生活在海胆的刺上；船形虾居住在柳珊瑚群体中；还有一种细小的姐妹滨虾它们住在海星或海参的表面；鼓虾与虾虎鱼一起居住，为了报答虾虎鱼替它守卫，鼓虾会不停地挖掘居住的洞穴，以保持洞穴畅通。

这些有趣的现象就是海洋生物的共生现象，海洋生物的共生比陆地生物的共生现象更普遍，关系更密切。海洋生物的共生有藻类之间的共生、藻

类和动物之间的共生、动物之间的共生。

藻类与动物共生的例子也很多（图 5-6）。实际上几乎所有热带浅水的海葵、软珊瑚、扇形柳珊瑚、石珊瑚的组织中都有虫黄藻共生，某些热带水母也与虫黄藻共生。此外，藻类也共生在海绵动物、环节动物、棘皮动物身上。藻类和动物之间的共生常引起藻类细胞和动物生理功能的一些变化。例

图 5-6　海绵与红藻共生

如，甲藻在与动物共生时，常常失去其运动鞭毛，身体上的纵沟也随之消失，细胞壁变薄；与扁虫共生的绿藻，甚至连细胞壁也消失了；有的珊瑚与虫黄藻共生时会缩小其触手的长度；在某些软珊瑚中，消化区缩小退化，已经不适于消化动物食料。但如果将藻类从动物身上分离出来培养，它们又会恢复自由生活时的结构。

藻类之间共生的典型例子是蓝藻和某些硅藻的共生。

海洋生物为什么要这么密切地生活在一起呢？当然因为"同居"生活对双方都有益处。

大部分蓝藻是生活在热带、亚热带海区，由于它们的固氮作用，增加了硅藻的营养盐供应，从而促使生活在氮源经常贫乏的热带海区的硅藻大量繁殖。藻类和动物之间共生时，藻类能从动物新陈代谢的废物中获取所需的营养盐，而动物可以利用藻类光合作用产生的氧气进行呼吸。珊瑚虫还可以从与之共生的虫黄藻中得到营养和增加其沉淀碳酸钙骨骼的能力。珊瑚礁就是由造礁珊瑚和虫黄藻共生作用形成的。

动物之间的共生也有很多好处。如与海葵共生的虾和蟹得到海葵的保护，免受被捕食之苦；而海葵可以随蟹移动，并以虾蟹摄食中产生的食物碎屑为食。还有一些生活在珊瑚礁中的"清洁工"小鱼，它们充当"医生"，为其他较大的鱼清除寄生虫，并以此为食，而被"治疗"的大鱼也免受病痛之苦。有科学家曾做过这样的实验：从两个小珊瑚礁上，把做清洁工作的生物移

走,这两个地方,原来鱼儿非常多,可是几天之后,鱼儿大大减少,不到两周时间,几乎所有的鱼都游走了。

所以海洋生物的共生,对其生存是非常有利的。"同居密友"是大部分海洋生物生活中不可缺少的伙伴。

随波逐流的浮游生物

一滴海水,肉眼看上去晶莹透亮,什么也没有。可是如果将它放到显微镜下,就又是一个别开生面的世界了。有的像"漏斗",有的像闪光的"表带",有的像细长的"大头针",刻着花纹的"圆盘"(图 5-7),甚至还有的像我们平时吃的"豆荚"……令人眼花瞭乱。这些是什么呢?

这些就是浮游生物。海洋浮游生物是海洋生物的重要组成部分,它们种类繁多、数量庞大。浮游生物可以分为海洋浮游动物和海洋浮游植物。它们的身材短小,大多数只有千分之几到百分之几厘米,肉眼是看不

图 5-7　显微镜下的浮游植物

见的。它们没有游泳能力,即使有也抵挡不住水流的冲击,只是随波逐流而已。但也别轻看这些小生物,它们繁殖能力可强了! 如果在适宜的环境下,培养在容器中的浮游生物的几个个体,几天工夫就可填满整个水体! 即使受各种自然条件限制,其数量仍可观得很,它们可称得上水中的"大家族"了。

海洋浮游植物是自养生物,主要包括海洋细菌和一些单细胞藻类,它们通过光合作用可以自己制造有机物,主要是碳水化合物和氧气。正是由于它们的存在,其他生物才能够生存,它们是海洋食物链中最基础的一环。浮游植物是鱼类的主要饵料,也是人类食物来源的一部分。浮游植物的个体虽然小得微不足道,却是水中原始食物的生产者,要是没有它们,水里的大生命恐怕也就无法生存了。尤其是硅藻,营养丰富,容易消化,不仅浮游动物、小鱼小虾和贝类喜欢吃,许多大家伙,像鲸等也都直接以它为食料。浮游植物的多寡,明显地决定着鱼类的产量,这是毋庸置疑的。每年春天,对虾和许多鱼类都喜欢来我国渤海、黄河口一带产卵,就是因为这里风平浪

静,水温适宜,浮游植物非常丰富的缘故。

海洋浮游植物活动的最大效应,就是它们对于气候的影响:这些身形奇小的海洋居民,能够撷取温室效应气体二氧化碳,并将之储存到海洋。最新的卫星观测及大型的海洋学研究计划告诉我们,这些生物对于全球温度、海洋环流与营养盐丰富度的改变非常地敏感。

事物都是一分为二的。浮游植物固然有重大的经济意义,但也并不是所有的浮游植物都有益。有些浮游植物对鱼类反而有害。像蓝绿藻、鱼腥藻等,在炎热的天气里大量繁殖,使水质变坏,就严重影响鱼类和其他水生生物的正常生活,甚至使鱼类大量死亡。这就是对海洋生态和海水养殖造成破坏的"赤潮"。人类应该利用浮游植物有利的一面,防止有害的一面,并化害为利,提高水体的生产力。

海洋浮游动物是异养生物,主要包括海洋原生动物、桡足类、枝角类、轮虫类、甲壳类等个体微小的海洋动物。它们摄食浮游植物而生长繁殖,是鱼类和其他较大型动物的直接或间接的饵料。在海洋食物链(网)中,它们比浮游植物的功能而言是"消费",相对摄食他们的鱼类和较大的动物而言,则是次级生产者,它们是海洋生态系中能量的传递者。没有浮游动物的存在,浮游植物即使创造了充足的有机物质,也是无法直接被其他海洋动物所利用的。

总之,浮游生物虽然个体微小,就是这些微小的浮游生物创造和传承着有机物质和能量,才有今天如此庞大而复杂的海洋大生态系。

海洋中的"清道夫"——海洋底栖生物

电影"泰坦尼克号"上演了一场凄美的爱情故事。不论故事是否真实,"泰坦尼克号"的悲剧是真正在历史上发生过的。在人类历史的长河中,由于海陆变迁、地震、火山、暴潮、洪水和战争等天灾人祸,一些城市、村镇、港口等沉入海底;至于像"泰坦尼克号"一样因大风、巨浪、冰山碰撞、海战等各种原因葬身鱼腹的舰船,那就更多了。海洋在地球上存在了漫长的 40 亿年,在这些地质年代里,由陆地、河流和大气输入海洋的物质,包括软泥沙、灰尘、动植物的遗骸、宇宙尘埃等更是无以计数,科学上把这类东西统称为海底沉积物。

地球表面的 71% 被海洋所覆盖,而大部分海底被沉积物覆盖,包括从砾石到细质淤泥等各种沉积物类型,成为地球上覆盖物中最大的生物栖息地。

因此,海底生活的生物群落是海洋生态系统的重要组成部分,称之为海洋底栖生物。虽然我们对海洋底栖生物多样性还知之甚少,但其多样性对维持地球生命系统至关重要。

海洋对污染物有一定的容纳量和自净能力,底栖生态系统影响着海洋的这一能力。在夏、秋季,底栖动物的取食是控制浮游植物生物量的主要因子。即使这一水域有来自污水排放的大量营养物质,底栖滤食者也限制了浮游植物的生长,所以认为底栖动物的取食是控制富营养化的天然因子。大型底栖动物可以通过一系列过程从水中搬运污染物,如通过滤食或将污染物结合在体表。然而,尽管它们降低了水体和沉积物中污染物的浓度,但却有可能通过食物链向上传递,产生生物学放大效应。底栖动物群落是海洋生态系统中的次级生产者,对能量流动有调节作用。

底栖动物多样性对海洋生态系统具有极其重要的作用,并与全球气候变化密切相关。然而,人类对这一重要的生物群体及其生态功能还了解甚少,尤为严重的是人类的不合理开发已对海洋底栖动物生境及动物多样性造成了严重破坏。捕捞活动不但破坏底栖动物群栖息地结构的复杂性,而且常常造成底栖动物的大量死亡;另外,海岸带的开发使其栖息地减少;环境污染改变了大型底栖动物和小型底栖动物的物种组成及多样性,进而导致生态系统结构与功能的变化。因此,研究和保护海洋底栖动物多样性及其生态系统过程已显得日益迫切。

海岸卫士——红树林

红树林吸引了各种不同的海洋生物甚至陆源生物,组成了独特的红树林生态系统,是地球上最重要的生态系统之一(图 5-8)。红树林具有抵御风浪、保护海岸、降解污染、调节气候等重要作用,被誉为"海岸卫士"。

在印度洋海啸中,凡是红树林保存完好的地方,其受灾程度明显要轻于其他地方;在印度、泰

图 5-8 红树木生态系统

国的一些海啸重灾区,密集的红树林挽救了许多生命;孟加拉沿海拥有世界上最大、最著名的天然红树林分布区和大面积的人工红树林,在这次海啸中遭受的损失相对较小。

那么,红树林是红色的吗?不是的,红树林是热带、亚热带海湾、河口泥滩上特有的常绿灌木和小乔木群落。红树之所以能在海水中生长,是由于它们具有适应在海水中生活的生物学特征:红树具有呼吸根或支柱根;红树植物的根是蜂窝状(图5-9),似海绵一般,可以淡化海水;叶子上也有很多的排盐腺,排除海水中的盐分。种子可以在树上的果实中萌芽长成小苗,然后再脱离母株,坠落于淤泥中发育生长,被称为"胎生"。小苗掉在海水中即使被海浪冲走,也能随波逐流,数月不死,一遇泥沙,在很短时间内即可生根成长。红树通常是集群生长,具有抗潮水起落、风浪击打的特点,还能抗海上的台风。正因为红树具有独特的繁殖方式、特殊形态的根系、特殊构造的叶片,它们才能耐海水的浸泡,不怕台风的袭击,抗击恶劣的环境。

图5-9　红树的蜂窝状的根

红树林是一种重要的湿地资源,是海洋生态系统的重要成员,也是鱼虾贝类最好的繁殖栖息地。此外,红树林还为鸟类提供舒适的居住栖息环境,吸引大量本地鸟类繁衍生息,成为过境候鸟中途"加油站",并为许多海洋生物和渔业资源提供安全避难所和幼苗成长地、觅食地。林繁叶茂的红树林不仅为海洋生物和鸟类提供了一个理想的栖息环境,而且以其大量的凋落物为之提供了丰富的食物来源,从而形成并维持着一个食物链关系复杂的高生产力生态系统，是海洋生物链中的关键环节。红树林的根系对鱼、虾和蟹类的索饵场有很大的保护作用。红树林生态系是世界上最富多样性、生产力最高的海洋生态系之一。

在我国沿海，红树林只分布在福建、广东、广西、海南和台湾等省区。目前，国家已建立了湛江红树林自然保护区、东寨港红树林自然保护区、北仑河口红树林生态自然保护区、山口红树林生态自然保护区等，保护这种自然生态资源。其中，广西山口红树林自然保护区是我国大陆海岸最完整的红树林地段，现有红树林650余万平方米，包含有12种红树。

精彩纷呈的珊瑚礁

珊瑚礁被视为地球上最古老、最多姿多彩、也最为珍贵的生态系统之一（图5-10）。珊瑚礁在全球海洋中所占面积虽然不足0.25%，但它是海洋中生物多样性和生产力较高的水域。五颜六色的海洋生物游弋于珊瑚丛中，构成了海洋中美丽的"热带雨林"景观。

珊瑚礁是怎样形成的呢？珊瑚礁是由造礁珊瑚和造礁藻

图5-10　珊瑚礁生态系统

类共同组建的，经过恒久的地质年代的作用积累才能形成珊瑚礁，其地质年代可追溯到5亿年之前。然而，并不是所有的珊瑚都可以造礁的。除了造礁的石珊瑚以外，火珊瑚、管珊瑚和软珊瑚也是珊瑚礁的重要成员。

珊瑚礁组成了独特的珊瑚礁海岸。那么，它们的根扎在哪里？新珊瑚最初是由珊瑚的幼虫附着在硬基地上形成的。岩石是珊瑚礁最好的附着体。除岩石外，珊瑚礁还能建筑在细砂和泥质基底上。澳大利亚大堡礁的珊瑚礁层之间存在着泥沙夹层，印度尼西亚有些珊瑚礁形成在淤泥之上。无论是岩石、细砂或淤泥都能托起美丽的"珊瑚礁大厦"。

在"贝格尔"号的航行中，达尔文观察到珊瑚礁有三种基本类型：① 在浅水区形成的近岸珊瑚礁，构成了风光绚丽的珊瑚礁海岸，称为岸礁。红海的岸礁是世界海洋中延伸最长的岸礁，长达2 000千米以上。在中国海主要分布在海南岛和台湾南岸。② 如果岸礁处于正在下沉的火山岛的边缘或陆地，珊瑚礁继续向上生长时即形成堡礁。堡礁往往被宽阔的深水湖所隔离。澳大利亚长达 2 400 多千米的大堡礁是世界上最大的堡礁。③ 珊瑚礁发展成堡礁后，火山岛继续下沉，直至完全沉没时就形成环礁。世界上最大两个环礁分别是马绍尔群岛的夸贾连环礁和马尔代夫群岛的苏里迪环礁，面积都在 1 800 平方千米以上。

然而，并不是所有的海域都能形成珊瑚礁，珊瑚的生长发育要求严格的条件。首先，温度是影响造礁珊瑚生长的限制性因素，只有海水的年平均温度不低于 20℃，珊瑚虫才能造礁，其最适宜的温度范围是 23～29℃，所以珊瑚生长范围主要分布在赤道两侧南纬 28°到北纬 28°之间的海域，我国的西沙群岛、南沙群岛、中沙群岛均为珊瑚礁所形成的岛屿。其次，造礁珊瑚要求一定的海域深度，它们主要生活在浅海区，因为在浅海区日光可以很好地穿透、射入海底，有利于珊瑚体内共生藻类的光合作用。风浪、海水的运动为珊瑚提供了丰富的食物及充足的氧气，并易于移走代谢产物。另外，造礁珊瑚要求生活在清洁的海水中，浑浊的水会对珊瑚礁的形成产生重大影响，因为高浓度的悬浮物和沉积物会使珊瑚虫窒息，并且阻塞它们的滤食机制。珊瑚生长要求海水盐度保持在 35‰左右。飓风和暴风雨等恶劣的气候条件也会对珊瑚的生长造成影响。所以珊瑚礁一定是在热带、亚热带海域，在阳光充足、水质清澈的浅海区形成。因此，珊瑚礁的状况能够直接反映海洋生态健康状况。

珊瑚礁生态系统的生物量较大，各种浮游生物、底栖生物、游泳动物在珊瑚礁区摄食索饵。珊瑚礁区为许多珍贵优质鱼类提供了良好的生长、发育、繁殖场所。每天黄昏时，珊瑚礁周围就热闹起来，因为白天活动的鱼类和夜晚活动的鱼类开始"交班"了！珊瑚往往还与地下的石油和天然气有密切关系，对人们寻找石油有重要意义；珊瑚还具有防浪护岸保堤的作用，是天然防浪堤；珊瑚礁多变的形状和色彩，把海底点缀得美丽无比，因而是一种可供观赏的旅游资源，可以制工艺品；角孔珊瑚、软珊瑚、柳珊瑚具有重要的药用价值。所以，珊瑚礁是热带海岸的宝贵财富。

珊瑚礁的形成是成千上万年大自然巧夺天工的结果，它所形成的生态环境使数以万计的植物、动物、微生物得到很好的保护和生存。希望大家爱护珊瑚礁,热爱大海,保护大海。

海底大森林——海藻森林

香港东平洲的海岸公园,四周海水清澈,沉积岩地形独特,有丰富多彩的海岸景观。除了种类繁多的珊瑚,还有一片片美丽的海底森林,是香港最美丽的海底景观之一。在我国浙江南麂列岛生物保护区那些迷人的海底礁石上,也茂盛地生长着一丛丛色彩斑斓、形态各异的海洋植物。每当潮水退尽,这些美丽的植物就在海陆交界处(潮间带)织出一条条长长的彩带,成为南麂岛近海的一道亮丽的风景线。这些海底植物就是地球上最古老的植物——大型海藻类。

藻类是含有叶绿素和其他辅助色素的低等自养型植物,全世界有2.4万多种,广泛分布于江河湖沼和海洋中。它们没有真正的根、茎和叶的区别,藻体的各个部分的表面细胞都能从海水中吸取养分,制造有机物。科学家们根据海藻所含色素成分的不同,将其分为绿藻、褐藻、红藻和蓝藻等;根据海藻的生活习性不同,把海藻分为浮游藻和底栖藻两大类型。我们在岩礁上看到的一般都是大型的底栖海藻。

海藻森林一般是由大型褐藻组成。褐藻通常个体较大,生长速度较快,主要有马尾藻、羊栖菜、铜藻、萱藻、铁钉菜、海带等。有些大型褐藻身上有一个个充满气体的气囊,能帮助藻体在海水中向上伸展,让海藻能充分接受阳光,进行光合作用,促进藻体生长。大型海藻森林群落提供了空间异质性和高度多样化的生境,海藻巨大的叶片为许多附着性植物和动物提供了空间,引来了各种鱼、虾、蟹、贝等大量海洋生物,它们在此摄食、产卵和逃避攻击。海藻森林和这些生物共同组成了特殊的生物群落。

海胆是大型海藻的天敌,它们大量摄食大型海藻,直接破坏大型藻附着于海底的固着器,致使海藻被海流冲走,对海藻森林生态系统造成严重破坏。同样,蟹类、鲍鱼和其他软体动物食取海藻,从而也能破坏海底森林。而海獭能捕食海胆、蟹类、鲍鱼和其他软体动物及运动缓慢的鱼类,一只海獭平均每天可以吃掉9千克食物,所以,海獭被认为是海藻森林保护的关键物种,能够抑制海胆等对大型海藻的破坏。

海藻森林不仅是海洋鱼、虾、蟹、贝、海兽等动物的天然"牧场",也是人类的绿色食品的来源。例如,海带被称为"海上庄稼"。另外,这些海藻还为人类提供了医药、化工等原料。海带中含碘量是海水中碘含量的 10 万倍,可以用来治疗因缺乏碘而引起的各种疾病,还可作为提取碘、甘露醇和氯化钾等化学药品的重要原料,褐藻胶、琼胶、卡拉胶等在食品工业、医药工业方面有广泛的用途,有些海藻,如巨藻还可以作为能源的替代物。海藻还是制造海洋药物的重要原料,特别是从海藻中提取人类需要的抗菌、抗病毒、抗癌、止血、抗凝血等生理活性物质,近年来在国际上已成为海洋药物研究的一个热点。

"禁区"中的生物——深海生物群落

许多人都这样认为,人能够生存的地方,就是生命的乐土,反之,则是生命的禁区。可事实并不是我们所想象的那样。

第一批乘深潜器到海底探险的海洋学家们,在三四千米以下幽深漆黑的海底,发现除了巨大的压力和冰冷的海水之外,还有生物的踪迹。这一发现令科学家们兴奋不已,原来深海是一个人类从未发现的充满生命的世界。科学家们看到由于深海的巨大压力以及食物短缺和寒冷黑暗等影响,那些深海鱼类被改造的一个个奇形怪状,它们的皮肤薄而透明,具有伸展性,为了适应

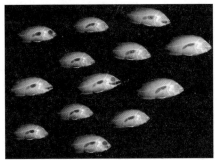

图 5-11　发光的深海鱼类

黑暗中生活,它们几乎都带有效能极高的生物发光器(图 5-11)。

没有阳光就不能进行光合作用,地面生物也无法生存。但是在 2 000～3 000 米深的海底,没有阳光的地方,为什么还有生物生存呢?从生物进化的角度来看,为了适应环境,目前人类还无法从它们的生理特征来辨认这些物种是从哪一条进化路线演化而来的,但是,这些深海生物极有可能是在史前某个时期,地球发生类似恐龙灭绝的灾变时,被迫从原来生活的浅海区迁到深海来生活的,这就是说,深海生物仍保留着远古海洋生物的某些特征。显然用光合作用的一般原理,已无法解释深海生物种群之间的食物链关系了。

那么这里的各种生物又是以什么为食物来维持生命呢?科学家从海底

采取的水样中发现了奥妙。原来在水下 2 500～3 000 米的海底常有温泉出现，这些温泉喷涌出高达 350℃的水流。海底热泉水从地下带上来许多硫酸盐，硫酸盐在高温高压下变成了硫化氢，一些以硫化氢为营养的细菌以极快的速度繁衍。细菌通过摄取温泉里丰富的化合物获得能量，它们帮助温泉水把周围变成一片生机勃勃的海底绿洲。小动物就以细菌为食，大动物又以小动物为食，这样就形成了新的食物链。此外，由海水上层向下层沉积的物质也是它们的一部分食物来源。

在这辽阔、寒冷、黑暗的深海环境中生活的浮游动物、底栖动物和游泳生物，都有一系列适应环境的手段和能力，尤以游泳生物最明显。例如，深海鱼最突出的特点是嘴巴大，因深海的食物稀少，一旦碰到食物，口越大，一口吃进的食物就越多，生存的机会就越大。像巨喉鱼的巨大口部成了鱼的主体，其余部分倒像是口的附属部分了。有的鱼能吞下和自己身体一样大的食物，有些鮟鱇鱼甚至能吃下相当于自身 3 倍大的食物。深海鮟鱇鱼，俗称灯笼鱼，这种深海鱼类看起来有些奇形怪状，它圆圆的身体看起来就像球，它的嘴很容易就能吞进一个大球。但深海鮟鱇只能长到 12.7 厘米。深海鮟鱇鱼一般是黑色或黑褐色，这种颜色能最大限度地吸收生物发的光，又不易被捕食者发现。

深海的恶劣生活环境，造就出了特殊的深海生物群落和特殊的深海食物链。

天然的大型渔场——近岸上升流生物群落

上升流是深层海水涌升到表层的过程，它是由特定的风场、海岸线或海底地形等特殊条件所引起的。上升流可分为大洋上升流和沿岸上升流。沿岸上升流分布很广，如著名的南美西岸秘鲁上升流区和非洲西部和西北部上升流区。我国渤海中部、黄海冷水团区、山东半岛、浙江、闽南、台湾西东、广东、海南东南部沿海都有上升流区。

近岸上升流是海洋中重要的高生产力区。上升流把深层海水富含的大量营养物质带到表层，使水质肥沃，从而为海洋植物提供了丰富的养分；生物群落中的浮游植物量大，初级生产力水平很高，但群落的多样性水平较低，食物链环节较少。一些生命周期较短，产卵量较高的鱼类在此自由生长、繁殖，形成相当大的鱼群，因此，近岸上升流区是海洋的重要渔场。据有关资料显示,上升流海区只占世界海洋总面积的 0.1%,但该类海区的渔获量却为世界海洋鱼类总产量的一半。

海南岛东部近岸海域,是我国著名的琼东上升流区,自文昌到陵水南北延伸 100 千米,海南四大渔汛之一的清澜渔汛即位于琼东上升流中心区内。过去,由于海南岛近岸渔场的过度开发,上升流生态系受到一定程度的破坏。近年来,随着南海休渔制度的实施和渔业生产结构的调整,上升流海区生态环境正逐渐恢复。

闽南近海上升流生态系统,从福建漳浦礼士列岛至粤东甲子海域,以南澎列岛为中心,这里的上升流仅出现在夏季近岸水体,是西南方向的离岸季风,把表层水推向东方,引起底层水向上涌升补偿所形成的,是风生上升流,仅在夏季才形成中心渔场。

台湾浅滩南部上升流,几乎终年存在一个东西走向的低温、高盐、高密的窄长区。这里终年都有鱼卵、仔稚鱼密集区,其中还有 9% 深海鱼类仔稚鱼。这里的上升流是因底层海流沿着陡坡朝台湾浅滩爬升和风的作用,以及海流绕台湾浅滩的流动而诱发形成的,主要为地形上升流。因上升流终年存在,所以终年都形成台湾浅滩南部中心渔场。

总之,上升流这种水文现象,形成了特定的生态系统。上升流生态系统往往具有生产力高,食物链短,物质循环快,能量转换效率高的特点,是天然形成的大渔场。

海洋中的大草原——海草场生态系统

你一定见过广袤的大草原吧,一望无垠的草场,心旷神怡的蓝天,偶尔还会见到一群群牛羊在悠闲地吃草。可是你知道吗,在幽蓝的海水中也存在大片的"草原",我们称之为"海草场"。

什么叫"海草场"?"海草场"是由海草组成的。海草是一类生活在温带海域沿岸浅水区的单子叶草本植物。它们是唯一能在完全淹没的海水中生存的有花植物。海草有发育良好的根状茎,叶片柔软、呈带状,花生于叶丛的基部,花蕊高出花瓣,它是在水中传播花粉、发芽及结果的。海草常在沿海潮下带形成广大的海草场。

那么"海草场"有什么作用呢?它们和陆地上的大草原一样,是食草动物的美食吗？是的,海草场是高生产力区,这里的腐殖质特别多,是幼虾、稚鱼良好的生长场所。海草不仅是海洋动物的食物,大片的海草场还是它们的"家",很多种海洋动物就在这里栖息和繁殖,同时也有利于海鸟的栖息。美人鱼的传说相信大家都耳熟能详,可是你知道美人鱼的学名叫什么,它住在哪儿吗？美人鱼的名字叫儒艮,传说它美丽的家就在海草场。全球 50 多种海草,南中国海就分布了 20 多种,如喜盐草、大叶藻、虾形藻等。其中主要的海草物种为喜盐草,是儒艮和海龟等濒危海洋哺乳动物赖以生存的主要食物。我国广西合浦儒艮自然保护区历来被称为儒艮栖息的"海上牧场",是我国目前发现的最大的一个海草场,其面积约为 600 公顷,海草生长茂盛,包含物种较多,居全国之最。我国广东省雷州半岛的流沙湾、湛江东陵岛、阳江海陵岛等海岛共有海草场约 1 000 公顷。

海草场的作用只有这些吗？当然不是！海草场生态环境优越,营养物质丰富,除了是海洋经济动物栖息与繁殖生长的天然场所,还在海洋生态环境中起着非常重要的作用。它不仅能改善海水的透明度、利用水中的富营养质调节水质,还有抗波浪、海潮的能力。它对近岸水域碳元素的流动和养分循环起重要作用,是保护海岸的天然屏障。另外,一些叶片较宽的海草还可以成为鱼虾产卵的"产床"呢。

海草的经济价值很高,可作为饲料、肥料,又可入药、编织工艺品。海草还具有抗腐蚀、耐用和保暖的特点,在我国北方,沿海渔民常用海草作建造房屋屋顶的材料。但由于人们对海草在海洋生态系统中所起的重要作用认识不足,缺乏保护海草及其生态环境的意识,更缺乏对海草的保护和管理,致使南中国海的海草场因人为因素逐年退化。人们在退潮后的海滩上挖螺掏贝,还有毒鱼电虾,再加上围海养殖,都对海草造成致命影响。这种态势将摧毁大自然对人类的恩赐,如近年赤潮频发,使许多渔民失收,而海草正有着防治赤潮的功效。因此,我们要树立保护海洋的意识和信念,用行动和宣传保护属于我们大家的"海洋绿洲",保护栖息在这片绿洲上的海洋生物,使我们的后代还能再见到传说中善良美丽的美人鱼！

海底火山周围有生物吗——热液生态系统

台湾省宜兰县东面的海域上,有一座龟山岛。这个海岛不但形状奇特——像一只在海中游曳的海龟,而且附近海域还经常出现一系列奇怪的自然现象:硫气不断从海底涌出,在海面上形成蔚为壮观的白色涌浪,凝结成大片黄白色的硫黄,这片黄色的硫黄带随着潮汐的改变,四处漂散,空气中也弥漫着浓重的硫黄气味,海水温度骤然升高。

这种奇特的现象是怎么发生的呢?原来,在龟山岛附近海域至少分布着六七十座海底火山,火山不断喷发才形成了如此壮观瑰丽的海上景观。科学家们形象地称之为海上"黑烟囱"(图 5-12)。所谓"黑烟囱"就是海底热液区的俗称。从海底火山口喷涌而出的液体,能直立向上形成三四层楼高的形似烟囱的柱体,且温度、毒性极高。"黑烟囱"海底极端环境的恶劣性主要表现在五个方面:一是海底的氧含量远远低于正常环境;二是海底的压力很大,3 000 米水深就能达到 300 个大气压,一般生物根本无法生存;三是海底无光;四是海底热液喷口温度达几百摄氏度;五是热液喷发能产生二氧化硫等剧毒物。

图 5-12　海底热泉生态系统示意图

在这种高热、缺氧、高压、无光、有毒的环境中会有生命存在吗?令人无法想象的是,就在这样极端的环境里,不仅生存着细菌等微生物,还有鱼、虾、贝等大型生物。在龟山岛火山喷发孔附近,水温高达 1 100℃,海水酸性较大。

在这片温度高、酸性大的水域里,发现了一群特殊的螃蟹,它们竟然不畏高温强酸,安然自得地生活在如此恶劣的环境里。这些螃蟹把一颗颗硫黄碎屑吞进嘴里滤食,再把无法消化的硫黄排出体外,显示出特殊的生存本领。

热泉生物中,许多动物的个体格外大。深邃的海底是太阳光所无法到达的,那么,热泉生物的能量是从哪来的?原来热泉食物链是由地热能驱动的食物链,不依赖于太阳能,而依赖于硫化氢的存在。热泉生物群落中有一种硫化细菌,利用这种物质,释放能量,将二氧化碳转变为有机物,提供给下一营养级的动物。这样,这种化能合成细菌就成了食物链的主要生产者。

在几百摄氏度高温、几百个大气压这样极端恶劣的环境下,为什么海底热液口附近的微生物仍然能够生存?它们的生活习性如何?能否从这些微生物中提取酶和基因,研制出对人类有益的药品?这都是科学家们正在思考和亟待解决的问题。从基因研究角度来讲,如果将其基因研究成果用在仿生学方面,转化到产品之中,让这种产品具备耐毒、耐高温、耐高压的特性,将给人类的生活带来巨大的改变。据国外科学家估计,海底热液区中的这些被称为"耐热冠军"的生物,蕴藏着高达 2 000 亿美元的市场开发潜力。数字虽有些夸张,但这种生物资源的利用确实具有巨大前景,它不仅能够用于医药,还可以制作日常用品,最重要的是,它将帮助人类认识和利用基因。

科学家们研究发现,这种高温充满硫化物的海洋环境,与数十亿年前古海洋环境非常相似。假如生物能在如此严酷条件下生存,这不正说明今天发现的海底热泉生物群落,是远古海洋生命演化环境的再现吗?生命在地球上无处不在,海底火山世界只露出了冰山的一角,它像一个巨大的海底宝藏,还有许许多多的奥秘有待于人们进一步研究和破译。

海洋中的"诺亚方舟"——海岛生态系统

圣经中的诺亚方舟,载满了人间的各种生灵在洪水中浮沉,海洋中大大小小的岛屿是不是也像一艘艘方舟,"载"着岛上的生灵在波涛中顽强生存着?海岛由于与大陆隔离,岛上生物区系独特,海岛周围海域因岛屿效应,海洋生物物种多样性极为丰富。

中国沿海海岛星罗棋布,总数超过 6 500 个。它们多数呈断断续续的岛链镶嵌在大陆近岸,少数呈群岛形式散布于远海之中。绵延的岛链构成了祖国的天然风景线,美丽的珊瑚岛是由海中的珊瑚虫遗骸堆筑的岛屿,其上部是珊瑚灰岩,下部是海底喷发的火山碎屑岩,再往下才是古老的花岗片麻岩等其他基底岩石。当你乘飞机飞越南海上空时,你就会看到一个个珊瑚岛犹如绿色的宝石撒落在蔚蓝色的海面之上。

在辽东半岛南部,距旅顺港不远的海面上,有一个奇特的小岛,由于岛上生活着成千上万条蝮蛇,人们送它一个名字——"蛇岛"。生活在岛上的蝮蛇以把此岛作为中途落脚点的小型候鸟为食,但大猛禽如雀鹰则捕食蝮蛇。岛上除蝮蛇外,还有昆虫 122 种,植物 210 种,空中、陆上和海滨生物组成食物链的各个环节。广东南澳岛屿已成为 130 多种海鸟群集栖息、繁衍的乐园。每年聚集在这里的海鸟最多时达 20 余万只,其中国际保护、国家重点保护野生鸟类就有 60 多种。南澳共 37 个岛屿分布于 4 600 平方千米的海域中,镶嵌在亚洲鸟类南迁北徙的海上线路上,其中万鸟云集繁殖的小岛就有 6 个。

由于中国海域的岛屿紧靠大陆海岸,沿岸水团和外海水团互相影响较为强烈,岛屿四周及附近海区营养盐丰富,形成有利于海洋生物栖息的生境,因此,海岛的潮间带虽一般较窄、较陡峭,但潮间带生物和浅海底栖生物种类繁多,生物量较大。岛屿的面积越大,不同的物种可以生存的地方或生态位就越多。这被称为"面积效应"。换句话说,岛屿越大,物种的数量就可能越多。如果气候或者其他有威胁的外部因素(生态学家叫做"干扰因素")保持相对稳定,就能建立一个动态平衡的生态系统。岛屿生态系统很脆弱,岛屿动植物通常被列入最易受威胁的物种名单之列。

海岛作为海洋的重要组成部分,如陆地上的山岭、草原等自然资源一样,在海洋生态系中起着极其重要的作用。海岛蕴藏着丰富的资源,在海洋可持续发展战略中也有着重要的地位。同时,海岛一般面积较小,土层较薄且贫瘠,陆域植被种类贫乏,由于它们不与陆地相连,所以岛屿植物和动物很容易被外来入侵种或天敌所消灭,生态环境十分脆弱,极易遭受破坏,且破坏后恢复困难。谁都不愿看到满目疮痍的海岛在忧郁的海水中战栗的情景。因此,保护海岛,合理利用海岛资源是十分重要的。

没有电也能发光吗——生物发光

"萤火虫萤火虫满天飞,夏夜里夏夜里风轻吹……",这首童谣伴着大家走过了美好的童年。萤火虫对大家来说想必不会陌生,萤火虫会发光。可是,除了萤火虫等陆生生物,深邃的海洋里也有很多种生物会发光。例如腰鞭毛虫,看起来很弱小,然而当饥饿的猎食者或是好奇的潜水员靠近它们时,它们就会展示出自己的"秘密武器"——慑人的光芒。海洋中能发光的生物非常多,不但鱼、虾和一些贝类能发光,许多藻类和细菌也能发光。据不完全统计,有90%的深海生物能发光!

最早发现海水发光的渔民以为是海神在点灯为他们导航,因此,沿海的渔民将这种海洋生物发光的现象称为"海火"(图5-13)。因导致海水发光的生物不同,"海火"可分为三类:一类是发光细菌产生的连续不间断的乳状海火;另一类是小型浮游生物受刺激后发出的不连续火花状海火;还有一类是

图 5-13　海洋生物发光引起的"海火"

某些水母受刺激后产生的瞬间的闪光海火。

生物发光有什么作用呢?是不是起照明的效果呢?不是的,因为这将导致发光动物暴露了自身,易被敌害发现将其捕食,似有"自投罗网"之嫌。生物发光有以下几种作用:① 求偶信号。在生殖季节,有的海洋生物发出有节奏的闪光,吸引配偶,繁衍后代。有一种鱼在生殖季节,雄鱼通过发光来吸引雌鱼,发出的光能照亮大片海域,蔚为壮观。② 引诱食饵。深海中有一种鮟鱇鱼,其背鳍的第一鳍条可以演变为能发光的"钓竿",上面变幻着五彩的光点,在海水中左右摇动,通过明暗闪光吸引小鱼落入它阴险的大口。③ 防御敌害。有的发光生物被捕食者发现时,突然发出闪光,令捕食者目瞪口呆,等他们反应过来时,猎物早就逃之夭夭了。甚至有的发光动物被捕食时,失去发光的尾部,同时头却立即将光熄灭,逃走后再生出尾部。

发光的海洋生物虽然种类繁多,依据它们的发光机理,可分为两大类型。一类是共栖发光,体内有发光细菌与之共生,由细菌发光,如水母、枪乌贼等;更多的一类是由发光细胞发光。后者又可分细胞内发光和细胞外发

光。发光细胞能分泌荧光素和荧光素酶,如果发光细胞内同时含有荧光素和荧光素酶,则发光可在细胞内进行,称为细胞内发光,很多海洋鱼类都是细胞内发光;如果发光细胞内仅含有荧光素或荧光素酶,则发光必须与含有荧光素和荧光素酶的发光细胞的分泌物相遇时才能产生,称为细胞外发光,如海萤。海萤受刺激时,就把荧光素和荧光素酶以及由发光细胞中产生的黏液一齐排入水中,产生浅蓝色的光。

生物发光可以应用于很多领域,其中最直接的是渔业。在渔业上,鱼群一游,"海火"就亮。这使渔民能在夜间迅速发现鱼群,加以围捕。有经验的人还能根据那"光块"的形状、大小、亮度和移动速度等来判定鱼群的大小、位置,甚至知道那是什么鱼。所以研究海洋生物发光在发展渔业捕捞上很有意义。"海火"还可以为航海者指出暗礁、浅滩,避免海难事故。海火在军事上也可用于发现敌舰、判断鱼雷和潜艇的走向。

科学家还发现生物发光的效率特别高,全部化学能都能转化为光能,因而不会产生热量,而人工白炽灯的 90% 的电能都以红外线的方式转变为热能消耗掉了。因此,生物光被称为"冷光"。人们模仿生物发光的物质结构,合成各种荧光材料,五颜六色的冷光源灯,如霓虹灯、水银灯、荧光灯相继诞生。因为冷光本身无热,所以没有爆发火花的危险,在油库、炸药库、矿井等易燃易爆场所,用作照明光源最为理想,因此被称为"安全之光"。冷光的应用范围很广,它既可用于照明,又能应用于航空、航海,如飞机的照明系统发生故障,冷光灯可作为呼救信号灯,使飞机获救。

现代生物技术给生物发光的应用开辟了新途径。科学家已经克隆了荧光素和荧光酶的基因,并在体外模拟得到了生物冷光。现在,科学家们正尝试用转基因的方法使植物发出荧光。希望七彩的童话世界不久就可以呈现在我们眼前!

水与血交融的回归——洄游

中华鲟是国家保护的珍稀动物,是世界上最古老的脊椎动物之一,被誉为"活化石"。值得骄傲的是中华鲟为中国独有,是世界 27 种鲟鱼中最珍稀的一个种类。一条成年的中华鲟可以长到 4 米长、1 000 千克重,寿命可达100 多岁。每年 10 月到 11 月,成年中华鲟经过 3 000 多千米的长途跋涉,从大海洄游到长江上游产卵,孵化后的幼鱼经过长达5~6个月的漫漫旅程,游入大海,并在海洋里生长15年左右直至成熟,才会一群群回到长江口,从这里踏上回乡之路。因为它只在长江上游产卵,因此,中华鲟又被称为"爱国鱼"。

像中华鲟这类水生动物,在一定的时期集群游到另一水域,经过某一特定的发育阶段原路返回到原栖息地生活,这种集群的定期、定向、规律的行为,被称为洄游(图5-14)。鱼类的洄游方向和远近各自不同,把从海洋游到淡水的叫"溯河洄游",由淡水游到海洋的叫"降河洄游"。溯河洄游的鱼类,须从海洋出发,溯河而上,到江河里去产卵,幼鱼长大后又回海里

图5-14　鱼类的洄游

去。鲑鱼(大马哈鱼)就是最显著的例子。鲑鱼为了完成延续下一代的重大使命,溯河洄游到它们的出生地,洄游旅程将近1万千米,历时半年到一年,远远超过其他鱼类的游程。在江河中产完卵的鲑鱼,精疲力竭地死去,下一代也继续着它们的旅程。中华鲟也属于典型的溯河洄游性鱼类。在降河洄游的鱼类中,要数美洲鳗鲡的旅程最长。每年入冬后,鳗鲡从江河漫游入海,在四五百米深处的海底产卵,然后死去。他们的下一代成熟后由海洋回到出生地。

依照鱼类洄游的不同目的,又可以将其划分成生殖洄游、索饵洄游和越冬洄游三类。

生殖洄游:鱼类在春季水温渐高时,体内生殖腺成长成熟,要排出卵子或精子以繁殖下一代。那时它们就从外海过冬的潜伏地区出发,集结成群向沿岸产卵场所洄游,旅程往往在1 000千米以上。

越冬洄游:影响鱼类活动最大的环境因素是水温。根据鱼类的生态习性,一般可分热带性鱼、温带性鱼和寒带性鱼三种类型。越冬洄游又称为季

节洄游,鱼类在越冬洄游中主要游向适宜水温的海区,因此进行越冬洄游的主要见于暖水性鱼类。例如,我国沿海大部分地区由于季风影响,冬夏气温差别大。水温随季节转变而变化,鱼类也随水温高低,各自选择适宜的环境迁移,因此发生"季节性洄游"。如黄渤海白姑鱼,从 9 月份开始从鸭绿江口到黄海南部越冬。

索饵洄游:鱼类以追索食物为主而进行的集群洄游称为索饵洄游。由于饵料生物的分布是有可能发生变动的,所以索饵洄游的路线、方向和时期远没有生殖洄游那样稳定。绝大多数鱼类的索饵洄游,都在海岸附近的浅海区域,尤其是河口,因为那里流入的各种营养物质特别多,有日光透射和水温上升的帮助,可以使矽藻类和其他各种浮游生物很快的繁殖起来。在海底隆起部分(海岭、海台、礁堆等),因为海水流向冲突,水温得以调节,有机物质或营养盐类上下拢和,提供浮游生物繁殖的有利条件,那里也成为鱼类索饵洄游的目的地。

是什么原因使得鱼类能够准确的沿着相对稳定的路线洄游呢? 洄游是鱼类在漫长的进化岁月里自然选择的结果,通过遗传而巩固下来。洄游的定向性除与遗传性有关外,高灵敏度和选择性的嗅觉,在引导鲑、鳗鲡等鱼类数年之后历程数千千米回归原出生地起了很大作用。金枪鱼的颅骨内极其细小的磁粒,使其在大洋中洄游不会迷失方向。侧线灵敏的感流能力也起着引导洄游方向的作用。

目前,由于人类对水体的污染破坏,尤其是拦河造坝,水体环境和生态体系遭到了破坏,使得许多洄游鱼类,尤其是进行生殖洄游的鱼类无法回到产卵场,以至于很多珍稀物种濒于灭绝。例如,一条成年中华鲟要洄游到长江上游产卵,要躲过无数渔网、螺旋桨的侵袭和大坝的阻拦,可谓千难万险、九死一生。虽然一条成年中华鲟每次产卵数以万计,但由于天敌吞食、人类捕捞、污染侵害等危险,真正能游到大海的中华鲟只有万分之一甚至十几万分之一。中华鲟洄游路线长、生存能力较低、易受外界危害等生物学特性,决定了这一物种资源一旦遭到破坏将难以恢复。令人欣慰的是,我国政府已将中华鲟列入国家一级保护动物,采取一系列措施保护这一珍稀水生动物,并将人工繁殖的中华鲟放流回长江,试图增长并保持中华鲟的种群数量。相信在社会各界的保护之下,各种洄游性的鱼类能够继续它们水血交

融的艰难旅程。

"海涵"也是有限度的——海洋环境容量

"海涵"寓意量大,缘于海水之众。由于海洋对污染物具有较强的自净能力,容易使人们过高地估计海洋的"藏污纳垢"能力。然而事实上,海洋纳污的"海涵"是有限度的,这个限度被称为海洋环境容量。

海洋环境容量是指在充分利用海洋自净能力和不污染海洋的前提条件下,某一特定海域所容纳污染物的最大负荷量,它是衡量海水自净能力大小的标志。例如,在半封闭的海湾进行鱼虾人工养殖过程中,养殖饵料残渣、鱼虾排泄物会造成湾内有机污染物的累积,如果污染物的累积速度超过海洋的稀释扩散和生物净化能力,就会出现养殖的自身环境污染,从而造成养殖海域的富营养化,使鱼虾缺氧浮头、易感染疾病,甚至大量死亡。

为了避免海洋出现这种后果,我们必须采取切实有效的保护海洋环境容量的措施。对于某一特定海域来说,只有采取污染物的达标排放和总量控制的办法,才能有效地消除或减少污染的危害。也就是说,只有将进入某一海区的污染物总量控制在海洋容纳量允许范围内,并在此基础上控制各种污染物排放浓度,才能使海域环境质量维持良好状态。

那么如何确定某一特定海域有多大的"海涵"呢?科学家们给出了以下几种方法:

(1) 有机污染物以化学需氧量(COD)或生化需氧量(BOD)为指标,计算某一特定海域的污染负荷量,通常利用潮流分析的有限元法和有限差分析法,计算 COD 浓度场,估算环境容量。

(2) 通过重金属的污染负荷量,以在底质中的重金属允许积累量估算环境容量。

(3) 轻质污染物(如原油),通过水的交换周期估算环境容量。

众所周知,凡事都有个度,海洋的耐污能力也不例外。一旦超过了这个度,再回头治理,难度要大得多。这是因为海洋污染的治理,需要的周期更长、技术更复杂、投资也更多,而且还不容易收到预期的效果。因此,我们要在利用海洋的同时,切实保护好海洋。

人类新杀手——环境激素

美国科学家发现,在洛杉矶附近海域捕捞的鱼类出现了奇特的"变性"现象。在捕捞出的 64 条大比目鱼和鲆鱼等底栖鱼中,有 11 条雄性鱼的腹腔有卵巢组织,2/3 的雄性鱼都产生了雌性鱼才有的卵蛋白。并且,如果让这些鱼在当地海域的海底沉积环境中生活,所有的雄性鱼都会产生卵蛋白。专家认为,之所以出现这种现象,排放到海水中的类激素化学污染物是罪魁祸首。

据调查,洛杉矶周边地区每天向附近海域排放的工业污水和生活污水高达 38 亿升。尽管污水处理厂对水中的污染物进行了过滤和生化处理,但对污水中的类激素化学物质似乎不起作用。研究人员在洛杉矶附近的海水中检测出了几十种类激素化学物质。这类化学污染物能产生相当于雌性激素的效果,是造成海中雄性鱼"雌性化"的罪魁祸首。大比目鱼和鲆鱼等底栖鱼类由于和污水中的沉积物接触最多,受害也最严重。

这种类激素化学物质被称为环境激素,又称环境荷尔蒙。环境激素同地球变暖、臭氧层破坏一起成为全球的三大难题。环境激素不仅对生态环境造成巨大威胁,给动物带来伤害,还通过食物链直接进入人体,成为人类健康的可怕杀手。动物界已显露出雌性化的危机,如美国佛罗里达州的鳄鱼,其阴茎变小,只相当于正常的 1/4;非洲雄豹睾丸停留在腹腔内,不能正常下降至阴囊;一些鱼类生殖器官发育不良,雄雌几乎不分。动物世界几乎出现了全球范围的"阴盛阳衰"。

人类也难逃厄运。环境激素即使数量极少,也会使生物体内的内分泌失衡。它们会造成生殖系统机能异常,对人类的睾丸、卵巢等器官造成损害。美国的调查表明,由于环境激素的摄取,引起女性的性早熟、月经失调、子宫内膜增生等生殖系统被损害的问题。近些年许多欧美国家女性乳腺癌、子宫癌等生殖器官恶性肿瘤、子宫内膜患病人数明显增加,男性精子数量减少,不育症患者增多,这些都是环境激素惹的祸。

含有环境激素的污染物种类很多,目前怀疑对生物体有直接影响的化学物质约有 200 种,已被专家们证实列入环境激素的有垃圾焚烧场排出的剧毒物质二恶英、苯乙烯、多氯联苯、石棉及滴滴涕、氯丹、汞、镉、酞酸酯、有机氯、有机磷杀虫剂、除草剂、杀菌剂、汽车尾气等 70 多种有害物质,其中有 7 种最危险的多用来制造人们日常用的涂料、洗涤剂、树脂、可塑剂等。目前,人造化学物质约有 10 万种,随着经济的发展,每年还会产生大约 1 000 种有害物质。

解决环境激素的根本对策是避免向环境中释放化学物质。当然,就目前情况来看,完全做到这一点是不可能的事情。因此,我们应采取一定的措施尽量避免受到环境激素的侵害。例如,不用方便饭盒包装材料在微波炉中加热;母亲应注意不要购买塑料婴儿用品;避免食用污染鱼类和蔬菜等。

我们要从自身做起,不要给环境造成更大的污染,还给自己和大家一个更洁净的环境。

污染物在食物链中的放大作用

在生态环境中,由于食物链的关系,一些物质如金属元素或某些有机物质,经生物体的吸收和营养级逐级传递,不断积聚浓缩的现象被称为生物放大作用。由于生物富集或生物放大作用,使污染物浓度可以提高近几十倍甚至成千上万倍(图 5-16)。例如,海水中汞的浓度为 0.000 1 毫克/升时,浮游生物体内含汞量可达 0.001～0.002 毫克/升,小鱼体内可达 0.2～0.5 毫克/升,而大鱼体内可达 1～5 毫克/升,大鱼体内汞比海水含汞量高 1 万～6 万倍。

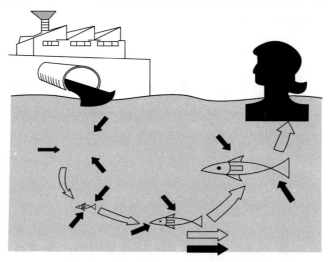

图 5-16　污染物的生物放大作用

　　由于生物放大作用的存在,环境污染对人和生物的危害也呈现放大作用,比如,重金属铅、汞、镉等原本就对人和生物有害,但通过食物链的放大作用,对人和生物的危害就更大了。铅对人体的危害主要是造成神经系统、造血系统和肾脏的损伤。汞是以甲基汞的形式对人体造成伤害,甲基汞在体内代谢缓慢,可引起蓄积中毒,而且可通过血脑屏障进入大脑,与大脑皮层的巯基结合,影响脑细胞的功能。镉对机体的危害是破坏肾脏的近曲小管,造成钙等营养素的丢失,使病人骨质脱钙而发生骨痛病。

　　由于生物放大作用,进入环境中的污染物,即使是微量的,也会使生物尤其是处于高位营养级的生物受到毒害,甚至威胁人类健康。因此,深入研究生物放大作用,特别是鉴别出食物链对哪些污染物具有生物放大的潜力,对于人类的健康和自然界的安全具有重要的现实意义。

谁侵占了他们的家园——物种入侵

　　外来入侵物种是指从自然分布区通过有意或无意的人为活动而被引入,在当地的自然或半自然生态系统中形成了自我再生能力,并且给当地的生态系统或景观造成明显的损害或影响的物种。外来物种入侵正成为威胁生物多样性与生态环境的重要因素之一。海洋外来物种造成的危害已屡有报道,其危害程度触目惊心。例如,紫杉叶蕨藻被无意从热带海域引入到地中海,由于它具有生长迅速、耐低温、适应力强、无性繁殖等特点,并且生活过程中分泌有毒物质,食草生物拒食,迅速在地中海蔓延,至 2000 年时,影响范围远及美国加州海岸与澳大利亚南部。在黑海,一种来自北美的水母——淡海栉水母以惊人的速度繁殖,大量吞食浮游生物及其他生物的卵和幼虫,将本地鱼类赖以生存的饵料基础彻底破坏,导致黑海的渔业彻底崩溃,并由此改变了黑海的生态系统。

　　海洋外来生物入侵、海洋污染、渔业资源过度捕捞和生境破坏,已成为世界海洋生态环境面临的四大问题之一。入侵物种对海洋生态系统的破坏作用主要有以下几方面:

　　(1)破坏生态安全,威胁生物多样性。大米草是我国引入的最典型海洋生物入侵种,大米草原产于美国东海岸,20 世纪 60 年代引入我国后,表现出良好的滩涂改良作用,但它会严重排挤其他物种,干扰甚至威胁了当地生态系统。如福建霞浦县东吾沿海滩涂,1983 年引种该草,7 年后成为优势植物,使得原来生活在这里的 200 多种生物现仅存 20 多种,导致近岸海洋红树林生态系统的破坏,滩涂的鱼、虾、贝、藻等海洋生物大量死亡。

(2)破坏生物的遗传多样性,造成遗传污染。我国近年引入许多外来海洋生物进行养殖,开展了不同程度和范围的杂交育种,使海洋生物遗传污染问题非常严重。如美国红鱼,原产北大西洋沿岸及墨西哥湾,由于其生长速度快、适应能力强、食性广泛等特性,1991 引进后在我国海水养殖业迅速得到了推广,但由于缺乏有效管理,逃逸事故不断发生,目前在我国沿岸自然海域中均发现其踪迹。贝类的遗传污染情况也很严重,尤其是皱纹盘鲍。利用引进的日本盘鲍与我国的皱纹盘鲍杂交生产的杂交鲍,使我国衰退的鲍鱼养殖业重新振兴并快速发展。但由于杂交鲍的增殖使青岛和大连附近的鲍群体 97.3% 为杂交后代,原种皱纹盘鲍种群基本消失,宝贵的遗传资源将丢失。

(3)带入病原生物。外来物种在迁移的过程中极可能携带病原生物,而由于当地的动植物对它们几乎没有抗性,因此很易引起病害流行,甚至可能对人类造成严重的伤害。从 1993 年起,我国海水养殖对虾开始流行大规模病毒病害,主要原因之一就是当时从台湾等虾病流行地区引进的带病毒的苗种。由于病原微生物形体微小,极易通过各种途径入侵、扩散。因此,对人类健康、经济发展,乃至社会稳定和国家安全构成了严重威胁。

(4)引发赤潮。由于外来赤潮生物对生态适应性强,只要环境适宜,就可爆发赤潮。近年来,我国沿海赤潮频发,很重要的起因之一就是无意中引入的外来赤潮生物。目前,仅我国船舶压舱水带来的外来赤潮生物,已知的就有洞刺角刺藻、新月圆柱藻、方格直链藻等 16 个藻种之多。这些外来赤潮生物一旦引发赤潮,对海域原有生物群落和生态系统的稳定性造成极大影响。

外来生物一旦入侵成功,要彻底根除是极为困难的。而且用于控制其危害,扩散蔓延的防治代价极大,费用极为昂贵。据有关资料统计,几种主要外来入侵物种对我国每年造成的经济损失达几百亿元人民币。

为保护生物多样性,实现生物资源的持续利用和生态系统的良性循环,为经济社会可持续发展提供良好的物质基础和环境条件,我们仍需继续努力,开展大量艰苦细致的工作。

生物中的情报员——指示生物

随着工农业的发展,海洋环境的污染程度越来越严重。尤其是由于海洋污染有很长的积累过程,不易被及时发现,所以防治起来比较困难。但现在我们拥有了自己的情报员——指示生物,可以对海洋污染进行监测,阐明污染状况,对海洋污染的防治具有重要的意义。

有些污染物质在海水中的含量非常微量而不易检出,因此,可以利用生物与水质污染的关系以及生物富集某些污染物质的特殊性,间接监测水质。污染指示生物是指对环境中的污染物质产生各种反应或信息而被用来监测和评价环境质量现状和变化的生物。

可作为指示生物的有对污染物质敏感的生物和耐污染的生物。目前,大型底栖无脊椎动物是最为常用的指示生物,同时也是研究最多的指示生物。一般来说,随着海区污染程度的加剧,底栖动物中的甲壳类和贝类逐渐减少,而多毛类却增加,成为污染海域的优势种。多毛类中尤以小头虫耐污染性最强,其分布广、数量多,因此,多毛类小头虫是海底污染敏感的指示生物。

除了耐污种类外,也可以根据某些海洋生物对特定污染物的敏感性或高度富集能力判断水质污染的程度。例如,棘皮动物通常对石油和重金属污染最敏感,实践中常利用海胆的受精卵判断海水中某些重金属污染的程度。还可以利用牡蛎能高度富集海水中的有机氯农药(如滴滴涕)的特性监测海洋的有机氯农药污染。此外,牡蛎肉体颜色的改变则可以反映海水中铜离子的污染。

除了底栖动物外,有些浮游生物也可以作为污染的指示种。近海水域发生的赤潮现象就是一些浮游生物在有机污染(富营养化)条件下爆发性繁殖而引起海水变色的现象,因此可以把发生赤潮的范围及频率看成是环境污染程度的一个指标。形成赤潮的生物主要是微型或小型的浮游植物和原生动物,其中夜光藻、骨条藻、短裸甲藻和原生动物中的蜇虫等最为常见,它们的数量动态可用于赤潮监测。

然而,生物种类和数量的分布并不单纯决定于污染,其他理化和生物因子也对生物的生存和分布有重要影响,所以利用指示生物监测和评价水体质量必须注意这些因素的综合作用。但不管怎样,指示生物作为我们研究的工具,对监测和治理海洋污染都具有至关重要的作用。

海洋生物的乐园——海洋自然保护区

海洋自然保护区是以保护海洋自然为目的,通过调研和论证,将对人类持续发展有特殊价值的对象及其分布区域,按照法律或法规规定程序选划、政府批准建立的保护区域。我国已建立了近百个各种类型的海洋自然保护区。如在渤海和北黄海交界处烟波浩渺的大海上,镶嵌着一群宝石般苍翠如黛的岛屿,这就是被世人誉为"海上仙山"的美丽群岛——庙岛群岛,亦称长岛。庙岛群岛素有百鱼洄游必经之道与候鸟旅站之称。

庙岛群岛是我国诸多海洋自然保护区之一,贻贝、皱纹盘鲍、光棘球海胆、刺参等海珍品在此大量生长。在祖国的海疆上,像庙岛群岛这样的海洋生物乐园数不胜数。

昌黎黄金海岸自然保护区位于著名的北戴河旅游区的南部,面积大约300平方千米。分布于林间的金黄色沙丘,一般高度二三十米,最高达45米,在世界上也是罕见的,这里的沙丘海岸景观基本保持了自然形态,还汇集了宽广的水域、沙地、海滩、泻湖、沼泽和林带,分别形成了沙生生物群落,构成了一个温带海洋海岸生态系统。

广西山口红树林自然保护区是我国大陆海岸最完整的红树林地段,现有红树林600多公顷,种类齐全。红树林并非是红色的,它是生长在热带、亚热带海岸泥滩上(可在海水里生长)的一种特有的常绿阔叶林,可以抵御减缓海啸、风暴潮等灾难,是海洋生态系统的重要成员。在我国沿海,红树林只分布在福建、广东、广西、海南和台湾等省区。

三亚珊瑚礁海洋自然保护区位于海南省三亚市西南沿海,面积大约40平方千米,这里常年阳光充足,波浪破坏作用小,基底坚硬,所以是珊瑚生长发育的良好温床,珊瑚礁是天然的海岸屏障。三亚珊瑚礁海洋自然保护区水下分布着80多种珊瑚,是我国沿海珊瑚发育最好、种类最多、生长比较密集的海区。

南麂列岛贝藻类自然保护区位于浙江省平阳县南廉列岛及附近海域,

总面积 196 万平方千米。保护区内有岬角、海湾、明礁、暗礁、沙滩和泥滩等多种海岸环境,由于受台湾暖流和黄海冷水团的交替影响,导致这块海域水质、温度、盐度变化多端;长江、钱塘江中携带大量的泥沙和营养有机物的江河水,也在南麂列岛附近与海水混合。独特的地理位置和优越的自然环境为贝藻类的繁衍提供了良好的条件。这里拥有各种贝类 344 种,海藻 174 种,难怪有人把这里称作我国海洋贝、藻类的"博物馆"。

大洲岛海洋生态自然保护区位于海南省万宁县,面积大约 70 平方千米,是我国仅存的金丝燕栖息地。大洲燕窝是金丝燕吐出的胶状物质所筑成的巢窝,具有很好的食用和药用价值。

近年来,我国海洋自然保护区进一步发展,保护区类型和面积进一步扩大,红树林沿海滩涂、珊瑚礁生态系统、海(草)藻场、湿地生态环境典型海洋生态系统,蝮蛇、候鸟、文昌鱼、海龟、儒艮、海豚、斑海豹、金丝燕、丹顶鹤、白鹤、天鹅等珍稀濒危生物和贝壳堤、牡蛎滩古海岸遗迹、海底古森林等珍奇海洋自然遗迹得以有效保护,保护区内环境质量良好,生物多样性有所提高。

什么是大海洋生态系统

20 世纪 80 年代初,美国海洋大气局的 K. Sherman 和罗得岛大学的 L. Alexander 等首先提出大海洋生态系统(Large Marine Ecosystems,LMEs)的概念,大海洋生态系统要符合以下条件:

(1)大海洋生态系统的面积一般要在 20 万平方千米以上。

(2)具有独特的海底深度、海洋学特征和生产力特征。

(3)生物种群具有适宜的繁殖、生长和营养(食物链)的依赖关系,组成一个自我发展的循环系统。

(4)对污染、人类捕捞和环境条件等因素的压力具有相同的影响和作用。

大海洋生态系统是一个新的海洋资源保护、管理的概念,它有利于跨国研究、监测、管理和持续利用海洋生物资源,已引起各国的广泛关注和积极响应,一些国际组织(如联合国粮农组织、联合国环境发展署等)和国家机构(如美国海洋大气局等)已参与相关的行动计划。目前全球已确定诸如波罗的海、地中海等 49 个大海洋生态系统,在中国海区,有黄东海大海洋生态系和南海大海洋生态系。这些大海洋生态系统全部位于大洋盆地和大陆架周围,周围从一个国家到几个国家不等。

目前,这些大海洋生态系统都受到了不同程度的危害,究其原因,我们发现:由于人类在海洋渔业生产中的不合理捕捞活动,近几十年来已造成大陆架海区内经济价值较高的鱼类资源的衰退,传统渔业产量不断下降;与此同时,一些经济价值较低的鱼种则繁殖较快,使原来的渔业资源结构发生变化。

环境污染成为系统外部人为影响的另一重要因素。如由于大规模的海上石油开采、运输石油的巨轮事故屡屡发生而造成的石油污染;来自工农业生产的各种重金属、农药、化肥和其他有机质污染物、矿山开采的各种污染物以及沿海城市生活污水等化学物质大量入海,引起了大海洋生态系统中理化和生态环境的改变。

自然环境的改变是影响大海洋生态系统正常运转的另一类基本因素,其中,最主要的影响是气候变化。例如,由于全球气候异常而产生的厄尔尼诺现象,使海洋中大范围水域温度升高,对上升流海区大海洋生态系统的影响是很明显的。在厄尔尼诺现象出现期间,秘鲁鳀鱼就会大幅度减产,日本沙瑙鱼也会受水温的影响而导致产量大幅度下降。

目前,自然和人为的因素已严重影响到大海洋生态系统的质量,为了使大海洋生态系统能持续发展,已到必须采取对策的地步。尽管大海洋生态系统的发展与管理还处于初级阶段,但这个概念已经逐渐被人们所接受,并且采取了一系列的措施,如适度控制捕捞,实施禁渔期、禁渔区、种苗放养等都取得了一定的成效。然而我们要清醒地意识到人类活动对大海洋生态系统的严重影响,保护大海洋生态系统要从人类自身做起,我们肩上的担子很重,尤其对青少年来说,更是要努力掌握科学知识,为我们的海洋事业贡献自己的力量。

六、海洋权益与海洋管理

海洋区域

领海基线看得见吗

领海基线是看不见摸不着的,它不是划在陆地上或其他物体上的实实在在的线,而是有它特定的特点、作用以及确定方式。

领海基线是沿海国划定领海外部界限的一条起算线。沿着这条线向外划出一定宽度的海域,就是领海。基线向陆地一面的海域是内水,向海的一面是领海。实际上领海基线不仅是测算领海宽度的起算线,同时也成为测算毗连区、专属经济区及大陆架的起算线。

领海基线有三种:正常基线、直线基线和混合基线。

(1)正常基线:也是低潮线,即海水退潮时距离海岸最远的那条线。《联合国海洋法公约》规定,测算领海宽度的正常基线是沿海国官方承认的大比例尺海图所标明的沿岸低潮线。沿着这条线的走向,向海洋方向划出一定宽度的海域,这条海水带就是国家的领海。这种方法多适用于海岸线平直的沿海国。最早规定领海从最低落潮线算起的是 1839 年英法捕鱼条约。1878 年英国领水管辖权法也采用了此种基线。

(2)直线基线:是在海岸向外突出的地方和沿海岛屿上选定一系列的点作为基点,然后将相邻的基点用直线连接起来划出的一条线。以此基线向外延伸为国家的领海。这一测算领海宽度的方法即为直线基线法。这种方法适用于那些海岸线非常曲折或沿岸多岛屿的地方,如我国。1958 年《领海及毗连区公约》和 1982 年《联合国海洋法公约》关于直线基线规定了相似的规则,其内容是:在海岸极为曲折的地方,或紧接海岸有一系列岛屿,测算领海宽度的基线可采用连接各适当的点的直线基线法;直线基线的划定不应在任何明显的程度上偏离海岸的一般方向,而且基线内的内海海域必须充分接近陆地领土;低潮高地不能作为直线基线的基点,除非其上有高于海平面的灯塔或类似设施,或此高地作为基点已为国际上所承认;在确定特定基线时,如对有关地区有已证实的实在而重要的经济利益时,可采用直线基线法;一国不得因采用直线基线而使另一国的领海同公海或专属经济区隔断。

(3)混合基线:即兼采正常基线与直线基线两种方法,确定的一国的领海基线。这种基线适用于海岸线较长、地形复杂的国家,如荷兰、瑞典等国家。

我国政府在 1958 年的《中华人民共和国政府关于领海的声明》中指出,"中国大陆及其沿海岛屿的领海以连接大陆岸上和沿海岸外缘岛屿上各基点之间的各直线为基线",关于领海基线的原则同样适用于台湾及其周围各岛、澎湖列岛、东沙群岛、西沙群岛、中沙群岛、南沙群岛以及其他属于中国的岛屿。1992 年颁布了《中华人民共和国领海及毗连区法》,其中明确规定:"中华人民共和国领海基线采用直线基线法划定,由各相邻基点之间的直线连接组成。"自此,我国以法律的形式确定了我国领海基线的确定方法。

内水和内海有区别吗

内海和内水听起来很相似,只有一字之差,但并不是同一个概念。这二者既有区别也有联系。

内海是指一国领海基线向陆一侧的全部海水,包括:① 领海基线与海岸之间的海域;② 海湾、海峡、河口湾、沿海港口;③ 被陆地所包围或通过狭窄水道连接海洋的海域。对照上面的三种类型,我国内海海域包括直线基线与海岸之间的海域,直线划入的领湾、领峡、港口、河口湾等,包括琼州海峡、渤海湾以及沿海分布的几百个商港、军港、渔港、工业港、专用港等港口在内的全部海域都是我国内海。

内水是指一国领海基线向陆一侧的全部水域,即国家领陆以内的水域和领海基线向陆一面的海水,包括内海、河流、湖泊、封闭性海湾、沿海及内陆港口和泊船处。例如,我国的长江、黄河及其沿岸的港口都是可以被称为内水,还有各大湖泊以及运河等。

由此可见,内海和内水在范围上是不同的。可以这么说,在地理范围上内水包括内海。1982 年《联合国海洋法公约》称"领海基线向陆一面的水域构成国家内水的一部分"。可以说,二者都是从领海基线起向陆一侧水域,只是向内延伸的程度不同。

虽然内水和内海的范围不同,但二者的法律地位是完全相同的。所以在国际法上谈到领海基线以内的水域时,往往以内水统称。那么内水在国际法上有什么样的法律地位呢? 或者说,一国在内水内有什么样的权利,其他国家又有什么样的义务呢?

一般来说,一国有权不准外国船只进入其内水(当然外国船只遇难或根据条约规定可以进入者除外)。因为内水是沿海国家领土的组成部分,它与陆地领土具有相同的法律地位,沿海国对其享有完全的和排他的主权。所有的船舶非经许可不得在一国的内水航行。外国商船可遵照沿海国的法律、规章驶入该国开放的海港。外国军用船舶进入内水必须经过外交途径办理一定的手续。对于遇难船舶,沿海国通常许可它们驶入,但应该绝对遵守沿海国的一切规章、制度,不得从事贸易、捕鱼以及任何违反沿海国利益的行为。

实际上,一国为了发展对外贸易和对外交往,不可能不允许外国船只进入其内水甚至港口。沿海国对驶入其内水或在其港口内的外国商船和船上人员有刑事管辖权和民事管辖权。外国的商船一旦进入一国港口,即受该国法律法规的约束和管辖。但在实践中,如果船上的行为不牵涉到沿海国的利益或根本没有超出该船只的范围,沿海国是不行使管辖权的,而是由船旗国负责。即沿海国对外国商船的管辖有以下几种例外:① 沿海国不干涉船长对其船员行使内部纪律的权利;② 如果船上的人所犯的罪行不影响沿海国公共秩序或其居民,沿海国通常让船旗国当局去处理;③ 对遇难船只通常给予一定程度的优待,如沿海国不对他们征收超过服务费用的港口税与同类性质的捐税。

对于外国军舰,如经允许进入一国港口,应遵守沿海国的航行法令和卫生规则,但沿海国当局在未获得舰长或船旗国有关当局同意时,不得登上外国军舰,或在舰上执行任何命令。如果外国军舰有违反沿海国法律或危害

沿海国安全的行为,沿海国有权令其离境。

毗连区有什么作用

毗连区是沿海国领海以外,但又毗连其领海的一定宽度的特定海区,它是国家管辖范围的水域。毗连区又称邻接区、保护区、特别区域或专门管辖区等,它的设置多由沿海国单方面颁布,19世纪以后则常常通过双边条约宣告或相互承认对方的毗连区。

实践上,毗连区制度开始于18世纪30年代,产生的主要原因是沿海国为了自己实际利益的需要,希望将某些权利扩大到领海之外的一定区域。最早采取这种制度的是英国。它曾于1736年制定了一项《游弋法》(Hovering Act),亦称《徘徊法》,是第一部有关毗连区的立法。所谓"游弋法",意思是用以对付那些在海岸外一定距离内游弋、伺机卸下违禁品的、形迹可疑的船只而颁布的法律。英国的这一法令是为了保护其沿海一带的海关和财产利益而立的。该法令中规定,英国对其海岸8里格(即24海里)以内的海域上的船舶行使监督检查权。凡在该海域内运载违禁品者,船只和货物均予以没收或罚款。随后效仿英国的是法国和美国。美国于1799年颁布法律,规定对任何驶经美国港口的船舶在4里格的范围内行使登临检查权,以制止和惩治违反关税制度的行为。

19世纪以来,继英美之后许多国家根据本国的利益和需要,纷纷制定法律,在领海之外设置内容不同、宽度不一的毗连区或专门管制区。1930年海牙国际法编纂会议试图从国际立法的角度对毗连区的概念、性质和地位加以规定。1958年第一次联合国海洋法会议,以1930年的会议草案中的毗连区条款为基础,经修改载入《领海及毗连区公约》。

该公约对毗连区做出了以下规定:① 沿海国在毗连其领海的公海区域内,得行使下列事项所必要的管制:防止在其领土或领海内违反其关税、财政、移民或卫生规章;惩罚在其领土或领海内违反上述规章的行为。② 毗连区不得伸延到从测算领海宽度的基线起12海里以外。在第三次海洋法会议上,对上述提法作了一些修改:取消了毗连区属于公海的提法,并把毗连区的外部界限从12海里延伸到24海里。

毗连区是保护沿海国权力和利益的重要海域之一。在这一区域内,沿海国为了保护渔业、管理海关和财政税收、查禁走私、保障国民健康卫生、管理移民，以至为了安全等需要，制定相应的法律和规章制度，行使某些特定的管制权。

根据《中华人民共和国领海及毗连区法》的规定，中国毗连区为领海以外邻接领海的一带海域，毗连区的宽度为 12 海里；中国有权在毗连区内，为防止和惩处在其陆地领土、内水或者领海内违反有关安全、海关、财政、卫生，或者出入境管理的法律、法规的行为行使管辖权。

什么时候有了专属经济区

专属经济区是在领海以外，并邻接领海，具有特定法律制度的区域，其宽度自领海基线量起不超过 200 海里。在该区域内，沿海国享有以勘探和开发、养护和管理自然资源为目的的主权权利，以及对于人工岛屿、设施机构的建造和使用，海洋科学研究，海洋环境的保护和保全的管辖权。其他国家则享有航行、飞越、铺设海底电缆和管道自由等。

第二次世界大战以后，对于海洋资源，包括生物资源和非生物资源，特别是对于海底石油和天然气的需求日益增长，海洋开发技术的迅猛发展也展示了大规模开发海洋资源的广阔前景，这一切极大地激发了各国将其沿海自然资源置于本国管辖之下的热情。发展中沿海国家，为了巩固国家的政治独立，争取经济上的独立，强烈要求把本国的沿海自然资源牢固地控制在自己手里，反对和防止帝国主义和新老殖民主义的剥削和掠夺，以便用来发展民族经济，提高本国人民的生活水平。为此，它们积极参加国际法律的创制活动，为改变旧的国际法律制度，建立新的国际法律秩序展开积极斗争。在这种大趋势下，专属经济区制度应运而生。

专属经济区的渊源可以追溯到 20 世纪 40 年代拉丁美洲国家提出的 200 海里海洋权。1947 年，智利和秘鲁所采取的建立 200 海里海洋区域的行动，被认为是朝向专属经济区建立迈出的一大步。1947 年 6 月 23 日，智利总统发表声明，在论述国家有权扩大对于自然资源的管辖权的理由后，宣布将其国家主权扩展到邻接其海岸，为"保存、保护、保全和开发……自然资源"所需的海域，同时宣布对宽度为 200 海里的海域实行"保护和控制"，但"不影响在公海上自由航行的权力"。一个月后，秘鲁在总统法令中提出了同样的权利主张。在智利和秘鲁之后，一些拉美国家，如哥斯达黎加、萨尔多瓦、洪都拉斯等很快也颁布了建立 200 海里海区的法律。20 世纪 60 年代以后，尼加拉瓜、厄瓜多尔、阿根廷、巴拿马、乌拉圭和巴西等国相继采取了类似的立法行动。

在拉美国家为建立新海洋法制度而进行斗争，并不断取得进展的同时，非洲国家也在为统一目标努力奋斗。1971 年 1 月，肯尼亚代表在亚非法律协商委员会科伦坡会议上，第一次提出了专属经济区概念。1972 年 8 月，肯尼亚向联合国海底委员会提交的一份题为"关于专属经济区概念的条款草案"的文件，对专属经济区制度作了到那时为止最为全面地说明。肯尼亚提出的专属经济区的概念得到了发展中国家的广泛支持。

经过广大发展中国家的团结战斗，第三次联合国海洋法会议，克服了西方海洋大国的重重阻挠和反对，终于在 1982 年通过的《联合国海洋法公约》中把专属经济区制度固定了下来。

什么叫群岛国

要想了解什么是群岛国，就必须对群岛有所认识。众所周知，岛屿是四面环水并在高潮时高于水面的自然形成的陆地区域。顾名思义，群岛是指一群岛屿，包括若干岛屿的若干部分、相连的水域和其他自然地形，彼此密切相关，以至这种岛屿、水域和其他自然地形在本质上构成一个地理、经济和政治的实体，或在历史上已被视为这种实体。一般说来，群岛有两类，即大陆沿岸群岛和海洋群岛。大陆沿岸群岛是靠近所属国大陆的沿岸，通常被认为是海岸的延伸，构成海岸的组成部分。海洋群岛则有两种情况，一种是它构成一个国家领土的一部分，如美国的夏威夷群岛，另一种是构成一个国家的全部，这就是我们所说的群岛国。

所谓群岛国，就是指全部由一个或多个群岛构成的国家；除群岛外，群岛国也可以包括其他岛屿。目前世界上有 30 多个群岛国，主要有：巴哈马、巴巴多斯、瓦鲁阿图、巴林、英国、海地、格林纳达、多米尼亚、西萨摩亚、印度尼西亚、冰岛、塞浦路斯、基里巴斯、科摩洛、毛里求斯、马尔代夫、瑙鲁、巴布亚新几内亚、佛得角、圣多美、普林西比、塞舌尔、圣卢西亚、新加坡、汤加、特里尼达、多巴哥、斐济、菲律宾、斯里兰卡、牙买加、日本和古巴。

群岛问题在 19 世纪初就已经产生。19 世纪中叶,远离大陆的大洋群岛开始被视为一个整体。20 世纪初,沿海国家的管辖权开始扩展到群岛水域,一些沿海国家先后将群岛水域宣布为内水。第一次联合国会议以后,一些群岛国政府先后颁布法令和公告,正式宣布划定群岛海洋区域的原则和具体规定。

现在群岛国制度已经成为一项公认的国际法制度,它是由菲律宾、印度尼西亚、斐济、毛里求斯等群岛国首先提出的,并得到 1973～1982 年第三次联合国海洋法会议的肯定。联合国第三次海洋法会议制定的《联合国海洋法公约》规定,群岛国的主权及于群岛水域、水域的上空、海床和底土,以及其中所包含的资源。群岛国可以根据直线基线法,在群岛最外缘的各岛确定一系列的点,然后连接群岛最外缘各岛和各干礁的最外缘各点来确定领海基线,这就是群岛基线,从这些基线算起划定群岛国的领海。按此办法制定的群岛基线所包围的水域,不论深度或距离海岸的远近如何,都称为群岛水域,属于群岛国的主权。群岛国还可以在群岛水域内用封闭线划定河口、海湾和港口的内水界限。

关于群岛水域,存在一个通过问题,有两种情况:第一种情况是所有国家的船舶均享有通过群岛国内水界限以外的群岛水域的无害通过权;第二种情况是群岛国可以指定适当的海道和其上空的空中通道,以便外国船舶和飞机继续不停的迅速通过、飞越其群岛水域和邻接的领海。

公海的活动自由是绝对的吗

公海是指不包括在国家的专属经济区、领海或内水或群岛国的群岛水域之内的全部海域。公海自由是一个非常古老的国际法原则,随着资本主义的发展,这个原则得到了各国的公认。按照国际法,公海是全人类的共同财富,对一切国家自由开放,平等使用。它不属于任何国家的领土的组成部分,不处于任何国家的主权之下。任何国家不得将公海的任何部分据为己有,不得对公海本身行使管辖权。所以,公海自由是公海法律制度的基础。1958 年《公海公约》将公海自由列为四项,即:① 航行自由;② 捕鱼自由;③ 铺设海底电缆和管道的自由;④ 公海上空飞行自由。1982 年《联合国海洋法公约》将原来列举的四项公海自由扩大为六项,即:① 航行自由;② 飞越自由；③ 铺设海底电缆和管道的自由；④ 建造国际法所容许的人工岛屿和其他设施的自由；⑤ 捕鱼自由；⑥ 科学研究的自由。

那么，公海的活动自由是绝对的吗？当然不是。公海自由决不意味着毫无限制的自由，也不意味着公海处于无法律的状态。《海洋法公约》也明确规定行使这些自由时，须适当顾及其他国家行使公海自由的利益，并适当考虑公约所规定的同国际海底区域内活动有关的权利。

国际社会在长期的实践中，通过双边、多边协定和国际公约，已经形成了一整套利用公海的法律制度，对公海上的活动加以引导和规范。

（1）航行制度。所有国家，不论是沿海国或是内陆国，均享有在公海上悬挂本国国旗进行航行的权利。《海洋法公约》规定，国家和传播之间必须有真正的联系。此外，船舶在公海上航行，还要遵守安全航行的制度，如《国际海上避碰规则》、《国际船舶载重线公约》、《关于统一海上救助若干法律规则的公约》等。

（2）捕鱼制度。在公海上捕鱼也不是无限制的。为了养护生物资源和渔业资源，在公海上捕鱼的数量和种类，以及捕鱼的工具、方法都要受到一定限制。在这方面，国际上已经有很多多边或双边协定、公约加以规范。

（3）铺设海底电缆和管道的制度。《公海公约》和《海洋法公约》均规定，国家在大陆架以外的公海海底上铺设海底电缆和管道，不得影响已经铺设的电缆和管道；如果因为铺设电缆和管道而使他国遭受损失，则要负赔偿责任。

（4）禁止公海违法犯罪行为。《海洋法公约》明确规定公海只用于和平目的，禁止一切违法犯罪活动。海盗、奴隶贩运、毒品贩运都是严重的国际罪行，所有国家在公海上对此类活动都有管辖权，都可以进行拦截、拿捕。此外，在公海上还禁止非法广播，因为这种广播影响了正常的无线电波段的使用而危及国际航行安全。

（5）防止、减少和控制公海海洋环境污染。环境污染已经是当今世界广泛关注的一个重要问题，维护海洋环境是每个国家的义务。

此外，在公海上飞越、进行科学研究、建造人工岛屿和其他设施等活动，同样要受相应的国际法制度制约。

国际海底区域可以随便开发吗

国际海底区域一般泛指各国大陆架以外,水深 2 000~6 000 米或更深的海域,是各国管辖范围以外的海床、洋底及其底土,占世界海底总面积60%以上。自 20 世纪 50 年代以来,由于深海调查技术装备的改进,探明了深海海底蕴藏着丰富的矿物资源。海底蕴藏的锰结核和金属软泥中所含有的锰、铜、钴、镍等主要金属可供人类开发利用至少数千年。因此,少数海洋大国凭借自己掌握的技术和财力优势,妄图抢先开发深海矿物资源,损害第三世界国家的利益,引起众多发展中国家的反对和抵制。1967 年,马耳他常驻联合国代表阿维德·帕多提出国家管辖范围以外的海床洋底应被看做"人类的共同继承财产",为全人类的福利服务。这一主张为第三世界国家所广泛接受,联合国大会的一些决议也先后肯定了帕多提出的"人类共同继承财产"的主张。国际海底区域的法律地位,通过一系列联大决议和宣言逐步明确,最后由《海洋法公约》第 11 部分做出了详细规定。

根据《海洋法公约》第 11 部分的规定,国际海底区域及其资源是人类的共同继承财产。任何国家都不能对国际海底区域及其资源主张或行使主权或主权权利。任何国家或自然人或法人都不能把国际海底区域及其资源的任何部分占为己有,对资源开发的一切权利属于全人类,由国际海底管理局代表全人类进行管理。国际海底区域的开发要为全人类谋福利,各国都有公平的享受海底资源收益的权利,特别要照顾到发展中国家和未取得独立的国家的人民的利益。所以,国际海底区域当然不可以随便开发。

那么,国际海底区域到底该如何开发利用呢?这便是第三次海洋法会议上争论的焦点——国际海底开发制度。在对国际海底的开发问题上,发达国家和发展中国家发生了尖锐的对立。经过长期的谈判和斗争,最终达成了一个妥协方案,即平行开发制度。其具体的做法是,各国要开发国际海底,首先要与国际海底管理局订立合同,提出两块具有同等估计商业价值的可开发国际海底,并提交关于这两块矿区的有关资料。管理局可在 45 天之内指定其中一个矿区作为管理局的保留区,留给企业部自己开发,或同发展中国家联合开发;另一块则作为合同区,由申请者自己开发。申请者还要转让技术,在经营中取得的利润还要提成,把利润提成和国际海底管理局自己开发而取得的利润分配给全体《海洋法公约》的成员国。

但由于发展中国家和发达国家在这一制度上的重大利益分歧,美国和几个西方大国对第 11 部分十分不满,拒绝签署和批准《公约》,使得《公约》虽然生效却难以实施。为了建立一个具有普遍意义的国际海底开发制度,有关国家进行了磋商。1994 年 7 月,由美国、英国、法国、德国等发达国家共同参与,联合国大会制定、通过了《关于执行 1982 年 12 月 10 日〈联合国海洋法公约〉第 11 部分的协定》,对第 11 部分作了根本性的修改。这一《协定》的订立实质上构成了对国际海底区域制度的新发展。

国家管辖海域的管理

海洋功能区划

海洋功能区划是我国海洋管理部门于 1988 年首先提出的 2002 年《海域使用管理法》确立的一项新的海洋管理制度,是指根据海域的地理位置、自然资源状况、自然环境条件,并考虑海域开发利用现状和区域社会经济发展需要等因素而划分的不同海洋功能类型区。海洋功能区划是海洋综合管理的一项重要制度,是科学用海、持续发展海洋经济、协调各涉海部门用海矛盾,使海洋开发活动获得最佳资源、经济、社会和环境效益的科学基础。

也有电子和海洋功能区划的范围是我国享有主权和管辖权的全部海域和海岛,重点是近海海域和海岛。因为海洋同依托的陆域在物质、能量交换、功能等方面密不可分,所以国际上一般将海岸带管理纳入海洋管理的范畴。为了实现海陆开发利用和保护管理的一体化,还包括必要依托的陆域,陆域范围从海岸线向陆地一般不超过 10 千米。

海洋功能区划的原则:按照海域的区位、自然资源和自然环境等自然属性,科学确定海域功能;根据经济和社会发展的需要,统筹安排各有关行业用海;保护和改善生态环境,保障海域可持续利用,促进海洋经济的发展;保障海上交通安全;保障国防安全,保证军事用海需要。2002 年我国海洋功能区划将我国管辖海域划定了 10 种主要的海洋功能区;2011 年编制的《全国海洋功能区划(2011 年～2020 年)》将功能区划分为 8 类,即农渔业、港口航运、工业与城镇用海、矿产与能源、旅游休闲娱乐、海洋保护、特殊利用、保留区等。

海洋特别保护区有什么特别

海洋特别保护区是指,在我国管辖海域,根据区域的海洋自然地理、生态环境、生物与非生物资源以及开发利用等的特殊性和突出的社会价值,对海洋资源密度高,所在区域产业部门多、开发程度大、生态敏感脆弱的海域划出的具有一定范围的海洋地理区域,以确保科学、合理、安全、持续有效地利用各种海洋资源,达到最大社会经济、生态效益的目的。由于该区域的特别性和意义,必须采用特殊的措施,以保护该区域的各种海洋资源得到科学、合理、永续的利用,维护海洋资源、环境和社会的可持续发展。本世纪初,国务院和沿海省、市、自治区先后颁布了全国和地方海洋功能区划并要求要求海洋开发建设用海必须符合海洋功能区划的要求。

海洋特别保护区不同于海洋自然保护区或其他区域,有它自身的特殊性。那么海洋特别保护区到底有何特别之处呢?

(1)特殊的保护宗旨、目标与对象。特别保护区以可持续利用海洋资源为根本宗旨和目标,保护的是海洋资源及环境可持续发展的能力。

(2)特殊的选划标准、保护内容及范围。特别保护区选划主要侧重于海洋资源的综合开发与可持续利用价值,保护内容涉及社会经济、自然资源和生态环境等多个方面,其内部甚至可以包括海洋自然保护区。而自然保护区选划主要侧重于保护对象的原始性、珍稀性和自然性等,保护的是其原始自然状态,基本不涉及资源开发与社会发展。

(3)特殊的保护任务和管理方式。特别保护区保护的任务和方式涵盖了海洋资源可持续开发的诸多方面,如海洋开发规划、海洋功能区划、产业结构优化、协调管理等,强调海洋资源开发的合理性。自然保护区则按区域实行不同程度的强制与封闭性管理。

(4)具有海洋学、生态学的特殊性。如水文或地形地貌复杂,水体交换缓慢,海水自净能力低,生物群落结构特殊,生态系统对外界变化敏感且脆弱,自然生态平衡易于受到或已经受到损害。

(5)具有丰富、多种类的生物资源或非生物资源(包括空间资源、旅游资源、矿产资源等),若进行开发利用,极易发生彼此间危害或破坏性的影响,以及潜在利用价值的降低。

(6)区域的自然地理区位、资源与环境条件比较优越,开发程度高,毗邻地区的社会、经济发展对该海洋区域依赖较大,开发秩序较乱、整体效益差,需要特别加强综合管理。

我国第一批国家级海洋特别保护区是山东庙岛列岛海洋特别保护区和广西钦州湾海洋特别保护区。2002 年 3 月福建省宁德市人民政府正式批准设立宁德市海洋生态特别保护区,我国第一个由地方政府批准建立的海洋特别保护区正式成立。该特别保护区的保护对象是闽东海岛生态环境,典型港湾生态环境,尖刀蛏、厚壳贻贝、龟足等具有地方特色的海洋生态环境和资源。截止 2010 年,已建国家级海洋特别保护区 17 处,如山东东营黄河口生态国家级海洋特别保护区、山东烟台芝罘岛海洋特别保护区、浙江山东泗马栽列岛海洋特别保护区等。

重点海域怎么划定

重点海域是指经批准划定的重点开发利用和保护的海域。重点海域的概念首先在我国《海洋 21 世纪议程》提出来,渤海的辽河口、锦州湾、天津毗连海域,黄海的大连湾、胶州湾;东海的长江口、杭州湾、舟山群岛周围海域和厦门西海域,南海的珠江口附近海域等污染比较严重,有必要进行重点整治和保护。

1999 年修订后的《中华人民共和国海洋环境保护法》规定,国家建立并实施重点海域排污总量控制制度,确定主要污染物排海总量控制指标,并对主要污染源分配排放控制数量。国家根据海洋功能区划制定全国海洋环境保护规划和重点海域区域性海洋环境保护规划。毗邻重点海域的有关沿海省、自治区、直辖市人民政府及行使海洋环境监督管理权的部门,可以建立海洋环境保护区域合作组织,负责实施重点海域区域性海洋环境保护规划、海洋环境污染的防治和海洋生态保护工作。为贯彻执行海洋环保法,我国海洋功能区划将重点海域作为一个重要的组成部分。根据 2002 年《全国海洋功能区划》,我国的重点海域有 30 个,重点海域包括近海域、群岛海域及重要资源开发利用区。2011 年编制的《全国海洋功能区划(2011~2020)》将重点海域调整为 29 个。

这些重点海域中有污染严重的海域,如渤海、长江口－杭州湾海域等,需要采取特别措施进行治理和环境恢复,在科学利用海域环境吸收容量的同时,对超负荷排放的污染物实行一次性或分期削减的办法,以恢复环境质量;利用经济手段协调局部的区域性发展速度和规模,促使老企业技术更新和设备改造;依靠科学技术进步和推行清洁生产技术,使海域恢复到适于沿岸社会经济发展和保障人们生活质量的良好环境状态。有一些海域需要采取措施鼓励开发,如西沙群岛海域、南沙群岛海域等,以使其环境资源得到更好的、更充分的利用。

海岸带管理包括什么事项

所谓海岸带管理,就是围绕沿海地带划出一定的区域,实施与其他地带不同的、严格的管理措施。海岸带是海陆交互作用的过渡地带,包括滨海陆地、沿海滩涂和沿岸水域。因其近海且狭长如带,被形象地称之为海岸带。

关于海岸带管理我们应该了解其管理的范围、目标、总体规划及其管理部门。

关于海岸带管理的范围,每个国家和地区都有不同的规定。世界上没有统一的划分标准,完全由各国视本国具体情况,由沿海国家或沿海省、市、县根据当地的自然资源与环境状况、社会经济发展需求和规划而确定。巴西的海岸带管理的陆上界限为平均高潮位以上 2 千米,海上界限为平均高潮位以下 12 千米;澳大利亚南部的海岸带管理的陆上界限为平均高潮位以上 100 米,海上界限为海岸基线外 3 海里;西班牙海岸带管理的陆上界限为最高潮位或风暴潮以上 500 米,海上界限为 12 海里领海范围。我国海岸带调查研究范围的陆上边界统一定为平均高潮位以上 10 千米,海上边界为 15 米等深线。

海岸带管理的目标和目的主要有以下几个方面:① 保持资源可持续利用;② 保护生物多样性;③ 防御自然灾害;④ 控制环境污染;⑤ 对经济开发进行综合管理与规划。

海岸带管理的一项基本工作是制定海岸带开发利用的总体规划,这也是对海岸带实施管理的重要手段。我国沿海有几个省已经在本省的海岸带管理条例中完成了这一项工作。如海南省和江苏省。总体规划的内容一般包括以下几个方面：① 海岸带资源和社会经济状况的分析；② 开发利用和治理保护现状；③ 指导思想和发展目标；④ 功能分区、开发利用区划；⑤ 生态、经济、社会效益分析；⑥ 开发利用、治理保护措施；⑦ 环境影响评价；⑧ 自然灾害防御规划；⑨ 投资估算和实施计划。

目前，涉及海岸带管理的有八九个部门，这些行业主管部门多年来对本行业所辖范围内的单项资源实施管理：农业部门负责水产资源保护，渔港水域的污染监视和监督；交通运输部门负责港口建设和管理，港务监督，港区环境污染管理；水利部门负责电站、水利闸坝、水资源的建设和管理；地矿部门负责矿产资源的开发利用与管理；旅游部门负责风景资源的管理；海洋部门负责海洋资源的管理。这种管理基本上属于传统的分工分类管理，其根本缺陷在于没有将海岸带视为一个特定区域和独立系统看待，不能充分考虑海岸的特殊性，在管理上往往造成管理上的空白、重复或冲突。所以应该确定海岸带主管部门，建立对海岸带实施有效管理的协调、监督机制，对海岸带实施综合开发、合理保护、最佳决策的管理。

海洋权益管理是指什么

海洋权益管理，就是对海洋权益的管理。要深入了解什么是海洋权益管理，我们要首先明确什么是海洋权益。

海洋权益是国家在海洋事务中依法可行使的海洋权利和依据此权利可获得的海洋利益的总称。海洋权利是指主权国家根据国际公约、条约、协定以及国际惯例等国际法和单方面的国内立法而享有的有关海洋方面的法律权利。海洋利益是"国家在开发利用海洋方面实际享有的便利和收益，是国家海洋权利的具体体现和实际享有状态"，是国家利益的重要组成部分，主要包括"政治利益、经济利益和安全利益"。政治利益主要是指"维护国家主权和领土完整"，行使主权、主权权利及管辖权；经济利益主要是指开发和利用海洋方面；安全利益包括传统安全领域及非传统安全领域。但从一般意义上来讲，说到海洋权益，侧重的是国家对其邻接的海域及公海区域的主权及管辖权，主要是一种对外的权利。

其实对于海洋权益管理，并没有一个统一的概念。大体上可以这样来理解:海洋权益管理,是主权国家依照本国的海洋法律法规和国际海洋法规范,通过政治、经济、军事、外交、法律等途径和手段,对国家的海上活动进行组织、协调,充分实施国家的海洋权利,以维护国家主权和国家生存发展的利益,防止外来的侵略、掠夺等其他损害。

邻接国家的海域不同,沿海国在该区域拥有的权益也不相同,这也决定了国家在不同海域进行海洋权益管理的内容不尽相同。

(1)在内海和领海,海洋权益的管理工作主要有:① 对领海基线进行测定与管理——领海基线是划定内水、领海、毗连区、大陆架、专属经济区的边界的起算线,这对于国家海洋权益管理是一项基础性的工作,对外国船舶通过领海的管理。国际海洋法规定外国船舶在领海内有无害通过权,如何既保证沿海国的海洋权益和安全,又不影响外国船舶的无害通过,是海洋权益管理的一项重要任务;② 毗连区的管理。毗连区在海关、财政、移民、卫生、安全方面对沿海国有重要意义,建立毗连区并加以有效管理是海洋权益管理必不可少的工作。

(2)专属经济区的管理。国际海洋法规定,沿海国在专属经济区内拥有以勘探、开发、养护和管理海床上覆水域和海底及其底土的自然资源为目的的主权权利,以及人工岛屿、设施和结构的建造和使用,海洋科学研究,海洋环境的保护和保全等的管辖权。

(3)大陆架的管理。在大陆架范围内,沿海国有勘探、开发包括海床、底土的矿物和其他非生物资源,以及属于定居种的生物等的自然资源的主权权利。

(4)公海资源的国家海洋权益管理。如何保证我国在公海海域享有均等的、合理的权利,如何有效地参与对国际海底区域的资源的开发和利用,也是国家海洋权益管理的内容之一。

海域使用管理有什么主要制度

为了加强海域综合管理,保证海域的合理利用和持续开发,提高海域使用的社会、经济和生态环境的整体效益,2001 年 10 月 27 日,第九届全国人民代表大会常务委员会第二十四次会议通过了《中华人民共和国海域使用管理法》,以法律的形式确立了我国的海域使用管理制度。依据该法海域使用管理主要包括以下几项重要内容：

（1）海洋功能区划制度。国务院海洋行政主管部门会同国务院有关部门和沿海省、自治区、直辖市人民政府，编制全国海洋功能区划。沿海县级以上地方人民政府海洋行政主管部门会同本级人民政府有关部门，依据上一级海洋功能区划，编制地方海洋功能区划。养殖、盐业、交通、旅游等行业规划涉及海域使用的，应当符合海洋功能区划。沿海土地利用总体规划、城市规划、港口规划涉及海域使用的，应当与海洋功能区划相衔接。

（2）海域权属制度。我国海域属于国家所有，国务院代表国家行使海域所有权。任何单位或个人不得侵占、买卖或以其他形式非法转让海域。单位和个人使用海域，必需依法取得海域使用权。单位和个人可以向县级以上人民政府海洋行政主管部门申请使用海域。海域使用申请人自领取海域使用权证书之日起，取得海域使用权。海域使用权人依法使用海域并获得收益的权利受法律保护，任何单位和个人不得侵犯。

（3）海域使用审批制度。海域使用审批制度是海域使用法的一项基本法定制度，也是海洋行政主管部门履行行政管理职责的具体体现。海域使用法规定凡是固定、排他性地使用海域3个月以上的，必须提交海域使用申请并获得批准。同时规定海洋开发规划也是海域使用审批的依据之一，使海域管理能够统一规划，统筹安排，避免行业之间的用海矛盾。

（4）海域使用论证制度。单位和个人向县级以上人民政府海洋行政主管部门申请使用海域的，申请人应当提交的书面材料中很重要的一项是海域使用论证材料。海域使用论证制度是海域使用管理的一项重要内容，其目的是合理使用、有序开发海域资源，维护海洋生态环境和海域资源的可持续利用，维护国家的海洋权益和海域使用者的合法权益，为海洋行政主管部门依法审批用海项目提供科学的依据。在海域使用管理中，在符合海域功能区划的前提下进行海域使用论证是十分重要的一个环节。

（5）海域有偿使用制度。我国海域长期是无偿使用，致使资源浪费和破坏比较普遍，损害环境和自然景观等现象层出不穷，严重影响了海域的整体开发效益。海域使用管理法中明确规定国家实行海域有偿使用制度。单位和个人使用海域，应当按照国务院的规定缴纳海域使用金。海域使用金应当按照国务院的规定上缴财政。对于特殊性质的用海可以减缴或免缴海域使用金。

美丽的钓鱼岛

钓鱼岛及其附属岛屿位于中国台湾岛的东北部是台湾的附属岛屿,分布在东经 123°20′～124°40′,北纬 25°40′～26°00′之间的海域,钓鱼岛群岛由钓鱼岛、黄尾屿、赤尾屿、南屿、北屿等 71 座岛礁构成。钓鱼岛位于该海域的最西端,面积约 3.91 平方千米,是该海域最大的岛屿,主峰海拔 362 米。黄尾屿位于钓鱼岛东北约 27 千米,面积约 0.91 平方千米,是该海域第二大岛,最高海拔 11 米。赤尾屿位于钓鱼岛东北约 110 千米,是该海域最东端的岛屿,面积约 0.065 平方千米,最高海拔 75 米。钓鱼岛及其附属岛屿总面积约为 5.69 平方千米。

钓鱼岛是我们的祖先最早发现、命名、管理的,钓鱼岛历来都是我们的领土,过去是,现在是,将来也是我们的。钓鱼岛海域是我国的传统渔场,钓鱼岛及其附近海域是我国东海靖渔场。钓鱼岛渔场位于东海南部的外大陆架和大陆坡,处于大陆沿岸流与外海黑潮暖流的交汇处,加之沿岸有河流注入,带来丰富养料。这就为钓鱼岛海域形成大规模渔场创造了条件。钓鱼岛渔场主要的捕捞对象为绿鳍马面鲀、黄鳍马面鲀、鲐鲹鱼、高脊管鞭虾和圆趾蟹等。钓鱼岛渔场每年的渔业可捕量多达 15 万吨。自古以来,浙江、福建和台湾的渔民每年都要到这里来捕鱼。

美丽的钓鱼岛物产丰富,岛上植物多样,山茶、棕榈、马齿苋、仙人掌等热带、亚热带植物遍地丛生,其中也不乏名贵中草药,这其中以海芙蓉最为著名。海芙蓉多生长于沿岸的石缝里,是预防和治疗风湿病、高血压的良药。黄尾屿位于钓鱼岛东北,岛上岩石陡峭,以数量繁多的海鸟最为有名。岛上每至四五月份就会被成群海鸟遮住天空,故黄尾屿又被称为"鸟岛"。

根据《中华人民共和国海岛保护法》,2012 年 3 月,经国务院批准,国家海洋局、民政部公布了钓鱼岛及其部分附属岛屿的标准名称。2012 年 9 月 10 日,我国政府公布《中华人民共和国政府关于钓鱼岛及其附属岛屿领海基线的声明》,宣布中华人民共和国钓鱼岛及其附属岛屿的领海基线。中国海洋部门已经对钓鱼岛及其附属岛屿开展了常态化监视监测。

海洋生态文明

党的十八大报告就生态文明建设辟出专章论述,将生态文明建设写入党章并纳入中国特色社会主义总体布局。21世纪是海洋的世纪,生态文明建设的提出,体现了党和国家对生态环境保护工作的重视,是对可持续发展战略认识进一步深化的结果。那么什么是生态文明呢?

对于生态文明的论述,最早可以追溯到马克思、恩格斯的唯物主义世界观。他们认为,人类社会是自然界和环境的产物,人们对客观世界的改造必须建立在尊重自然、顺应自然规律的基础之上。中国学术界,首次使用生态文明概念的是著名生态学家叶谦吉。叶谦吉先生将生态文明定义为"人类既获利于自然,又还利于自然,在改造自然的同时又保护自然,人与自然之间保持着和谐统一的关系"。现代意义上的生态文明,俨然已经成为中国特色社会主义理论中一个重要成果,是指导中国特色社会主义建设的重大理论武器。

那么,什么是海洋生态文明呢?海洋是地球的主体,是自然生态系统中最大的生态系。海洋文明,作为原生态文明的起源,是建立自然生态系生态文明的前提条件和基础。作为生态文明形态在海洋领域的具体化表现形式,在理解海洋生态文明的内涵时,其核心思想离不开我们在改造利用海洋并享受海洋带给我们的一系列经济利益的同时,要积极改善和优化人与海洋的关系,从而建立起良好的海洋生态环境。海洋生态文明,是一种以海洋环境的承载力为依托,以可持续发展为依据,以实现人与海洋、人与人、人与社会的和谐共生为最终目标的人类文明形态。

海洋生态文明,作为生态文明的重要形态之一,从纵向来讲,它是在农业文明、工业文明的基础上发展起来的;从横向上讲,它与物质文明、政治文明、精神文明互为一体,既是后三者的基础,又是后三者发展的高级阶段。就其内容和环节而言,海洋生态文明涉及人与海洋、人与动物、人与社会、人与人等等之间的关系,主要涉及海洋生态、社会生态、人文生态等领域。

建设海洋生态文明,是一项以促进人与海洋和谐为目标的系统性工程,涉及海洋能源、海洋生境、海洋资源、海洋环境等多个领域,包括海洋生态经济、海洋生态人居、海洋生态制度、海洋生态文化等多个层面,需要从生态意识、海洋生态保护、经济发展模式、法律制度、行政管理、社会评价体系等多个方面进行发展和完善。近年来,随着国家科技的不断创新和经济的飞速发展,以及人口的高度集中和持续增长,海洋资源枯竭和生态环境恶化的程度日益加深,直接威胁到人类自身的生存和社会的可持续发展。因此,现阶段加强海洋环境保护的工作力度,建设海洋生态文明已刻不容缓。

海洋生态文明建设,是海洋经济发展的前提和必要条件。当今,海洋资源利用和空间开发已达到一定的规模,海洋产业成为国家经济发展的支柱性产业,但随之而来的海洋环境问题也愈来愈多。因此,发展海洋经济,必须遵循海洋生态规律,在海洋的承受范围内活动,而不能随意脱离这一前提。

海洋生态文明建设,是进一步落实科学发展观的重要战略步骤。可续发展观的要求是全面协调可持续,海洋生态文明建设的实质就是把可持续发展提升到绿色发展的高度,实现人与海洋的和谐发展。

海洋生态文明建设,是缓解当今社会压力的重要途径和必然选择。当今社会正面临着人口、资源、环境三大危机,人口数量的不断增加和陆上资源的日渐减少使得进军海洋领域已成为大势所趋。但是基于环境问题的严重性,在开发海洋资源的过程中,又要注重生态环境的保护。

图书在版编目(CIP)数据

海洋探秘/管华诗主编. —济南:山东科学技术出版社,2013.10(2020.9 重印)

(简明自然科学向导丛书)

ISBN 978-7-5331-7047-9

Ⅰ.①海… Ⅱ.①管… Ⅲ.①海洋—青年读物②海洋—少年读物 Ⅳ.①P7-49

中国版本图书馆 CIP 数据核字(2013)第 205802 号

简明自然科学向导丛书

海洋探密

HAIYANG TANMI

责任编辑:孙启东

装帧设计:魏　然

主管单位:山东出版传媒股份有限公司

出　版　者:山东科学技术出版社

地址:济南市市中区英雄山路 189 号

邮编:250002　电话:(0531)82098088

网址:www.lkj.com.cn

电子邮件:sdkj@sdcbcm.com

发　行　者:山东科学技术出版社

地址:济南市市中区英雄山路 189 号

邮编:250002　电话:(0531)82098071

印　刷　者:天津行知印刷有限公司

地址:天津市宝坻区牛道口镇产业园区一号路 1 号

邮编:301800　电话:(022)22453180

规格:小 16 开(170mm×230mm)

印张:15.25　字数:250 千

版次:2013 年 10 月第 1 版　2020 年 9 月第 3 次印刷

定价:29.00 元